高等院校数字化人才培养创新教材
—— AI赋能系列 ——

AIGC 绘画创作

Midjourney 和 Stable Diffusion 生成创意图像

郭开鹤　张凡　叶贝嘉 ◎ 编著

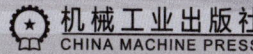

本书属于 AIGC（人工智能生成内容）实例教程类图书。全书分为基础入门、Midjourney 应用案例演练和 Stable Diffusion 应用案例演练 3 部分。第 1 部分为基础入门，讲解了 AIGC 艺术、Midjourney 的基础知识和 Stable Diffusion 的基础知识；第 2 部分为 Midjourney 应用案例演练，通过大量案例讲解了利用 Midjourney 生成多样化艺术图像风格的图像、进行商业领域的 AI 辅助设计、根据故事生成角色表及角色换装的方法；第 3 部分为 Stable Diffusion 应用案例演练，通过大量案例讲解了利用 Stable Diffusion 生成虚拟数字人，给虚拟数字模特更换服装，进行人物图像处理、动漫设计、游戏设计、小说推文、电商和广告设计、影片场景设计、建筑和室内设计的过程。

本书所有案例均经过反复论证，将 AIGC 与传统设计紧密结合，具有实用性强、效果直观、视觉冲击力强的特点。

本书内容丰富，实例典型，讲解详尽。本书配套网盘中含有全部案例的素材文件和微课视频。

本书既可作为本专科院校数字媒体艺术、艺术设计、动画等相关专业师生或社会培训班的教材，也可作为 AIGC 爱好者的自学参考用书。

本书配有授课电子课件，需要的教师可登录 www.cmpedu.com 免费注册，审核通过后下载，或联系编辑索取（微信：13146070618，电话：010-88379739）。

图书在版编目（CIP）数据

AIGC 绘画创作：Midjourney 和 Stable Diffusion 生成创意图像 / 郭开鹤，张凡，叶贝嘉编著 . -- 北京：机械工业出版社，2025.5. -- （高等院校数字化人才培养创新教材）. -- ISBN 978-7-111-78167-7

Ⅰ . TP391.413

中国国家版本馆 CIP 数据核字第 20251602RQ 号

机械工业出版社（北京市百万庄大街 22 号 邮政编码 100037）
策划编辑：郝建伟　　　　责任编辑：郝建伟　章承林
责任校对：蔡健伟　李　杉　责任印制：单爱军
北京盛通印刷股份有限公司印刷
2025 年 6 月第 1 版第 1 次印刷
184mm×260mm・18.5 印张・457 千字
标准书号：ISBN 978-7-111-78167-7
定价：99.00 元

电话服务　　　　　　　　网络服务
客服电话：010-88361066　　机　工　官　网：www.cmpbook.com
　　　　　010-88379833　　机　工　官　博：weibo.com/cmp1952
　　　　　010-68326294　　金　书　网：www.golden-book.com
封底无防伪标均为盗版　　　机工教育服务网：www.cmpedu.com

前　　言

近年来，我国政府高度重视 AIGC（人工智能生成内容）产业的发展，出台了多项政策以鼓励该行业的发展与创新。在政策推动与技术应用落地等因素驱动下，我国 AIGC 行业正迎来新的发展机遇。中国 AIGC 行业市场规模在 2022 年达到 42 亿元，占全球 AIGC 行业市场规模的 91.3%；2023 年，中国 AIGC 行业市场规模约 170 亿元，预计到 2030 年将超过 1 万亿元，随着 AI（人工智能）技术的不断进步，AI 在提高工作效率方面的潜力将越发显著。

具体到设计领域，AI 在传统设计中的作用不仅限于提高效率和自动化任务，更重要的是，它为设计师提供了新的工具和方法，帮助他们在创意、个性化、数据驱动和跨学科融合等方面实现突破。AI 的应用使得设计过程更加高效和智能化，同时也为设计师提供了更多的创作自由和可能性。

针对 AIGC 发展的大趋势，目前的高校教学改革要求在课程中融入 AIGC 的内容（如在传统的平面设计、游戏、影视创作课程中融入 AI）。本书面对高校教学改革的具体特点，将 AIGC 与传统设计理念相结合，通过目前在设计领域广泛应用的 Midjourney 和 Stable Diffusion 制作的多个实用案例来讲解 AIGC 在设计领域的具体应用。

本书属于实例教程类图书。全书分为 3 部分，共 15 章，主要内容如下。

第 1 部分：基础入门，包括 3 章。第 1 章介绍了 AIGC 的发展历史和生成原理，第 2 章介绍了 Midjourney 的基础知识，第 3 章介绍了 Stable Diffusion 的基础知识。

第 2 部分：Midjourney 应用案例演练，包括 3 章。第 4 章讲解了利用 Midjourney 生成多样化艺术图像风格的图像，第 5 章讲解了 Midjourney 在商业领域的具体应用，第 6 章讲解了利用 Midjourney 创建身临其境般的故事场景的方法。

第 3 部分：Stable Diffusion 应用案例演练，包括 9 章。第 7 章讲解了利用 Stable Diffusion 生成各种虚拟数字人形象的方法，第 8 章讲解了给数字模特更换服装的方法，第 9 章讲解了对人物图像处理的方法，第 10 章讲解了 Stable Diffusion 在动漫设计中的具体应用，第 11 章讲解了 Stable Diffusion 在游戏设计中的具体应用，第 12 章讲解了 Stable Diffusion 在小说推文中的具体应用，第 13 章讲解了 Stable Diffusion 在电商和广告设计中的具体应用，第 14 章讲解了 Stable Diffusion 在影片场景设计中的具体应用，第 15 章讲解了 Stable Diffusion 在建筑和室内设计中的具体应用。

本书是"设计软件教师协会"推出的 AIGC 系列教材之一。本书内容丰富、结构清晰、实例典型、讲解详尽、富于启发性。本书最大的亮点是书中所有实战案例均配有多媒体教学视频。另外，为了便于院校教学，本书配有电子课件、教学大纲等资源。

参与本书编写的人员有郭开鹤、张凡、叶贝嘉。

由于编者水平有限，书中难免有不妥之处，敬请读者批评指正。

编　者

目　　录

前言

第1部分　基 础 入 门

第1章　AIGC 艺术 ··· 2

1.1　早期 AIGC 艺术拍卖事件 ··· 2
1.2　AIGC 在艺术领域的关键事件 ·· 3
  1.2.1　AIGC 作品《太空歌剧院》引发的思考 ······································ 4
  1.2.2　动漫行业的变革 ··· 5
  1.2.3　广告行业的 AIGC 新作品 ·· 5
1.3　AIGC 生成原理及主要软件 ·· 7
  1.3.1　机器如何学习 ·· 7
  1.3.2　AIGC 领域的主要软件 ·· 8
1.4　课后练习 ··· 8

第2章　Midjourney 的基础知识 ··· 9

2.1　Midjourney 与 Discord 的关系 ··· 9
2.2　初步理解 Midjourney 提示构建的艺术 ··· 9
2.3　Midjourney 的主要参数 ··· 15
2.4　高级提示导航和视觉创作 ··· 22
2.5　图生文的反向思维 ··· 26
2.6　如何得到高分辨率的输出图像 ·· 28
2.7　课后练习 ·· 29

第3章　Stable Diffusion 的基础知识 ·· 30

3.1　Stable Diffusion 的安装 ··· 30
  3.1.1　启动器运行依赖的安装 ·· 31
  3.1.2　Stable Diffusion 整合包的安装 ··· 31
  3.1.3　软件的更新和启动 ··· 33

		3.1.4	扩展插件的安装和更新	35
		3.1.5	模型的安装和预览图的指定	37
	3.2	Stable Diffusion 文生图		39
		3.2.1	设置大模型	39
		3.2.2	设置外挂 VAE 模型	53
		3.2.3	提示词	55
		3.2.4	嵌入式	57
		3.2.5	采样方法	58
		3.2.6	迭代步数	59
		3.2.7	图像尺寸和高分辨率修复	59
		3.2.8	提示词引导系数	60
		3.2.9	随机数种子	60
		3.2.10	面部修复和可平铺	61
		3.2.11	预设样式	62
		3.2.12	总批次数和单批数量	63
	3.3	Stable Diffusion 图生图		63
	3.4	使用 Lora 模型		65
	3.5	ControlNet 的应用		67
	3.6	WD 标签器		69
	3.7	Inpaint Anything		70
	3.8	ReActor		70
	3.9	课后练习		71

第 2 部分　Midjourney 应用案例演练

第 4 章　多样化艺术图像风格生成　73

4.1	通过人物肖像体验不同的绘画风格		73
4.2	Midjourney 实现图片艺术风格间的转换		78
	4.2.1	风格迁移中对人物形象的还原	78
	4.2.2	摄影图片艺术风格化	81
	4.2.3	局部重置——图片换脸的方法	83
4.3	生成电影般的 AI 图片		85
	4.3.1	生成电影画面的基本提示结构及拍摄视角	86
	4.3.2	生成电影画面的高级提示结构	88
4.4	课后练习		90

第 5 章　商业领域的 AI 辅助设计···91

5.1　情绪板的生成···91
- 5.1.1　情绪板——创新概念的产生···91
- 5.1.2　海藻材料新品牌概念设计···92
- 5.1.3　店面与橱窗设计——特殊的格调···93
- 5.1.4　插画师的 CV 情绪板···97

5.2　重新理解 Logo 与 Icon 设计的灵感···98
- 5.2.1　几种典型的现代标识设计风格···98
- 5.2.2　标识的延展性运用···104

5.3　食品及包装展示效果···105

5.4　课后练习···107

第 6 章　讲述故事的图像力量···108

6.1　故事角色的设定——创建角色表···108

6.2　保持角色的稳定性···111
- 6.2.1　通过图像提示来固定角色形象···111
- 6.2.2　利用"种子 + 图像提示"来保持角色形象一致性···············113
- 6.2.3　通过参数 cref 实现角色风格迁移··115

6.3　角色服装的更换···116

6.4　课后练习···118

第 3 部分　Stable Diffusion 应用案例演练

第 7 章　生成虚拟数字人形象···120

7.1　生成虚拟数字人 1 (majicMIX realistic 麦橘写实 .safetensors)·········120
7.2　生成虚拟数字人 2 (majicMIX realistic 麦橘写实 .safetensors)·········123
7.3　生成虚拟数字人 3 (chilloutmix_NiPruned.safetensors)······················127
7.4　生成虚拟数字人 4 (儿童摄影 _V1.0.safetensors)································133
7.5　课后练习···137

第 8 章　给数字模特更换服装···138

8.1　更换衣服上的图案···138
8.2　统一衣服的颜色···141
8.3　给数字模特更换服装 1···144
8.4　给数字模特更换服装 2···147
8.5　给数字模特更换服装 3···151

8.6 课后练习 · 155

第9章 人物图像处理

9.1 模糊图片变清晰 · 156
9.2 给黑白动漫线稿图上色 · 163
9.3 卡通角色转真人 · 168
9.4 生成中年变壮年再变年轻人的效果 · 175
9.5 将黑白模糊老照片进行彩色清晰化处理 · 178
9.6 人物换脸 · 185
9.7 参考一张人物图片生成一组类似姿态的图片 · 189
9.8 改变人物的姿势 · 193
9.9 课后练习 · 200

第10章 动漫设计

10.1 生成真人转卡通效果 · 201
10.2 生成三维卡通角色 · 205
10.3 生成卡通动物形象三视图 · 209
10.4 生成卡通人物形象三视图 · 213
10.5 课后练习 · 215

第11章 游戏设计

11.1 生成欧美二次元游戏场景效果图 · 216
11.2 生成中式游戏场景效果图 · 219
11.3 生成游戏道具效果图——发光宝剑 · 223
11.4 生成游戏道具效果图——现代武器喷子 · 225
11.5 生成女性游戏角色双视图 · 228
11.6 生成男性游戏角色的效果图 · 232
11.7 课后练习 · 234

第12章 小说推文

12.1 小说推文——生成人物 · 235
12.2 小说推文——生成带有魔法特效的场景 · 239
12.3 小说推文——生成高清写实场景 · 245
12.4 课后练习 · 248

第13章 电商和广告设计

13.1 生成香水瓶展示场景 · 249
13.2 生成以西式快餐为主题的展示场景 · 251

　13.3　生成端午节创意小粽子 ………………………………………………………254
　13.4　课后练习 ……………………………………………………………………258

第 14 章　影片场景设计 ……………………………………………………………259
　14.1　生成中国古装影片场景 ……………………………………………………259
　14.2　生成欧洲中世纪影片中的战士角色 ………………………………………262
　14.3　生成克苏鲁神话场景 ………………………………………………………266
　14.4　课后练习 ……………………………………………………………………270

第 15 章　建筑和室内设计 …………………………………………………………271
　15.1　生成室外建筑效果图 ………………………………………………………271
　15.2　生成现代城市建筑景观效果图 ……………………………………………276
　15.3　生成现代简约风格的客厅效果图 …………………………………………279
　15.4　生成现代简约风格和法式浪漫风格的卧室效果图 ………………………281
　15.5　课后练习 ……………………………………………………………………287

第1部分　基础入门

- **第1章　AIGC艺术**
- **第2章　Midjourney的基础知识**
- **第3章　Stable Diffusion的基础知识**

第1章　AIGC艺术

本章重点

AI（人工智能）是英文 Artificial Intelligence 的缩写。顾名思义，它旨在让机器发展出像人一样的智慧，可以看到、听到、思考、判断，然后根据经验做出决策。AIGC（Artificial Intelligence Generated Content）则是指由 AI 自动创作生成的内容，即 AI 接收到人下达的任务指令，通过处理人的自然语言，自动生成图片、视频、音频等。本章主要回顾历史相对短暂却又令人震撼的 AIGC（人工智能生成内容）在艺术领域的关键事件以及它引发的思考与争议。

1.1　早期AIGC艺术拍卖事件

与人类作者创作的传统内容不同，AIGC 主要利用庞大的数据集和复杂的算法来生成内容，如快速生成文本、图像或视频。一开始，AIGC 只是一部分程序员的游戏，自 2010 年起，AIGC 在机器创作方面取得突破，机器学习模型能够生成独立的绘画、音乐和文学作品。

这里值得一提的是谷歌公司的一场拍卖会。据《华尔街日报》报道，2016 年 3 月，谷歌公司在旧金山举行了一场别开生面的画展和慈善拍卖会，展出的画作均由 AI 在人类的指导下创作完成，包括迷幻的海景、梵高风格的森林及城堡和狗组成的奇异景观等。画展上人工智能制作的 29 幅画作被拍卖，其中最贵的画作以 8000 美元的价格拍出。

图 1-1 所示为其中一幅受梵高画作《星空》启发的 AI 画作——《谷歌深梦画》，该画作几乎就像一台计算机的梦。这场名为"深度梦境：神经元网络的艺术"（DeepDream：The Art of Neural Networks）的拍卖会，起源于谷歌公司开源的一个能绘画的人工智能算法——Deep Dream。

图 1-1　受梵高画作《星空》启发的《谷歌深梦画》（图片来自 https://news.artnet.com/）

DeepDream 是一种使用经过训练的人工神经网络生成新图像的技术。谷歌最初开发这项技术是为了识别照片中的物体。在这个过程中，计算机的人工神经网络被设计为能够从示例数据中学习。大量的图像被输入神经网络，随着时间的推移，它能够识别视觉模式。

因此，这是一个机器学习的过程，基于神经网络的学习，它可以创造新的艺术作品。拍卖网站将这一过程描述为"基于所学规则和联想的'想象'图像"。当然，这个过程也离不开11位谷歌工程师和美工的投入。当网络开始在数据中识别特定的图像时，操作员将向其提供有助于增强这种感知的图像。

谷歌在介绍这个项目时称，这个算法形成了学习反馈的闭环。例如，如果一朵云看起来像一只鸟，系统反馈后会让它变得更像一只鸟。这样一来，系统下次就能更快地识别一只鸟的图片，直到能精准地画出一只鸟儿。

除了 DeepDream 技术的应用外，这些画作还使用了其他 3 种技术，分别是 Fractal DeepDream（生成分形图片）、Class Visualization（类别可视化）、Style Transfer（风格迁移）。

再来看一下早期另一个重要事件。2018 年，通过人工智能创作的艺术品《爱德蒙·德·贝拉米肖像》（Portrait of Edmond de Belamy），如图 1-2 所示，在纽约佳士得拍卖会上以 43.25 万美元的价格成交。这件作品是由巴黎艺术团体 Obvious 开发的人工智能算法创作的，其中使用了名为 GAN（生成对抗网络）的算法来探索艺术和人工智能领域。

这幅画是艺术家们通过给人工智能系统输入一组数据，包括来自不同时代的 1.5 万多幅肖像画，描绘了一个虚构的贝拉米家族成员（这个名字是法语中的一个文字游戏，意为"英俊的朋友"）的肖像，图 1-3 所示为这个虚拟家族的族谱。

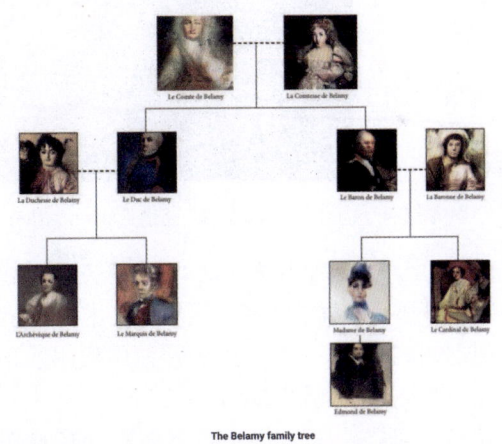

图 1-2　AI 创作的《爱德蒙·德·贝拉米肖像》　　图 1-3　贝拉米家族的虚拟族谱（及家庭成员）肖像画

1.2　AIGC在艺术领域的关键事件

1.1 节介绍了 AI 进入艺术领域的一些早期事件，在这之后的几年内，AIGC 在艺术领域又发生了一些关键事件。

1.2.1　AIGC作品《太空歌剧院》引发的思考

近年来，基于数据库的 AI 生成艺术越来越多地进入艺术领域，如观念艺术和数字插画，大量艺术家已经开始通过 AIGC 找寻灵感，并将生成的结果融入他们的艺术作品中，开始了一种混合式创作的探索。2022 年 8 月，游戏设计师杰森·艾伦（Jason Allen）在没有绘画基础的情况下，凭借 AI 绘画作品《太空歌剧院》获得美国科罗拉多州新兴数字艺术家竞赛一等奖。

如图 1-4 所示，《太空歌剧院》是一幅极具未来感的艺术作品，其中融入了大量的几何形状、光影效果和细节纹理。整幅作品看起来像是一个太空舱内的巨大剧院，但其中又包含了许多超现实主义的元素，烦琐的细节处理达到令人惊叹的程度。决定这幅 AI 画作风格的，是它背后隐藏的数据库，数据库汇集了不同的艺术流派和风格。事实上，现代 AI 软件的数据库中几乎集中了整个人类绘画史的所有风格，并在此基础上模仿、融合、迭代。如此庞大的数据库，让之前凭借个人力量不可能完成的事情成为了可能。

图 1-4　游戏设计师杰森·艾伦（Jason Allen）用 Midjourney 创作的作品《太空歌剧院》

而这次比赛结果也引发了对"AIGC 对于艺术创作"的激烈讨论，倘若借助工具绘制的作品能够夺冠，那么这样的作品是否算是艺术呢？是否会对艺术家创作造成冲击呢？《经济学人》和意大利《晚邮报》分别在封面和漫画中使用了 Midjourney 生成的图像，又引发了关于"人工智能能否取代人类艺术家"的讨论。

2023 年可以被称为"AIGC 元年"，AIGC 作为一个社会话题受到大众的广泛关注。在艺术领域，其标志性事件是 Adobe 融入 AI 创作。第一代 Adobe Firefly 模型专注于图像和文本效果的创建，它基于 Adobe Stock 中数以亿计的专业级授权图片，以及公开授权内容和版权过期的公共领域内容进行训练，并采用一个强大的风格引擎进行增强，通过令人印象深刻的风格、颜色、色调、照明和构图控制来创建图像与文字效果。

简单说来，AIGC 的出现降低了创造性表达的门槛，使普通人也能够制作符合专业标准的作品，从而展示他们的想象力和创造力。在很短的发展时间内，AIGC 已经颠覆了人类在许多领域的认知。

1.2.2 动漫行业的变革

2023 年 1 月，Netflix 宣布，其与小冰公司日本分部（Rinna）、WIT STUDIO 联合制作的首部 AIGC 动画短片《犬与少年》正式公映。这是 AIGC 技术辅助商业化动画片的首部发行级别的作品，讲述了一个小孩与一只机器狗的重逢故事，图 1-5 所示为其中的一个画面。这家流媒体巨头将其描述为解决动漫行业长期劳动力短缺问题的"实验性努力"。

图 1-5　AIGC 技术辅助商业化动画片的首部发行级别作品《犬与少年》的画面

《犬与少年》使用手绘 Layout 对线稿进行上色，然后将其提交至 AI 进行细化处理并优化背景，最后再对 AI 生成的背景图进行人工修正。《犬与少年》的摄影总监田中浩认为，人工智能可以帮助满足市场对动画作品的需求，让动画师有更多时间专注于创作任务。使用人工智能辅助动画制作，是提高流媒体平台生产能力，并创造更多高质量动画作品的有效途径。

人工智能技术改变了传统的动画制作行业，它减少了时间和劳动力成本。AI 可以在 3min 内生成 100 张 4K 精度的图片，每张图片的成本不超过 20 美分。但是，AI 技术的应用范围仍然有限，目前无法完成照明、AI 补帧、动态特效等任务，在动画制作的后期阶段仍然需要人工辅助。人工智能技术使动画制作在素描、修改、上色等制作环节的效率有所改善，但目前仍有一些不利因素限制了它直接生成高质量动画的能力。

将 AI 融入动画制作，不仅是技术上的变革，更是思维上的变革。从长远来看，人工智能融入动画制作是一个必然的趋势。人工智能绘画有可能彻底改变动画产业，并帮助艺术创作者明确他们的愿景和创作意图。同时，人工智能也在改变传统的动画制作流程，使制作人能够以更低的成本创造出新的产品类型和风格、尝试新的动画理念和风格，从而推动新的动画制作浪潮。

1.2.3 广告行业的AIGC新作品

下面来看两个广告行业的 AIGC 作品案例。

1. 可口可乐

可口可乐（Coca-Cola）公司选择开启它的生成式人工智能之旅，通过项目来吸引和支持创意人才。该公司任命普拉提克·塔卡尔（Pratik Thakar）为生成式人工智能的全球负责人，普拉提克·塔卡尔在接受采访时表示，他相信人工智能将弥合人类创造力和品牌形象之间的差距。

2023 年 3 月，可口可乐公司在生成式人工智能领域的首批成果之一是其精彩的广告片《Masterpiece》。这部广受好评的视频将一些世界上著名的艺术作品融入生活场景，实现了人工智能增强动画与真人秀的无缝融合。图 1-6 所示为该片中的部分画面，该广告片是与 OpenAI 合作制作的，使用了 DALL-E2 生成图像模型和 ChatGPT 技术。

图 1-6　AIGC 广告《Masterpiece》的画面

《Masterpiece》是一部在视觉上令人印象深刻的广告片，它不仅很好地传达了品牌身份，还作为一个标志性的事件，宣告了生成式人工智能已经进入广告行业，并将带来颠覆性变革。这是该品牌"创造真正的魔力"活动的延伸，该活动邀请艺术家利用可口可乐的数字工具、平台和资产来创作图像，获奖作品能够在纽约和伦敦的广告牌上展出。根据塔卡尔所说的，为了帮助创意人才释放人工智能潜力，可口可乐公司举办了"真正的魔法创意学院"活动。这次活动帮助可口可乐公司与独立艺术和设计社区建立了联系，通过共同努力，发掘并培养出能够续写《Masterpiece》辉煌篇章的创意人才。

2. 麦当劳

2023 年 4 月，麦当劳公司也展示了一组用 AI 创作的麦当劳绘画和周边创意作品，不仅契合了 AI 盛行的趋势，还强化了品牌风趣好玩的形象。

这组名为《M 记新鲜出土的宝物》的作品，巧妙运用青铜器、白玛瑙、青花瓷等多种材质制作（如图 1-7 所示）。从造型来看，这些陈列在玻璃展示盒里的麦当劳"传家宝"，在保留经典菜单元素的基础上，还创造性地与中国古代珍贵文物建立起了联系。

图 1-7　AI 技术创作的《M 记新鲜出土的宝物》

1.3 AIGC生成原理及主要软件

本节将具体讲解 AIGC 生成原理及主要的 AIGC 软件。

1.3.1 机器如何学习

AIGC 的底层主要依赖于 AI 技术，AI 技术旨在让机器拥有人类一样的智慧，这就要求让机器像人类一样进行思考和学习，因此，目前实现 AI 的大部分底层技术被称为"机器学习"（Machine Learning）技术。

接下来，探讨机器是如何模拟人类学习的。如图 1-8 所示，对于人类来说，人们看到的和遇到的事物形成了"资料"，然后通过学习、总结和归纳，这些资料变成了知识、经验与智慧，当遇到新事物的时候，人们会调用这些知识经验，做出相应的反应决策。

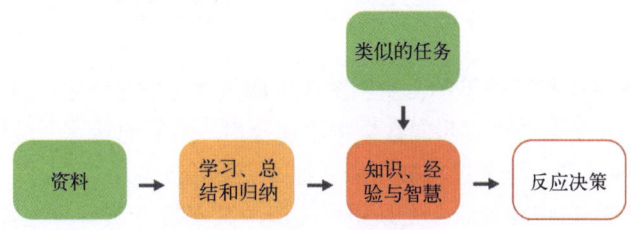

图 1-8　人类学习的方法

如图 1-9 所示，对于机器来说，首先要给它输入大量的训练数据和样本资料，然后通过机器学习算法，形成模型，当遇到新事物的时候，将新事物输入到模型中，获得输出（预测）结果。从抽象层来说，"人类学习"和"机器学习"本质上是相似的。

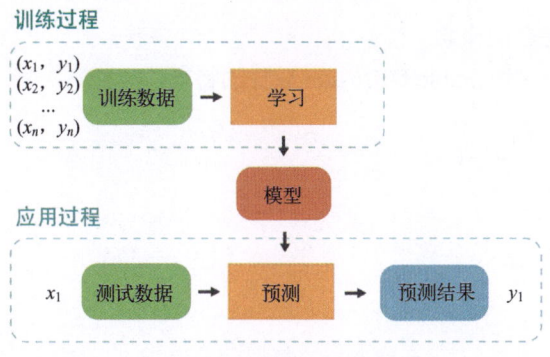

图 1-9　机器学习的过程

在"机器学习"的大范畴之中，有一个子领域叫作"深度学习"（Deep Learning），它关注的是神经网络（Neural Networks）的研究。简单说来，AIGC 绘图工具的核心原理主要基于深度学习算法，深度学习算法通过训练能够生成各种风格图像的"神经网络模型"，也就是通常所说的大模型，这些模型通过学习大量已有的艺术作品（图像数据），能够提取出图像的特征及规律。只需要输入简单的文字描述或提供参考图片，AIGC 绘画工具就能根据这些信息生成新的

艺术作品。

1.3.2 AIGC领域的主要软件

目前，AIGC领域使用最多的是Midjourney和Stable Diffusion这两个软件。下面简单介绍一下这两个软件。

1. Midjourney

Midjourney是一个基于人工智能的图像生成平台，它允许用户通过输入文本描述来生成独特的艺术作品。该平台利用了深度学习技术，特别是生成对抗网络（GAN），来创建高质量的视觉内容。用户只需要输入他们能想到的描述，无论是风景、人物、抽象概念，还是其他东西，Midjourney就会尝试根据这些描述生成相应的图像。需要特别说明的是，Midjourney无须安装，但需要用户在Midjourney的官方网站上注册一个账户。关于Midjourney的基础知识及具体应用将在后续章节中进行讲解。

2. Stable Diffusion

Stable Diffusion基于扩散模型的文本到图像生成技术，它允许用户通过输入文本描述来生成高质量的图像。扩散模型通过逐步向数据中添加噪声，然后逆转这个过程来生成新的数据样本。在Stable Diffusion中，这个过程被用来从纯噪声开始，逐步"去噪"并构建出与输入文本描述相匹配的图像。Stable Diffusion无须用户注册，其安装方法有本地安装和云端安装两种。关于Stable Diffusion的基础知识及具体应用将在后续章节中进行讲解。

1.4 课后练习

1）了解AI和AIGC的概念。
2）了解Midjourney和Stable Diffusion软件的特点。

第2章　Midjourney的基础知识

本章重点

上一章介绍了 Midjourney 是一个基于人工智能的图像生成平台，它允许用户通过输入文本提示词来生成独特的艺术作品。本章将主要讲解 Midjourney 的提示词、主要参数、高级提示导航、图生文等基础知识，为后续章节的学习打好基础。

2.1　Midjourney与Discord的关系

Midjourney 是一个由 Midjourney 研究实验室开发的人工智能程序，目前被部署在 Discord 频道上。它于 2022 年 7 月 12 日进入公开测试阶段，使用者可通过给 Discord 频道内的机器人发送指令进行操作，快速创作出图像作品。

Discord 是近几年兴起的一种非常流行的聊天工具，类似于 QQ、微信。要使用 Midjourney，需要先注册一个 Discord 账号，然后进入 Midjourney 的 Discord 频道。通过给 Discord 频道内的聊天机器人发送对应文本，聊天机器人就会返回对应的图片。

Midjourney 官方网站链接为 www.midjourney.com，图 2-1 所示为官方网站的首页，其中有安装与注册的步骤，请读者自行注册并登录 Midjourney。

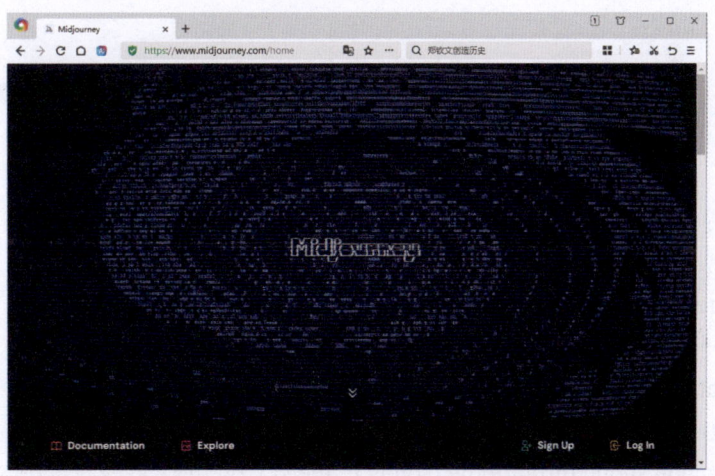

图 2-1　Midjourney 官方网站首页的数码旋涡

2.2　初步理解Midjourney提示构建的艺术

接下来将利用 Midjourney 生成第一张 AI 图像，在这个过程中，你将体会到创造一个精确而有效的提示词对生成理想画面的重要性，你的想象力和人工智能的视觉表现能力的结合，可以将简单的文字转化为迷人的图像。

Midjourney 的提示词不是普通的文本串。它们是引导 AI 的结构化命令，就像指南针引导船只一样，确保最终的视觉效果与用户想象的画面一致。提示词包括主题、动作和细节 3 个最有效、最简单的基本结构。

• 主题：用于指定图像的主要内容，它可以是城市、建筑物、动物、人物等。

• 动作：用于指定图像中主要发生的行为与动作，包括动作的背景（如繁忙的街道、灯火辉煌的城市、海滩等）。

• 细节：详细说明用户想要包含的其他信息（如背景、环境、情绪等）。

下面按照以下步骤来生成第一张图像，具体操作步骤如下。

01 进入 Midjourney 界面，然后在下方的文本输入框中输入"/"提示符，此时会出现如图 2-2 所示的弹出式列表框，接着在其中选择"/imagine"命令。

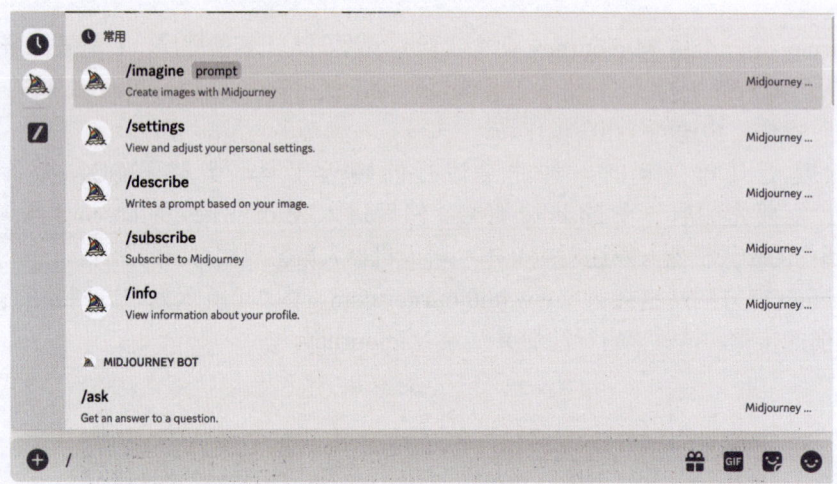

图 2-2　在信息输入框内输入"/"并选择"/imagine"命令

02 根据提示结构（主题、动作和细节），输入基本的提示词。这里以大海为背景，尝试输入"a boat, Floating on the waves, The moon shone through the clouds in the sky on the waves. There were six people in the boat. Seagulls were flying around"。

案例分析如下。

主题：a boat（一条船）。

动作：Floating on the waves（飘浮在海浪之中）。

细节：The moon shone through the clouds in the sky on the waves. There were six people in the boat. Seagulls were flying around（月光穿过云层照在海浪上，船中有六个人，海鸥在周围飞翔）。

03 按〈Enter〉键提交，就会生成如图 2-3 所示的 4 张 AI 图片效果（个别图片在提示词展现细节上有差异）。

04 在生成图片任意位置单击鼠标，可以将图片进行放大显示。若单击图片左下角的"在浏览器中打开"命令，可以将图片整体再次放大并高清显示，呈现出更多的细节，如图 2-4 所示。

第 2 章 Midjourney 的基础知识

图 2-3　基于提示词生成的图片效果

图 2-4　将生成图片在浏览器中放大并高清显示

05 初次生成的 4 张图片，仅是摄影与绘画的融合，接下来将基于上述提示词，在首尾部分再补充一些描述，如 "Polaroid Photo"（宝丽来照片）、"Silhouette lighting"（轮廓照明）。此时参考提示词为 "Polaroid Photo. A boat. Floating on the waves. The moon shone through the clouds in the sky on the waves. There were six people in the boat. Seagulls were flying around. Silhouette lighting"。

接着，按〈Enter〉键，就会重新生成如图 2-5 所示的 4 张 AI 图片。现在这 4 张图片都变为了一种偏旧的老照片色调（模拟宝丽来照片的色调），中间泛黄的光晕使人感到温暖，这种光效来源于提示词 "Silhouette lighting"（轮廓照明）。由此可见，提示词不仅可以告诉 AI 该做什么，还可以传达愿景。

图 2-5 补充提示词的描述，图片模拟宝丽来照片的色调

06 每次输入提示词后，Midjourney 都会生成 4 张图片，图片下方有 9 个按钮，让我们看看它们的作用分别是什么。"U"和"V"后面的数字和 4 张图片的序号对应，如图 2-6 所示。在早期的 Midjourney 模型中，这些图像是以低分辨率生成的，U1～U4 按钮用于将选择的图像升级到更高的分辨率。因此以 U 开头的按钮用于隔离所选的图像，以获得更多的功能和编辑选项。例如，单击 U3，左下角第 3 张图片就会被单独打开并高清显示，如图 2-7 所示。

 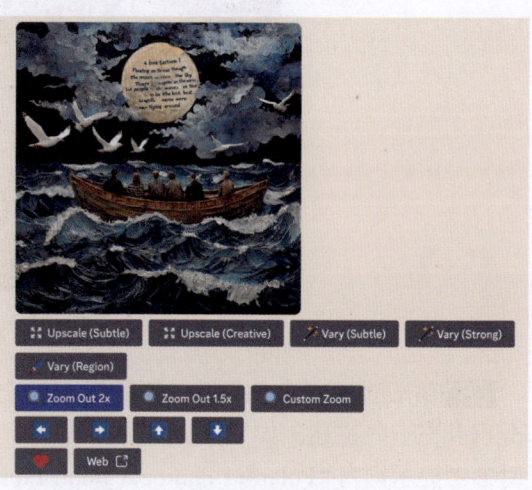

图 2-6 每次生成 4 张图片，下方有 9 个按钮　　　图 2-7 第 3 张图片被单独打开并高清显示

而 V1、V2、V3 和 V4 按钮会在保持相同的风格和构图完整的前提下生成所选图像的变体。例如，单击 V3 会生成 4 张新的图片，它们都延续了第 3 幅图片的风格，只是在呈现版式及人物细节等方面存在微小差异，请仔细对比，观察图 2-8 中发生的变化。

07 下面再看一下图 2-7 的下方，新增的编辑选项中有几项以 Vary 开头的按钮，它们类似于以 V 开头的按钮，功能差别如下。

第 2 章 Midjourney 的基础知识

图 2-8　单击 V3 按钮后生成的 4 张新图片

Vary (Subtle)（微妙变化）：此功能用于创建图像的微妙变化，保留其原始构图，相当于完善原图像结果。

Vary (Strong)（强度变化）：此功能的变化幅度较大，可能导致构图、元素、颜色等的变化。

Vary (Region)（区域变化）：此功能表示允许编辑图像的区域。它在处理生成图像的大区域（在 20%～50% 之间）效果最好。

08 接下来将重点设置"区域变化"。方法：单击 Vary (Region) 按钮，然后在弹出的对话框中单击左下角的 □（矩形选框）或 ○（套索选框）按钮，接着框选图 2-9 所示的月亮区域。

提示：如果对一次框选的区域不太满意，还可以单击对话框左上角 ⟲（撤销）按钮来清除选择。

09 在选择工具旁边的文本输入区中输入新的提示词，例如，输入"No text, further away"（没有文字，遥远消失），然后单击 ➡（提交）按钮，得到的结果如图 2-10 所示，此时月亮就消失了。

图 2-9　框选月亮区域并输入提示词

图 2-10　通过"区域变化"去除月亮

10 编辑按钮中还有一排 按钮，它们会沿箭头方向（左、右、上或下）将图像扩展到更大的尺寸，甚至提高其分辨率，但不会更改原始图像中的内容。接下来，选择之前生成的任意一张图片，多次单击 按钮，如图 2-11 所示，使画面向右侧区域扩展，从而得到如图 2-12 所示的效果。

图 2-11　选择一张图片并多次单击 按钮

图 2-12　多次向右扩展后的效果

11 目前画面右侧缺乏内容且颜色偏暗，请参照步骤 8 的"区域变化"方法，框选画面右侧区域，然后参照步骤 9）输入提示词"more detail, lighter"（更多的细节，亮一些），从而得到如图 2-13 所示的效果。此时，海浪向右侧进行了扩展。在另一张生成的图片中，Midjourney 还自动在右侧延展的画面中加上了一艘帆船，如图 2-14 所示。这种画面延展的方式，可以将普通的画面转成全景图，请记住这种方法。

> 提示：通常，一幅宽高比为1∶1的图像，经过12次水平平移后，可以达到7680×1024像素。这里需要注意的是，在平移图像后，只能使用相同的方向（水平或垂直）再次平移。

12 单击编辑选项中的 按钮，将弹出如图 2-15 所示的对话框，提示将离开 Discord，并在 Midjourney 图库中打开生成的图像。

第 2 章 Midjourney 的基础知识

图 2-13　画面扩展后，输入提示词 "more detail, lighter"，增加细节与光照

图 2-14　向右扩展画面，形成全景图的效果

图 2-15　单击 Web 按钮后出现提示对话框

13 单击 ⟳ 按钮，可以重新进行运算，常用于生成具有相同原始提示符的新结果。用户可以不断地重新运算和变换图像，但结果可能会偏离最初的设想。如果在多次尝试后仍然难以找到所需的图像，可以考虑改进提示词或更改单词顺序以获得新的图片。

至此，已经对 Midjourney 的基础功能及 Midjourney 的图像生成过程有了一定的了解。接下来进入下一节，通过详细学习 Midjourney 的主要参数，进一步增强对 Midjourney 功能的认识。

2.3　Midjourney 的主要参数

在不断发展的人工智能艺术创作领域，理解和使用 Midjourney 中的参数对于创作与愿景相匹配的艺术作品至关重要。参数就像艺术家的工具，允许人们创造更详细、更可控、更有创意的 AI 艺术。在本节中，我们将学习各种重要的参数及如何使用它们来塑造和完善艺术视觉。

Midjourney 中参数的作用主要是让用户更好地控制 AI 的创作过程，它们可以用来微调风格、构图和图像的整体外观和感觉。下面就来讲解 Midjourney 的基本参数。Midjourney 基本参数包括"宽高比（--aspect 或 --ar）""混沌（--chaos < 0-100 > 或 --c < 0-100>)""质量（--quality< 0.25、0.5 或 1> 或 --q < 0.25、0.5 或 1>)""种子（--seed <number>)""风格化（--stylize < 0-1000> 或 --s < 0-1000>)""平铺（--tile）"和"怪异（--Weird < 0 - 3000> 或 --w < 0 - 3000>)" 7 个部分。下面具体讲解这些参数。

1. 宽高比（--aspect 或--ar）

宽高比（Aspect）在 Midjourney 中非常重要，因为它们决定了生成图像的尺寸。

以下是常见的宽高比。

（1）1：1 正方形。

（2）5：4 相框的常用选择。

（3）3：2 在印刷摄影图片中普遍存在。

（4）7：4 接近高清电视和智能手机屏幕。

用户可以根据自己的艺术意图选择一个合适的宽高比。例如，选择宽屏的宽高比可以营造出风景场景的宏伟和广阔感，而生成肖像一般选择窄屏宽高比。要在 Midjourney 中更改宽高比，只需在提示词中添加"--aspect"或"--ar"，然后加上所需的宽高比，如"--ar 3：2"。接下来就来演示一下。方法：首先在文本输入框中输入"/"提示符，然后在弹出的列表框中选择"/imagine"命令。接着输入提示词"A beautiful brown-haired girl is reading a book in a magical garden --ar 16：9"，然后按〈Enter〉键提交，此时软件会生成 4 张 16：9 的图片，最后从生成的 4 张图片中选择一张放大显示，如图 2-16 所示。

图 2-16　宽高比参数为"16：9"时生成的画面

> 提 示：提示词中，英文和数字间要有空格。

2. 混沌（--chaos < 0-100 > 或 --c < 0-100>)

混沌（Chaos）参数为 AI 生成的图像添加了不可预测性和多样性。混沌参数可接受 0 ~ 100 之间的值，0 代表最低的混乱程度，100 代表最高的混乱程度。接下来通过设置几种不同的混沌参数值来对比生成效果。

01 当在提示词后加"--c 0"时，提示词为"/imagine prompt English afternoon tea, two sets of cups, a teapot, a plate of cake, summer outdoors --ar 7：4 --c 0"（请注意 c 和数字之间有空格），生成效果如图 2-17 所示。

图 2-17　混沌参数为"--c 0"时生成的画面

02 当在提示词后加"--c 10"时，提示词为"/imagine prompt English afternoon tea, two sets of cups, a teapot, a plate of cake, summer outdoors --ar 7：4 --c 10"，此时生成的画面只发生轻微的变化，依然保留了杯子、茶壶、蛋糕等关键物品，如图 2-18 所示。

图 2-18　混沌参数为"--c 10"时生成的画面

03 当在提示词后加"--c 20"时，提示词为"/imagine prompt English afternoon tea, two sets of cups, a teapot, a plate of cake, summer outdoors --ar 7：4 --c 20"，此时画面出现了一些不可预测的变化，引入了显著的多样性情景，场景中开始加入一些奇异的想象元素，如图 2-19 所示。

04 当在提示词后加"--c 50"时，提示词为"/imagine prompt English afternoon tea, two sets of cups, a teapot, a plate of cake, summer outdoors --ar 7：4 --c 50"，此时画面展示出夸张的想象，变得富有创意，如图 2-20 所示。大家可以尝试使用更大的参数，以挑战更为极致的图像变化。

- 17 -

图 2-19　混沌参数为 "--c 20" 时生成的画面

图 2-20　混沌参数为 "--c 50" 时生成的创意画面

3. 质量（--quality< 0.25、0.5或1的值>或--q < 0.25、0.5或1的值>）

质量（Quality）参数用于控制生成图像的质量。它就像艺术家的画笔一样，能够控制图像中生成的细节和纹理。质量参数可接受的值为 0.25、0.5 和 1，默认设置为 1。更高的参数值可产生更详细的图像，但生成图像需要的时间也更长。较低的参数值可产生粗略的图像，但生成图像更快。

艺术家可以根据自己的意图设置不同的质量参数值，从而创建出各种各样的效果。例如，较低的参数值设置可以用来捕捉抽象自发性的本质，而较高的参数值设置可以用来强调视觉上复杂的细节，这种特性在雕塑和建筑图中尤为明显。

如图 2-21 所示，当质量参数值为 "0.25" 时，提示词为 "the head of an ancient Greek goddess sculpture --q .25"（一个古希腊女神的雕塑头像）生成的效果。

如图 2-22 所示，当质量参数值为 "1" 时，提示词为 "the head of an ancient Greek goddess sculpture --q 1" 生成的效果。

> 提示：提示词的写法是 "--q .25"，而不是 "--q 0.25"。

第 2 章 Midjourney 的基础知识

图 2-21　质量参数为"--q .25"时生成的雕塑　　图 2-22　质量参数为"--q 1"时生成的雕塑具有更多的细节

4. 种子（--seed <number>）

Midjourney 中种子（Seed）参数用于为每个生成的图像指定随机数。这意味着如果使用相同的种子数，即使提示词略有不同，用户也可以得到两个非常相似的图像。在实际创作中，种子参数很有用，例如，它可以用来保持设计角色的一致性。下面，基于同一个图像，通过稍微改变提示词或设置，来生成它的一系列的变体。具体操作步骤如下。

01 在质量参数为"--q 1"的希腊女神雕塑图片上右击，从弹出的快捷菜单中选择"添加反应"→"envelope:"命令，如图 2-23 所示。

02 在该图片上再次右击，从弹出的快捷菜单中选择"APP"→"DM Results"命令，然后单击 Midjourney 右上角 　（收件箱）按钮，将打开收件箱并显示一条新消息，其中包括工作 ID 和种子号的信息，如图 2-24 所示。

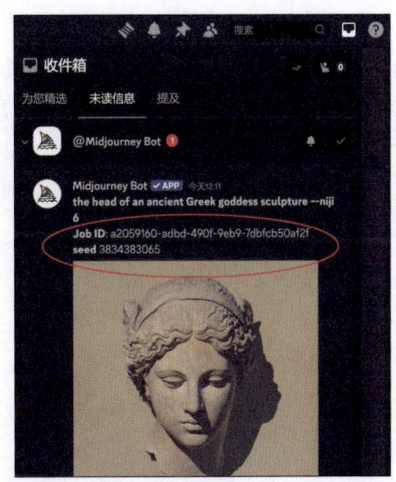

图 2-23　选择"添加反应"→"envelope:"命令　　图 2-24　Midjourney 收件箱中的工作 ID 和种子号

03 现在已经获得了种子号，接下来将利用这个种子号来创建一组新的图像。

输入修改后的提示词"an ancient Greek angel sculpture with wings --seed 3834383065"（一个带有翅膀的古希腊女神雕塑），注意这里添加了"翅膀"这一元素，并去掉了对头像的限定，生成的结果如图 2-25 所示。此时观察会发现，虽然雕塑按新的提示加上了翅膀，但雕塑面部仍

- 19 -

然是相同的，即保持了角色的一致性。

图 2-25　添加种子号后雕塑人物面部保持了一致性

提　示： 种子号是动态的，这意味着如果用户退出或Discord账户不活跃，该种子号不再有效。

5. 风格化（--stylize < 0-1000>或--s < 0 -1000>）

风格化（Stylize）参数能够控制图像风格化的程度，允许用户尝试一系列的细节、纹理和艺术表达。它可接受 0 ~ 1000 之间的值，其中 100 是默认值。这些数值决定了应用于生成图像的风格化强度，较低的值产生的图像与提示词紧密一致，但更简单和原始；而较高的值产生具有明显艺术表现的图像，尽管可能不太准确。

让我们使用一个新的提示词，并使用不同的参数值来测试这个参数，提示词为"/imagine prompt Portrait of a woman made from transparent roses, double exposure photography, soft lighting, flowers flowing in the wind. --s 100"。

请对比使用参数"--s 100"（见图 2-26）和参数"--s 500"（见图 2-27）的效果差别，可以看出，图 2-27 明显呈现出更多的细节与纹理变化。

图 2-26　风格化参数为"--s 100"时生成的画面　　图 2-27　风格化参数为"--s 500"时生成的画面

6. 平铺（--tile）

平铺（Tile）参数用于根据提示生成重复的平铺图像，这对于制作大幅面图案，以及为织物、室内装饰、壁纸等纹理创建完美的重复图案来说，非常有用。图 2-28 所示为使用提示词"/imagine prompt spaceship-tile"（宇宙飞船）生成的重复图案。

图 2-28　生成的重复图案

7. 怪异（--weird < 0 - 3000>或--w < 0 - 3000>）

怪异（Weird）参数对于那些想要创造非常规、出乎意料的图像效果的艺术家来说是一项强大的功能。该参数可用于为常规图像添加一点怪异甚至超现实感。要使用怪异参数，可以指定一个 0（默认）～ 3000 之间的值。这个数值越高，生成的图像就会越奇怪。

请记住，这个怪异参数是实验性的，所以用户可能会得到一些不可预测的结果，但这也正是其魅力所在。下面我们通过一组抽象的线条图形来做实验，观察不同的怪异参数如何影响线条的变形。

以下三组图像的参考提示词为

"/imagine prompt repeating lines, abstract image --ar 5：4 –weird 10"（见图 2-29）。
"/imagine prompt repeating lines, abstract image --ar 5：4 –weird 100"（见图 2-30）。
"/imagine prompt repeating lines, abstract image --ar 5：4 –weird 800"（见图 2-31）。

图 2-29　怪异参数为"–weird 10"时生成的较为相似的抽象线条

图 2-30　怪异参数为"–weird 100"时生成的抽象线条的排列

图 2-31　怪异参数为"–weird 800"时生成的抽象线条发生形态及材质变化

2.4 高级提示导航和视觉创作

本节将介绍一些更为复杂的提示和定制艺术作品所需的专业知识,并利用 Midjourney 的设置来实现更精确的结果,从而创造出独特且引人入胜的 AI 艺术效果。

1. 混合模式

混合模式允许用户将 2 ～ 5 张图像合并成一张新的图像。图像混合不仅是一个合并过程,更是一个充满想象力的创作过程。下面就来讲解混合模式的应用,具体操作步骤如下。

01 在输入文本框内输入"/",在弹出列表中选择"/blend"命令,如图 2-32 所示。

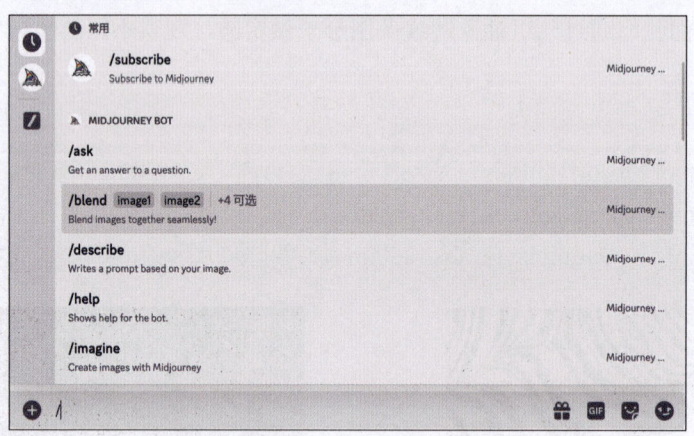

图 2-32　在弹出列表中选择"/blend"命令

02 在图 2-32"/blend"命令右侧,单击"image1"或"image2"可以选择要上传的图片文件,单击"+4 可选"会出现如图 2-33 所示的列表,此时可以再选择另外 3 张要上传的图片,即用户最多可以上传 5 张图片。单击"dimensions"命令,会出现"Portrait"(纵向 2∶3),"Square"(宽高相等)和"Landscape"(横向 3∶2)3 个设置宽高比的选项。如果没有选择宽高比,生成的图像将默认具有 1∶1 的比例。

第 2 章 Midjourney 的基础知识

选项	
dimensions	The dimensions of the image. If not specified, the image will be square.
image3	Third image to add to the blend (optional)
image4	Fourth image to add to the blend (optional)
image5	Fifth image to add to the blend (optional)

图 2-33 选择另外 3 张要上传的图片并设置宽高比

03 这里选择两张默认宽高比的图像，一张是兔子的绘画，另一张是生成的女孩图像，然后按〈Enter〉键开始混合过程，经过两者的混合生成了新的拟人化的角色形态，如图 2-34 所示。输入更多的图像可产生更多不可预测的效果，请读者自己尝试。

> 提示：为了获得更好的混合效果，建议上传具有相同宽高比的图像，这样可以确保最终图像的无缝混合效果。

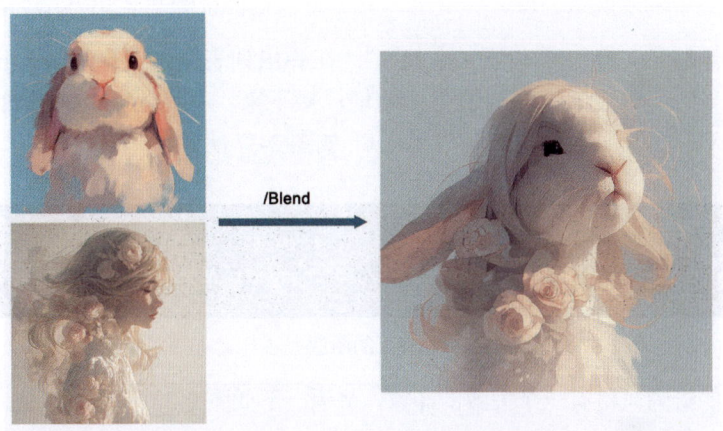

图 2-34 通过混合生成新的拟人化形象

2. 图像提示与权重

图像提示与混合的方法不同，它通过使用一个或多个图像的链接来启动提示，然后引导 AI 生成具有这些图像风格的艺术作品。下面利用图像提示与文本提示相结合的方法来生成艺术图像。由于该参数与绘画风格相关，所以下面的例子选择的是一张世界名画，具体操作步骤如下。

01 在网上找一张世界名画的图片，例如图 2-35 所示为雷诺阿的印象派肖像画，然后在浏览器显示的图片上右击，从弹出的快捷菜单中选择"复制图片地址"命令，如图 2-36 所示。或者在 Midjourney 中直接生成一张肖像画，然后右击，在弹出的快捷菜单中选择"复制图片地址"命令。

> 提示：皮埃尔·奥古斯特·雷诺阿是一位著名的法国画家，也是印象派发展史上的领导人物之一。本例选取他的画作《Jeanne Samary》(1877)，这是一幅绘制在画板上的油画。

AIGC 绘画创作——Midjourney 和 Stable Diffusion 生成创意图像

图 2-35　雷诺阿的印象派肖像画

图 2-36　在弹出的快捷菜单中选择"复制图片地址"命令

02 在 Midjourney 输入文本框中输入"/"，在弹出列表框中选择"/imagine"命令，然后按快捷键〈Ctrl+V〉粘贴上一步复制的图片地址，接下来，在地址后输入提示词"changed to Mucha's poster style"（改变为穆夏的海报风格），如图 2-37 所示。

```
prompt  The prompt to imagine
/imagine  prompt  https://s.mj.run/m0ob-PEz654 changed to Mucha's poster style --iw 0.5 --niji 6
```

图 2-37　"/imagine"命令下的图像提示与文本提示相结合

为了对穆夏的绘画风格有一个大致的印象，先看一下如图 2-38 所示的作品。

提　示： 阿尔丰斯·穆夏（Alfons Maria Mucha），1860—1939年，捷克籍画家与装饰品艺术家，在巴黎扬名。其海报作品以端庄优雅的女性人物形象和唯美的线条闻名，形成了独树一帜的风格。

图 2-38　穆夏的作品

- 24 -

03 现在要引入一个新的参数——图像权重（--the image weight 或 --iw）。通过分析图 2-37 中的提示词可知，该提示词既包含图像提示，又包含文本提示，图像权重参数主要用于平衡这二者之间的比例分配。默认情况下，该参数设置为 1，如果用户希望更多地依赖图像提示，可以加大图像权重（如 --iw 2）；相反，如果希望更多地参照文本提示，可以减小图像权重（如 --iw 0.5）。下面来比较一下不同图像权重参数的效果。

图 2-39 所示为图像权重参数为 "--iw 2" 生成的图片效果，可以看到结果更多地偏向于图像提示，即雷诺阿的印象派肖像画。图 2-40 所示为图像权重参数为 "--iw 0.5" 生成的图片效果，可以看到结果更多地偏向于文本提示，图 2-40 虽然保持了人物的姿势、表情与半身像的构图，但却明显融入了穆夏的海报风格：线条、平涂的颜色块、装饰花纹等。因此，图像权重是一个 AI 绘画或设计中微妙又重要的参数。

图 2-39　图像权重参数为 "--iw 2" 生成的图片效果

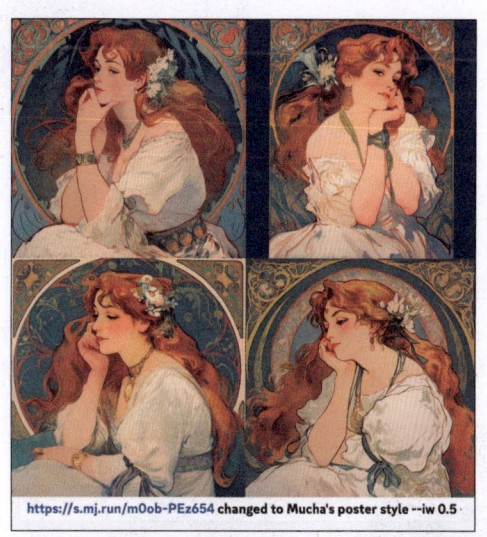
图 2-40　图像权重参数为 "--iw 0.5" 生成的图片效果

3. 排列与参数

Midjourney 中的排列功能使用户能够通过单个提示符生成多个图像变体。通过使用特殊的标点符号，特别是花括号 { }，可以引导 AI 生成用户指定的组合。此功能类似于编码，其中特定的标记告诉系统如何解释和执行命令。排列的真正优势在于它的灵活性。

排列允许在提示词内调整参数。这意味着用户可以尝试不同的参数变量，接下来通过一个案例来说明，具体操作步骤如下。

01 输入提示词 "/imagine prompt a sunny studio, two students are painting, high angle shot --ar {1∶1, 3∶2, 16∶9}"（一个充满阳光的画室，两个学生正在作画，俯视拍摄），请注意这里在 "{ }" 内输入的数值，意味着将一次生成 3 种不同的图像比例。

02 按〈Enter〉键后，将出现如图 2-41 所示的消息询问对话框，单击 "Yes" 按钮，将生成 3 组不同宽高比的图像。图 2-42 所示为其中一组宽高比为 3∶2 的结果。

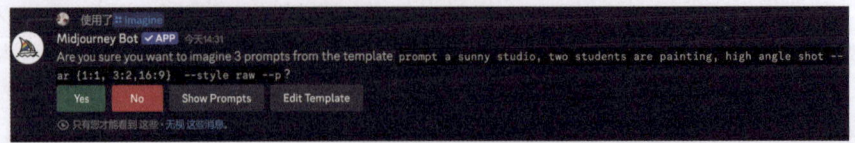

图 2-41　消息询问对话框

图 2-42　其中一组宽高比为 3∶2 的俯拍画室场景

03 再尝试输入提示词"/imagine prompt A {woman, man} in a {forest, city} during {rain, snow} , realism --ar 5∶3",此时会产生多种图像排列组合变化。例如,输入"A woman,in a forest,snow",生成结果如图 2-43a 所示;又例如,输入"A woman,in a forest,rain",生成结果如图 2-43b 所示。也就是说,通过自由的排列组合,可以获得更多的实验效果。

a)　　　　　　　　　　　　　　　　　　b)

图 2-43　提示词排列组合

a) 输入"A woman,in a forest,snow"的生成结果　b) 输入"A woman,in a forest,rain"的生成结果

从上面案例可以清楚看出,排列功能有助于加快创造过程,就像数学中的排列组合,提供了一个充满多种可能性的世界。

2.5　图生文的反向思维

前面讲解的内容都是通过提示词和参数生成图片,本节要分析的是一种反向思维法,即利

第 2 章 Midjourney 的基础知识

用图片来生成文字描述。在某些情况下，很难准确地用文字描述出想要的图像，或者不知如何用 AI 的语言来表达图像的逻辑。本节就来讲解如何让 Midjourney 根据已有图片反推出相关提示词。

Midjourney 中"/describe"命令允许用户上传图像并根据图像写出 4 个不同的提示词，不过需要注意的是，这些生成的提示词仅是启发性的，具有一定的暗示性，但并不一定精确。它们只是为用户提供一个独特的视角，帮助用户创建自己的艺术风格。接下来通过一个案例来进行说明，具体操作步骤如下。

01 在输入文本框内输入"/"，然后选择"/describe"命令，在弹出的选项列表中选择"image"命令，如图 2-44 所示。

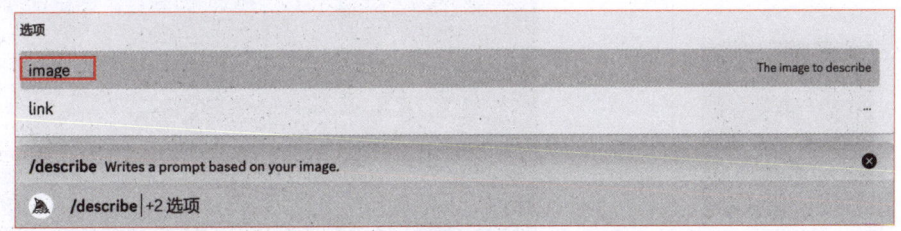

图 2-44　选择"/describe"命令，在弹出的列表中选择"image"命令

02 此时会出现上传图片的虚线框，如图 2-45 所示，然后单击要上传的图片（本书配套网盘中的"源文件"→"2.5　图生文的反向思维"→"原图 .jpg"文件），这是一张抽象的、用文字不太容易清晰描述的图片，如图 2-46 所示，按〈Enter〉键提交。

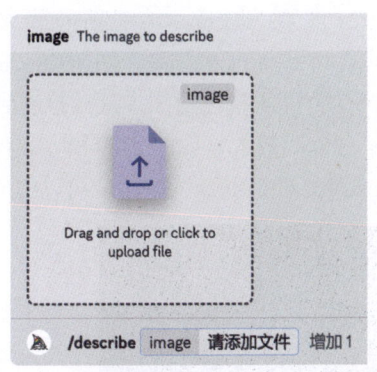 

图 2-45　单击上传图片　　　　　　图 2-46　选择一张抽象风格的图片

03 此时 Midjourney 会生成 4 组文字提示，详细分析这张抽象图片，如图 2-47 所示，可以根据这些提示来学习 Midjourney 的文本提示风格。另外，还可以单击图像下方的数字，或者单击"Imagine all"按钮，让 Midjourney 自动根据这些提示词生成更多的图像。下面选取其中一些图像效果欣赏，如图 2-48 所示，这也相当于 Midjourney 在原图基础上进行了再次创作。

图 2-47　生成的 4 组文字提示　　图 2-48　根据图生文得到的提示词，再次生成的图片效果

2.6 如何得到高分辨率的输出图像

Midjourney 生成的标准图像大小通常为 1024×1024 像素。但是，随着新的放大工具的引入，用户可以提高这些图像的分辨率，将图像尺寸扩展到更高的分辨率，如 2048×2048 像素或 4096×4096 像素，从而在不影响图像的情况下实现更高的打印质量。将图像尺寸扩展到更高分辨率的具体操作步骤为：首先，选择一张图片，并将其单独隔离放大，如图 2-49 所示。然后，单击"Upscale（Subtle）"按钮，可以生成二倍图，单击"Upscale（Creative）"按钮，可以生成四倍图。

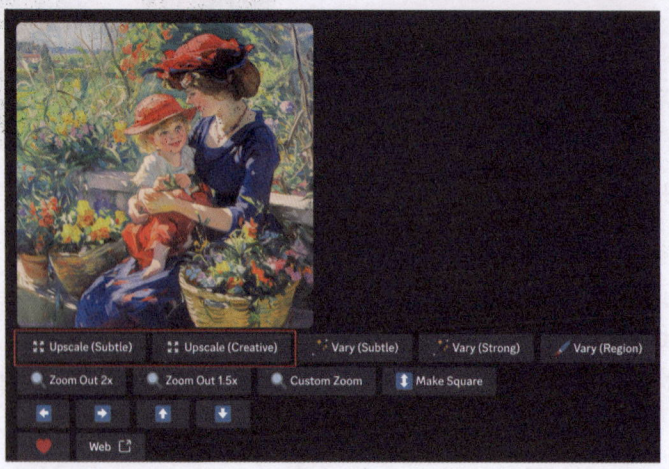

图 2-49　单击"Upscale（Subtle）"和"Upscale（Creative）"按钮

提示：Upscale功能并不是单纯地把图片放大，而是在放大图片分辨率的同时，还会增加一些细节与层次。如图2-50所示，即使放大生成图片的四倍图，画面中的笔触依然会非常清晰。

图 2-50　Upscale 功能在放大的同时还能增加细节与层次，但会消耗额外的时间

另外，使用 Upscale 功能放大图片分辨率需要消耗额外的时间，而且可能需要购买相应的服务，其中生成二倍图会消耗生成初始图像 2 倍的时间，生成四倍图会消耗生成初始图像 4 倍的时间。在图片宽高比为 1∶1 的情况下，U1、U2、U3、U4 默认尺寸为 1024×1024 像素，Upscale（Subtle）默认尺寸为 2048×2048 像素，Upscale（Creative）默认尺寸为 4096×4096 像素。

2.7　课后练习

1）根据 2.2 节讲到的提示结构（主题，动作，细节），自行按照这个结构输入提示词，以生成理想的画面。同时，练习通过区域变化功能对图片进行局部修改。

2）利用 ⬆ ⬇ ⬅ ➡ 按钮进行画面扩展，形成全景图的效果。

3）练习 2.3 节中讲解的全部基本参数，重点理解种子参数的原理与用法。

4）练习 2.5 节中的图生文，熟悉 Midjourney 文字提示的写作风格。

第3章　Stable Diffusion的基础知识

本章重点

Stable Diffusion 是一款功能强大且免费的软件，基于人工智能技术开发，适合不同层次的用户进行图像创作和编辑。该软件是开源软件，允许社区成员贡献代码，共同改进项目。同时该软件支持 Windows、macOS 和 Linux 系统。通过本章的学习，读者应掌握 Stable Diffusion 的安装、文生图、图生图等方面的基础知识。

3.1　Stable Diffusion的安装

Stable Diffusion 安装方法分为本地安装和云端安装两种，它们的区别如下。

（1）硬件资源

本地安装依赖于个人计算机的硬件资源，推荐使用 NVIDIA 显卡，至少具备 6 核 GPU，显存至少 4GB，推荐 8GB 或更高，拥有高性能的 GPU 可以显著提升模型的运行速度和生成图片的质量。而云端安装使用的是云端服务器的资源，不需要依赖本地硬件，适合没有高性能显卡的用户，但生成图片的速度和质量受限于云服务提供商的服务器性能。

（2）网络依赖

本地安装只要网络连接即可运行，适合需要离线工作的场景。而云端安装需要稳定的网络连接，因为所有的计算都在云端服务器上进行。

（3）安装和配置复杂度

本地安装过程可能较为复杂，需要用户有一定的技术背景，包括启动器运行依赖程序、大模型和 Lora 模型，以及扩展插件的安装等，本地安装建议使用本书配套网盘中的"sd-webui-aki-v4.8 秋叶整合包"。而云端安装较为简单，例如，使用 Google Colab 等服务，只需简单设置即可开始使用，适合技术背景较弱的用户。

（4）数据安全和隐私

本地安装数据处理完全在本地进行，用户对数据有完全的控制权，适合处理敏感数据。而云端安装数据需要上传到云端服务器，可能会有数据安全和隐私方面的顾虑。

（5）成本

对于偶尔使用或短期项目，云端安装会更经济，因为不需要前期硬件投资，且按需付费。而长期频繁使用时，本地安装会更划算，因为硬件投资是一次性的，而长期使用云端资源可能会累积较高的费用。

（6）使用便捷性

本地安装一旦安装完成，使用起来比较方便，不需要每次都进行复杂的设置。而云端安装每次使用可能需要重新连接到云端服务，适合临时或偶尔使用。

第 3 章　Stable Diffusion 的基础知识

至于选择云端安装还是本地安装，需要根据实际使用需求、预算及对性能和数据控制的需求来决定。对于预算有限、使用频率不高或对成本敏感的用户来说，云端安装会更合适。对于需要频繁使用高性能计算资源的用户，本地安装在长期来看会更经济实惠。下面将具体讲解在本地安装 Stable Diffusion 的方法，具体内容包括启动器运行依赖和 Stable Diffusion 整合包的安装，软件的更新和启动，扩展插件的安装和更新，以及 Stable Diffusion 大模型和 Lora 模型的安装方法。

3.1.1　启动器运行依赖的安装

为了在安装"sd-webui-aki-v4.8 秋叶整合包"后能够正常启动，必须提前安装启动器运行依赖程序，也就是运行环境，安装启动器运行依赖程序的具体步骤如下。

01 双击本书配套网盘中的"stable diffusion 资源 \sd-webui-aki-v4.8 秋叶整合包安装 \1.sd-webui 启动器 \01.（装一下）启动器运行依赖 -dotnet-6.0.11"文件，如图 3-1 所示，然后在弹出的对话框中单击"安装"按钮，如图 3-2 所示，此时软件会显示安装进度，如图 3-3 所示。

02 在安装完成后，单击"关闭"按钮，如图 3-4 所示，即可完成启动器运行依赖程序的安装。

图 3-1　双击"01.（装一下）启动器运行依赖 -dotnet-6.0.11"文件

图 3-2　单击"安装"按钮

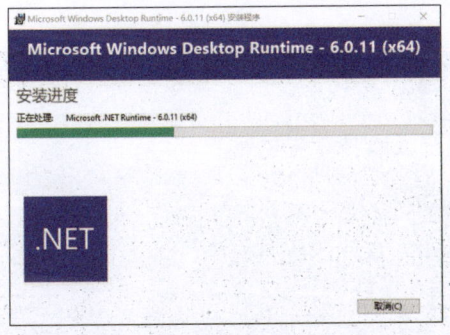

图 3-3　显示的安装进度

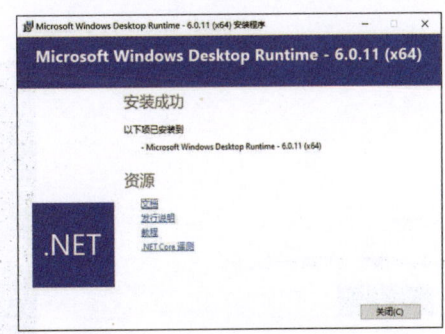

图 3-4　单击"关闭"按钮

3.1.2　Stable Diffusion 整合包的安装

本书使用的是"sd-webui-aki-v4.8 秋叶整合包"，具体安装步骤如下。

01 解压整合包。方法：右击网盘中的"stable diffusion 资源\sd-webui-aki-v4.8 秋叶整合包安装\sd-webui-aki-v4.8_增加常用扩展"压缩文件，如图3-5所示，然后从弹出的快捷菜单中选择"解压到当前文件"命令，即可对其进行解压，如图3-6所示。

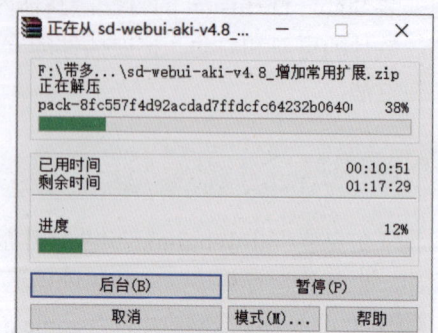

图3-5 右击"sd-webui-aki-v4.8_增加常用扩展"压缩文件

图3-6 解压文件

02 解压完成后，会出现一个名称为"sd-webui-aki-v4.8"的文件夹，如图3-7所示。

03 双击"sd-webui-aki-v4.8"文件夹，然后双击 A绘世启动器 ，如图3-8所示，会出现软件启动对话框，如图3-9所示，当软件启动后会显示图3-10所示的 Stable Diffusion 启动窗口。

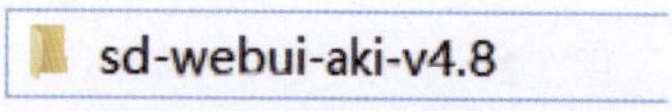

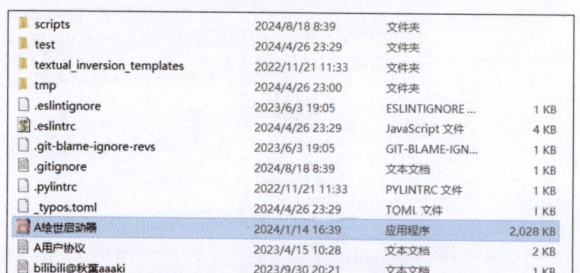

图3-7 出现的"sd-webui-aki-v4.8"文件夹

图3-8 双击 A绘世启动器

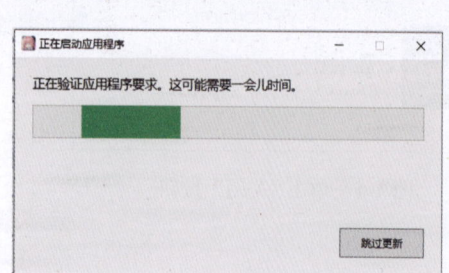

图3-9 软件启动对话框

图3-10 Stable Diffusion 启动窗口

- 32 -

《《《 第 3 章　Stable Diffusion 的基础知识

3.1.3　软件的更新和启动

在安装了 Stable Diffusion 后，首先要对软件版本进行更新，具体操作步骤如下。

01 在 Stable Diffusion 启动窗口左侧选择 ▣，然后在上方选择 ⊙ 内核，再在右上方单击 ▣ 一键更新 按钮，如图 3-11 所示，此时会弹出图 3-12 所示的提示对话框，接着单击"确定"按钮，在软件更新后会显示"更新成功"的信息，如图 3-13 所示。

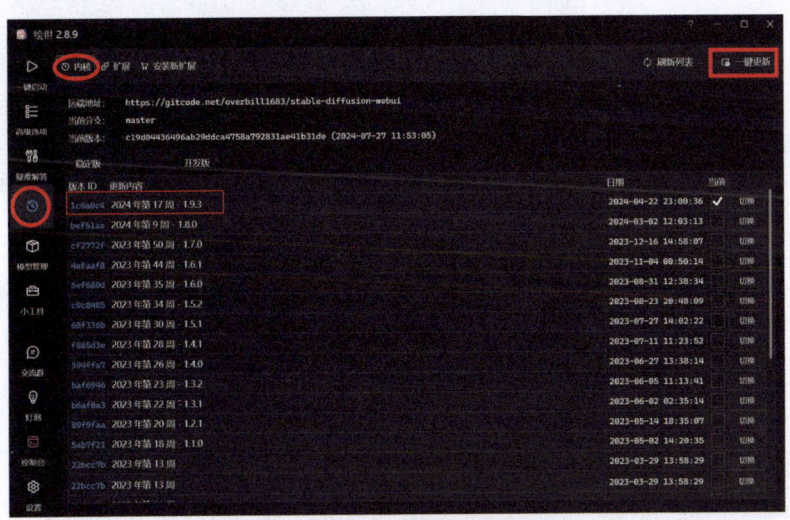

图 3-11　单击 ▣ 一键更新 按钮

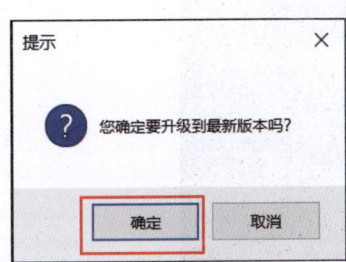

图 3-12　提示对话框 1

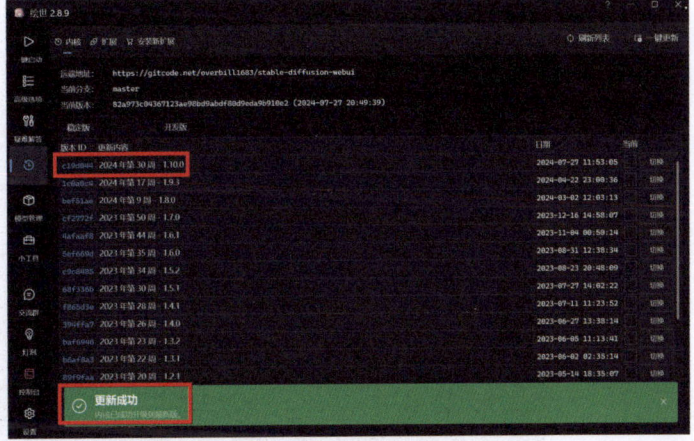

图 3-13　版本更新成功

02 将软件版本切换到最新版本。方法：单击更新后最上方（即最新）版本后面的 切换 按钮，然后在弹出的如图 3-14 所示的提示对话框中单击"确定"按钮，此时软件就会切换到最新版本，并显示"安装成功"的信息，同时在更新后的版本后会显示 ✓，如图 3-15 所示。

- 33 -

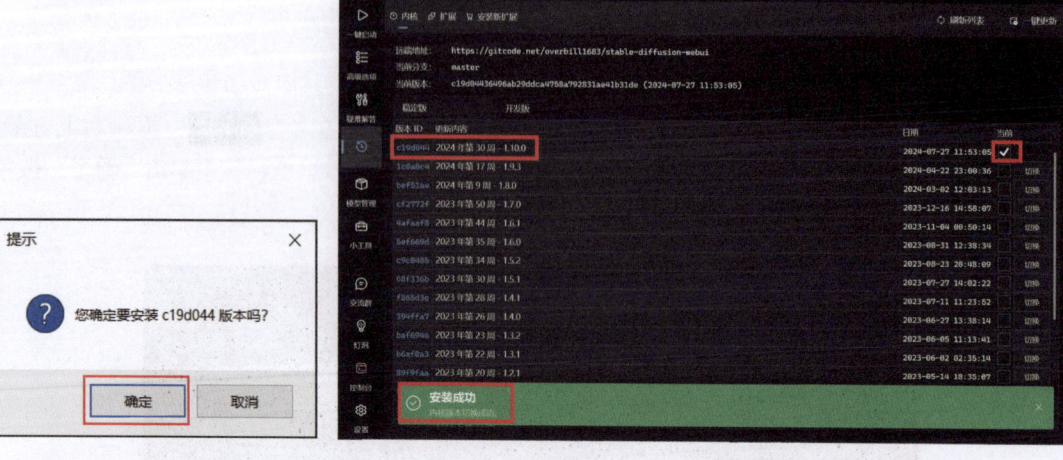

图 3-14 提示对话框 2　　　　　图 3-15 切换到最新版本

03 在启动窗口左侧单击 ▶ 按钮，回到图 3-10 所示的窗口，然后单击 ▶一键启动 按钮，即可启动 Stable Diffusion，启动后的窗口如图 3-16 所示。

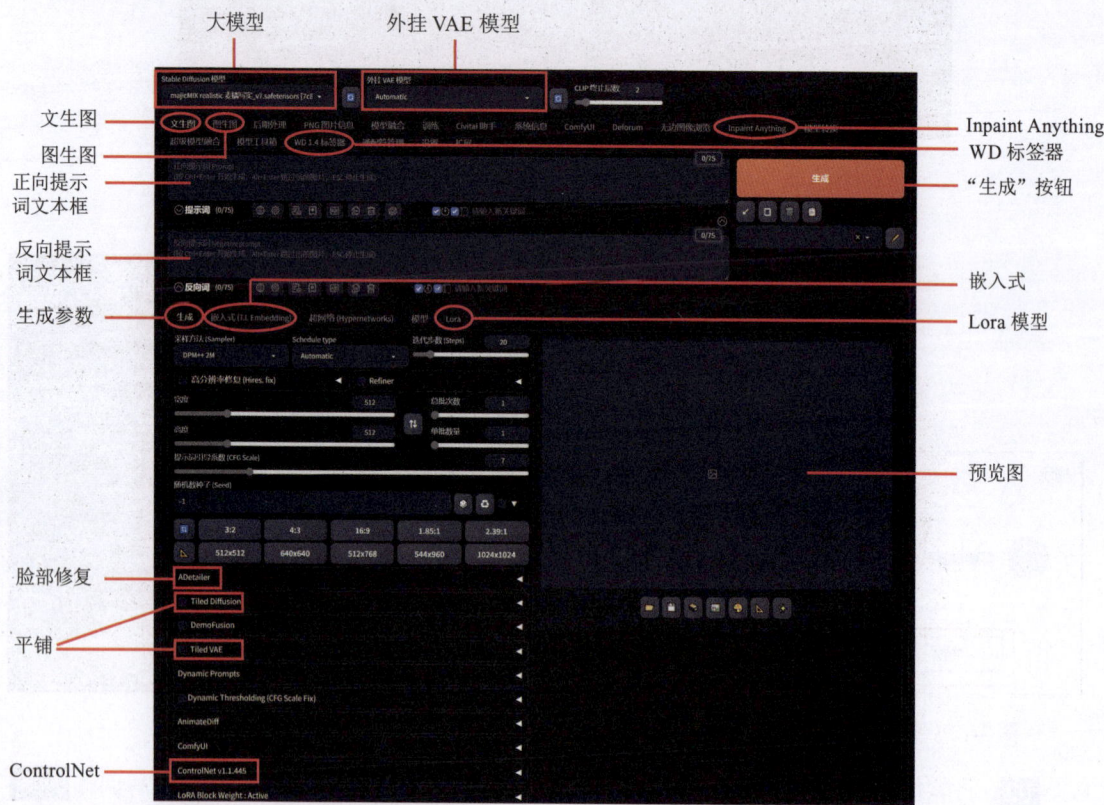

图 3-16 启动 Stable Diffusion 后的窗口

- 34 -

3.1.4 扩展插件的安装和更新

1. 扩展插件的安装

在安装了 Stable Diffusion 后，可以根据需要安装相关扩展插件，下面以安装"提示词生成器 oldsix"扩展插件为例，来说明安装扩展插件的方法，具体操作步骤如下。

01 在 Stable Diffusion 启动界面左侧选择 ，然后在上方选择 安装新扩展，再在输入文本框中输入"six"，此时下方会显示"sd-webui-oldsix-prompt"这个扩展插件，接着单击该插件右侧的 安装 按钮，如图 3-17 所示。

图 3-17　单击 安装 按钮

02 在扩展插件安装完成后会在右侧显示 已装 ，如图 3-18 所示。

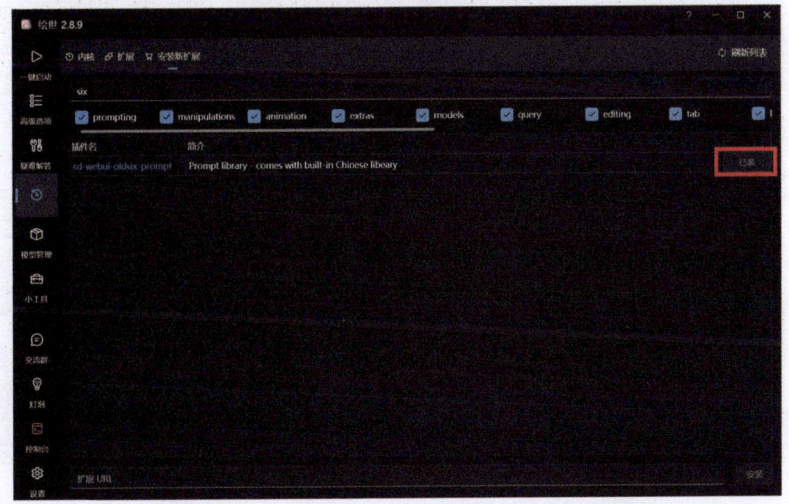

图 3-18　在扩展插件安装完成后在右侧显示 已装

提示：本书提供的"sd-webui-aki-v4.8秋叶整合包"内置了"WD标签器""Inpaint Anything"和"ReActor"扩展插件，无须另外安装。

2. 扩展插件的更新

更新扩展插件的方法很简单，只要在Stable Diffusion启动界面左侧选择 ，然后在上方选择 扩展，此时软件会显示所有需要更新和已更新的扩展插件，如图3-19所示，此时单击右上方的 一键更新 按钮，会弹出"确认更新"对话框，如图3-20所示，单击"是"按钮，即可更新所有扩展插件，更新完成后所有插件后面都会显示 最新，如图3-21所示。

提示：如果要单独更新某个扩展插件，单击该扩展插件后的"更新"按钮即可。

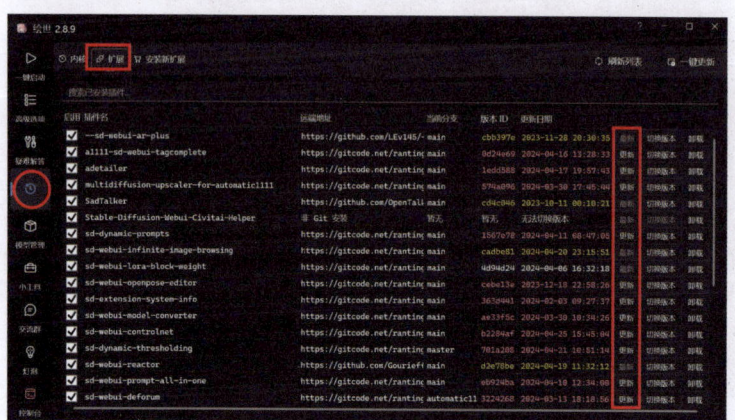
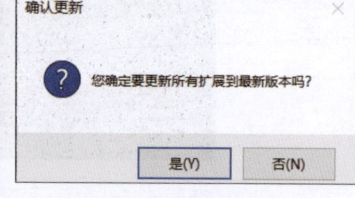

图3-19　显示出所有需要更新和已更新的扩展插件　　　图3-20　"确认更新"对话框

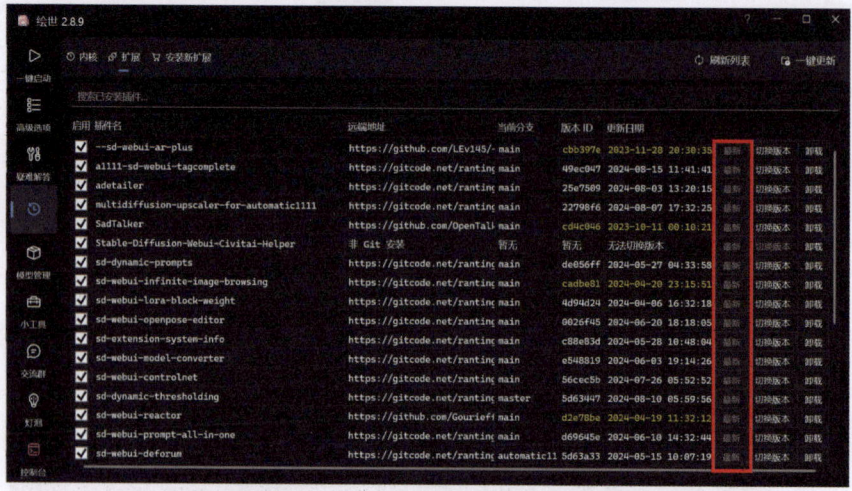

图3-21　更新完成后所有插件后显示 最新

3.1.5 模型的安装和预览图的指定

Stable Diffusion 的模型包括大模型和 Lora 模型两种。其中大模型是指具有大量参数的深度学习模型，用于确定要生成图像的风格（如写实、二次元等），这些模型经过大规模数据集的训练，能够生成多样化的图像，大模型相对较大，通常为几 GB；而 Lora 模型是一种在大模型基础上进行训练的微调模型，它不是一个独立的模型，而是一种改进方法，适用于对大模型的个性化调整（例如，要生成赛博朋克风格的图像，需要指定一个赛博朋克风格的 Lora 模型），Lora 模型相对较小，通常只有几十到几百 MB。

总的来说，两者分属不同的技术范畴，Stable Diffusion 大模型专注于生成能力的提升和输出的稳定性，而 Lora 模型则专注于对大模型的特征和风格表现，在实际应用中两种模型通常要结合使用。在 Stable Diffusion 中要使用这两种模型，首先要安装它们，下面就来讲解它们的安装方法。

1. 大模型的安装

下面以安装本书用到的 Stable Diffusion 大模型为例，来讲解大模型的安装方法，具体操作步骤如下。

01 打开本书配套网盘中的"stable diffusion 资源"→"大模型"文件夹，然后按快捷键〈Ctrl+A〉，选择所有的大模型，如图 3-22 所示，再按快捷键〈Ctrl+C〉，进行复制。

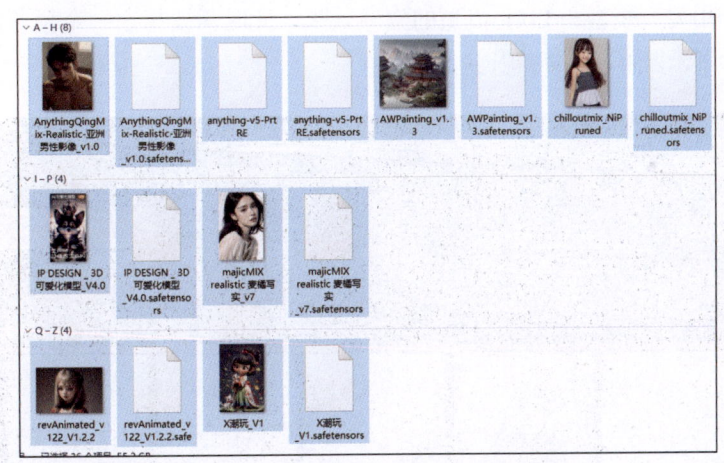

图 3-22 选择本书用到的所有的大模型

02 打开 Stable Diffusion 的安装目录下"models"→"Stable-diffusion"文件夹，然后按快捷键〈Ctrl+V〉，进行粘贴，即可完成大模型的安装。

2. Lora 模型的安装

下面以安装本书用到的 Lora 模型为例，来讲解 Lora 模型的安装方法，具体操作步骤如下。

01 打开本书配套网盘中的"Stable Diffusion 资源"→"Lora 模型"文件夹，然后按快捷键〈Ctrl+A〉，选择所有的 Lora 模型，如图 3-23 所示，再按快捷键〈Ctrl+C〉，进行复制。

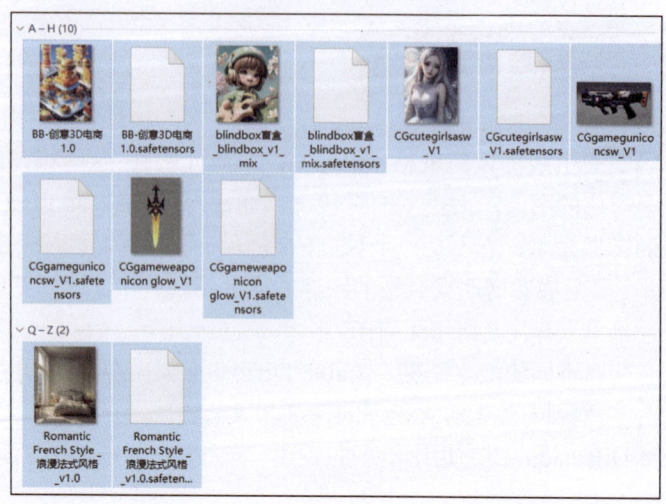

图 3-23　选择本书用到的所有 Lora 模型

02 打开 Stable Diffusion 的安装目录下"models"→"Lora"文件夹，然后按快捷键〈Ctrl+V〉，进行粘贴，即可完成 Lora 模型的安装。

3. 预览图的指定

在 Stable Diffusion 中安装了大模型和 Lora 模型后，默认显示效果如图 3-24 所示。为了能够直观地查看相关大模型和 Lora 模型的生成效果，此时需要指定一个预览图。下面以指定 Lora 的预览图为例来讲解，具体操作步骤如下。

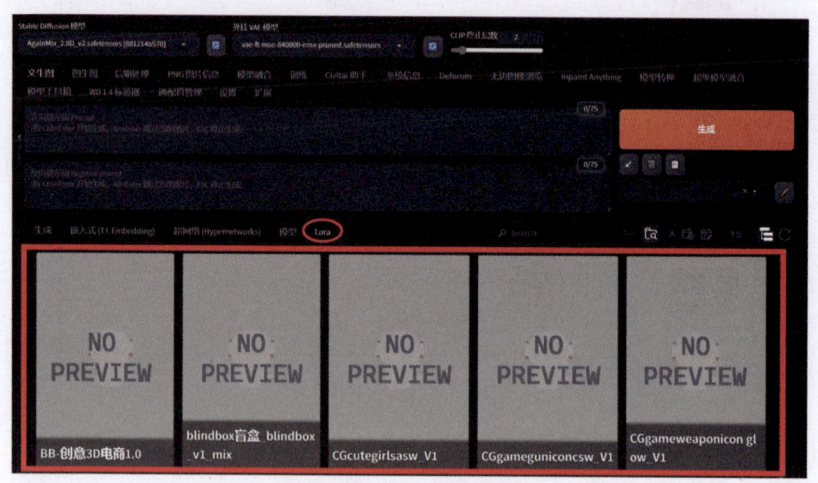

图 3-24　默认显示效果

01 将相关 Lora 模型制作出的效果图复制到 Stable Diffusion 安装目录下 Lora 模型的文件夹中（具体位置为"D:\sd-webui-aki-v4.8\models\Lora"），并将其名称设置为与相关 Lora 模型名称完全一致，如图 3-25 所示。

《《《 第 3 章 Stable Diffusion 的基础知识

图 3-25 将预览图的名称设置为与相关 Lora 模型名称完全一致

02 在 Stable Diffusion 中单击 C（刷新）按钮，即可看到预览图的效果了，如图 3-26 所示。

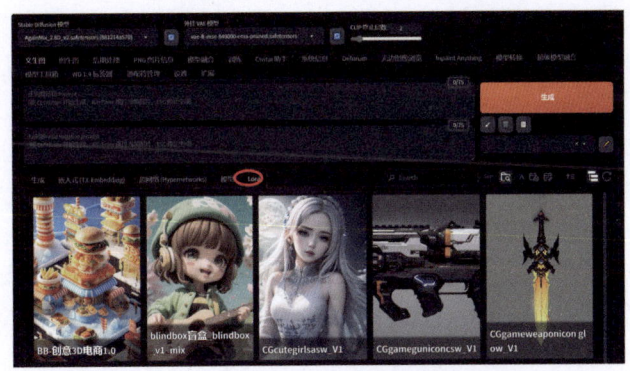

图 3-26 指定相关 Lora 模型预览图的效果

> **提 示：** 指定大模型预览图的方法和指定 Lora 模型预览图类似，区别在于要将大模型的预览图复制到 Stable Diffusion 安装目录下的 Stable Diffusion 文件夹中（具体位置为："D:\sd-webui-aki-v4.8\modelsStable-diffusion"），再将其名称设置为与相关大模型名称完全一致即可。

3.2 Stable Diffusion 文生图

Stable Diffusion 文生图的功能改变了传统设计与创作流程，大幅提升了创作效率和创新可能性。用户可以在图 3-16 所示的 Stable Diffusion 的"文生图"选项卡中设置大模型、提示词、生成参数及预设样式，然后单击"生成"按钮，即可生成创意多样且个性化的高质量图像。Stable Diffusion 文生图生成的图像默认保存在"SD 本地安装磁盘"→"sd-webui-aki-v4.8"→"outputs"→"txt2img-images"→"相关日期"文件夹中。本节将具体讲解 Stable Diffusion 文生图的相关内容。

3.2.1 设置大模型

启动 Stable Diffusion 后，首先要在图 3-27 所示的位置指定一个大模型（也就是基础模型、底模）来确定要生成的图像风格（如写实、二次元），大模型的扩展名有 .ckpt 和 .safetensors 两种。

- 39 -

图 3-27　指定大模型

Stable Diffusion 大模型的种类很多，衡量一款大模型是否是好模型有以下几个标准：

1）出图效果：这是最基本也是最重要的衡量标准。好的出图效果体现为图像分辨率和清晰度高，并且在细节上要接近真实照片或艺术作品。生成的图像应避免模糊、噪点过多或出现不自然的伪影。

2）内容质量：好的大模型生成不良内容（如不适宜、歧视性或违法的图像）和质量较低的内容（如生成的人物的脸部五官扭曲、手部畸形，包括手指变形、缺失或出现多余的手指）的概率较小，且不会在画面中乱加无用的细节。

3）提示词与生成图片的一致度：好的大模型能够准确识别输入的提示词并生成与之匹配的图像。

4）不同画风的兼容性：大模型在不同画风的兼容性表现，不仅要看其生成内容的美学质量，还要考虑其适应性、可控性和学习能力。这些能力共同决定了模型在多样化创意表达上的潜力。好的大模型可以生成多种风格的图像（如现实主义、印象派、卡通或其他艺术风格等），在保持主题内容不变的情况下，用户可以自由创作，不受画风限制。

5）与不同 Lora 模型的兼容性：Stable Diffusion 大模型与不同 Lora 模型的兼容性，不仅是技术实现的问题，也关乎用户体验和创作自由度的提升，是衡量模型扩展性和实用价值的重要方面。好的大模型与各类 Lora 模型的兼容性会非常好。

6）内置色彩处理效果：这里指大模型在生成图像过程中，对色彩运用、调整和增强的能力。好的大模型能生成准确反映现实世界色彩或艺术作品特色色彩的图像。

7）创新性和多样性：好的大模型应当能够根据提示词和相关参数生成多样化且新颖的图像，不仅限于训练数据集中的直接复现，还能创造出独特的视觉内容，展现创造性思维。

8）稳定性与可预测性：在参数不变的情况下多次执行相同任务，大模型应能稳定地生成质量相似的结果，减少随机波动。这对于实用性和用户体验来说非常重要。

9）计算效率：一个高效的大模型能够在较短的时间内生成高质量图像，且对硬件要求不高。

下面是基于开源的 Stable Diffusion 必备的几款写实、二次元和 2.5D 大模型，它们在实用性和创意性上各有优势，可以帮助用户在日常工作和学习等方面更好地利用 AI 绘画。

1. 写实大模型

写实大模型追求的是最大限度地模拟现实世界的外观和质感，从人物到环境，都力求达到与真实生活难以区分的逼真度。下面就来介绍 11 种在 Stable Diffusion 中常用的写实类大模型。

（1）"majicMIX realistic 麦橘写实.safetensors" 大模型

"majicMIX realistic 麦橘写实.safetensors" 大模型是写实类的针对亚洲人的真人大模型，初学者用简单的提示词就可以生成具有非常好的质感和光影效果的亚洲美女与帅哥形象，生成的人物形象如图 3-28 所示。其缺点是生成的人物脸部较为相似，风格过于单一，因此大家俗称其图像为 "AI 脸"。

第 3 章 Stable Diffusion 的基础知识

图 3-28 "majicMIX realistic 麦橘写实 .safetensors" 大模型生成的人物形象

提示1： "majicMIX realistic 麦橘写实.safetensors" 大模型现行版本是V7，与上一代相比，细节更加真实，并且不需要启用 "After Detailer（面部修复）"，就能生成效果不错的人物图像。

提示2： "majicMIX realistic 麦橘写实.safetensors" 大模型生成的大尺寸的人物图片经常会出现多头的错误，这是因为 "majicMIX realistic 麦橘写实.safetensors" 大模型是SD1.5模型，该模型的训练数据是基于512×512像素来训练的，例如，生成一张1024×1024像素的图片，由于与512×512像素的偏离程度过大，就会出现人物多头的情况。此时可以通过两种方法来解决。一是将要生成的图片 "宽度" 和 "高度" 先设置为512×512像素，然后选中 "高分辨率修复" 复选框将要生成的图片尺寸放大一倍，也就是1024×1024像素，再重新生图，就可以避免生成的人物出现多头的错误；二是将 "majicMIX realistic 麦橘写实.safetensors" 更改为 "墨幽人造人_v1060.safetensors" 大模型重新生图，由于 "墨幽人造人_v1060 .safetensors" 大模型是XL模型，该模型训练数据是基于1024×1024像素来训练的，因此生成的人物图片不会出现多头的错误。

该模型通过结合相关的 Lora 模型还可以生成真实感很高的场景，如图 3-29 所示。

图 3-29 "majicMIX realistic 麦橘写实 .safetensors" 大模型结合相关的 Lora 模型生成的场景

（2）"chilloutmix_NiPruned.safetensors"大模型

"chilloutmix_NiPruned.safetensors"大模型是早期备受欢迎的写实类的针对亚洲人的真人大模型，无论是生成的人物还是场景画面，真实感都非常高，该模型与各类 Lora 模型的兼容性非常好。其缺点是生成的人物手部很容易出现畸形（如手指变形、缺失或出现多余的手指）。图3-30所示为使用该模型生成的人物形象，图3-31所示为使用该模型结合相关的 Lora 模型生成的场景。

图3-30 "chilloutmix_NiPruned.safetensors"大模型生成的人物形象

图3-31 "chilloutmix_NiPruned.safetensors"大模型生成的场景

（3）"墨幽人造人.safetensors"大模型

"墨幽人造人.safetensors"大模型是常用的写实类大模型，可以生成亚洲美女和帅哥形象，与各类 Lora 模型的兼容性非常好，生成图片的画面真实感高。其缺点是生成的人脸较为相似。图3-32所示为使用该模型生成的写实人物形象。

（4）"DreamShaper XL.safetensors"大模型

"DreamShaper XL.safetensors"大模型是一款能与 Midjourney 相媲美的通用大模型，可以生成任意物件（如人物、动物、汽车、机甲、场景等）和任意风格（如写实、二次元和2.5D）的图像。该模型生成的人物形象偏向于欧美风格。图3-33所示为使用该模型生成的人物形象，图3-34所示为使用该模型结合相关的 Lora 模型生成的场景。

图 3-32 "墨幽人造人.safetensors" 大模型生成的写实人物形象

图 3-33 "DreamShaper XL.safetensors" 大模型生成的人物形象

图 3-34 "DreamShaper XL.safetensors" 大模型生成的场景

（5）"真实感 epiCRealism.safetensors" 大模型

"真实感 epiCRealism.safetensors" 大模型是一款适应性很强的写实类的偏向于欧美人物的真人大模型。该模型一直保持着版本更新，与其他写实类的真人大模型相比，它可以生成变化多样且细节丰富的人物脸部图像，足以和真人媲美，因此生成的人脸图像不容易被识别为"AI

脸"。该模型非常适合用于生成具有高度真实感的图片。使用该模型需要注意的是，在提示词中无须添加"masterpiece"（杰作）、"best quality"（最佳质量）等关键词，因为这些关键词对生成的图片质量不会产生显著影响。图 3-35 所示为使用该模型生成的写实人物形象，图 3-36 所示为使用该模型结合相关的 Lora 模型生成的场景。

图 3-35 "真实感 epiCRealism.safetensors" 大模型生成的写实人物形象

图 3-36 "真实感 epiCRealism.safetensors" 大模型生成的场景

（6）"容华_国风.safetensors" 大模型

"容华_国风.safetensors" 大模型适合用于生成国风古装真人摄影照片。图 3-37 所示为使用该模型生成的人物形象。用户可以通过 Stable Diffusion 图生图的功能，将自己的照片转化为与影楼拍摄效果相似的国风古装图像。

（7）"AnythingQingMix-Realistic-亚洲男性影像_v1.0.safetensors" 大模型

"AnythingQingMix-Realistic-亚洲男性影像_v1.0.safetensors" 大模型主要针对亚洲男性的形象进行训练和优化，能够更好地生成符合亚洲男性外貌特征、肤色、发型等细节的图像，使生成的亚洲男性影像更加逼真和自然。该模型在生成人物图像时，对人体的肢体、手部、脚部等部位的塑造能力很强，能够有效减少这些部位出现畸形的概率，使人物的身体比例和形态更加协调、准确。图 3-38 所示为用该模型生成的人物形象。

第 3 章 Stable Diffusion 的基础知识

图 3-37 "容华_国风.safetensors"大模型生成的人物形象

图 3-38 "AnythingQingMix-Realistic-亚洲男性影像_v1.0.safetensors"大模型生成的人物形象

（8）"儿童摄影_v1.0.safetensors"大模型

"儿童摄影_v1.0.safetensors"大模型用于生成不同年龄、不同性别的儿童摄影照片。图 3-39 所示为用该模型生成的人物形象。

图 3-39 "儿童摄影_v1.0.safetensors"大模型生成的人物形象

（9）"Dream Tech XL _ 筑梦工业 XL_v6.0.safetensors"大模型

"Dream Tech XL _ 筑梦工业 XL_v6.0.safetensors"大模型是一款基于 SDXL 的通用基础大模型，主要用于生成各种风格的绘画作品，例如，写实、时尚、二次元、建筑设计、产品设计等领域的创意图像。图 3-40 所示为使用该模型生成的图像。

图 3-40 "Dream Tech XL _ 筑梦工业 XL_v6.0.safetensors"大模型生成的图像

（10）"元技能 - 建筑室外大模型 .safetensors"大模型

"元技能 - 建筑室外大模型 .safetensors"大模型是一款专门针对建筑室外场景设计的 SDXL 大模型，用于生成建筑室外、商业建筑、公共建筑、中式建筑、景观植物、乡建民宿等建筑领域内容，能很好地满足建筑设计相关的绘图需求。图 3-41 所示为使用该模型生成的图像。

图 3-41 "元技能 - 建筑室外大模型 .safetensors"大模型生成的图像

第3章 Stable Diffusion 的基础知识

(11)"室内设计通用模型 _v1.0.safetensors"大模型

"室内设计通用模型 _v1.0.safetensors"大模型是一款专门针对室内设计的大模型,用于生成涵盖美式、中式轻奢等热门风格的室内效果图。图 3-42 所示为使用该模型生成的图像。

图 3-42 "室内设计通用模型 _v1.0.safetensors"大模型生成的图像

2. 二次元大模型

二次元大模型源自日本 ACGN(动画、漫画、游戏、小说)文化,其特征是具有明显的卡通、动漫风格,包括夸张的表情、明亮的色彩、特定的人体比例和简化的设计。这类模型注重风格化和艺术性。下面就来介绍 5 种在 Stable Diffusion 中常用的二次元大模型。

(1)"动漫 ghostmix_v2.0.safetensors"大模型

"动漫 ghostmix_v2.0.safetensors"大模型是常用的二次元大模型。该模型的发布者在构建该模型时没有融入任何 Lora 模型,因此它对各种风格的 Lora 模型兼容性非常好,而且生成的图像在色彩表现和细节度方面都非常出色。图 3-43 所示为使用该模型生成的图像。

图 3-43 "动漫 ghostmix_v2.0.safetensors"大模型生成的图像

(2)"anything-v5-PrtRE.safetensors"大模型

"anything-v5-PrtRE.safetensors"大模型是常用的适用性非常广的二次元大模型。它对提

- 47 -

示词识别准确，同时兼容各种动漫类人物的 Lora 模型，该模型生成的画面具有清晰的阴影和艺术感的线条，可以生成细腻、可爱、迷人、帅气、性感等风格的各种二次元人物形象，以及色彩丰富的真实或奇幻场景，适用于绘制二次元插画和游戏中的角色及道具原画。图 3-44 所示为使用该模型生成的图像。

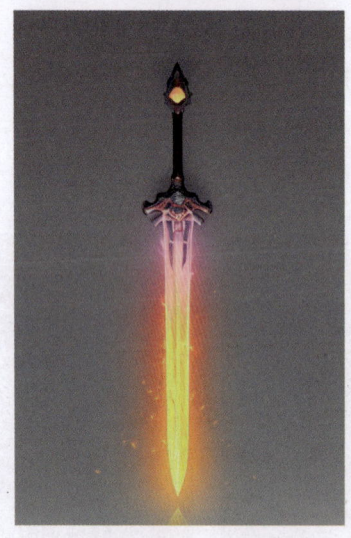

图 3-44 "anything-v5-PrtRE.safetensors" 大模型生成的图像

（3）"MeinaMix.safetensors" 大模型

"MeinaMix.safetensors" 大模型是一款典型的融合型二次元大模型，它是由十多个模型进行加权合并、调配而成的，精致感十足。由于融合了多个模型，它甚至不需要加载 Lora 模型，仅通过提示词就可以简单、直接、高效地生成图像。图 3-45 所示为仅使用 "MeinaMix.safetensors" 大模型和提示词，而没有加载 Lora 模型生成的图像。

《《《 第 3 章 Stable Diffusion 的基础知识

图 3-45 "MeinaMix.safetensorss" 大模型生成的图像

（4）"AWPainting_v1.3.safetensors" 大模型

"AWPainting_v1.3.safetensors" 大模型是常用的国潮插画二次元大模型。它生成的画面有着不错的光照效果，画面细腻，适用于绘制复杂场景的二次元插画。图 3-46 所示为使用该模型生成的图像。

图 3-46 "AWPainting_v1.3.safetensors" 大模型生成的图像

（5）"墨幽二次元 _v2.safetensors" 大模型

"墨幽二次元 _v2.safetensors" 大模型能精准生成具有典型二次元风格的人物、场景、道具等图像。在生成的二次元图像中，在人物的发型细节（如发丝的走向、发饰的纹理），服装配饰的图案、材质，以及场景的建筑结构、植被的种类和形态等方面都有出色的表现，从而使生成的图像更加生动、富有层次感和真实感。图 3-47 所示为使用该模型生成的图像。

- 49 -

图 3-47 "墨幽二次元_v2.safetensors"大模型生成的图像

3. 2.5D大模型

2.5D 大模型是介于二维和三维之间的视觉表现形式，它在二维平面上通过透视、阴影、层级等技巧创造出立体的视觉效果，但本质上是二维图像的扩展。下面介绍在 Stable Diffusion 中常用的 7 种 2.5D 大模型。

（1）"revAnimated_v122.safetensors"大模型

"revAnimated_v122.safetensors"大模型是一款功能强大、适应性强且易于使用的 2.5D 全能型大模型，无论是绘制人物、建筑还是产品，它都能呈现出高质量的图像，此外，它还能兼容不同的画风，对于不同的 Lora 模型，也有很好的兼容性，并且仅需很少的提示词就能得到细节丰富的画面，非常适合那些追求高质量、多样化创作效果的艺术家和设计师。如果你是数字艺术创作者，这款模型无疑是一个值得探索的强大工具。图 3-48 所示为使用该模型生成的人物形象，图 3-49 所示为使用该模型生成的场景。

图 3-48 "revAnimated_v122.safetensors"大模型生成的人物形象

图3-49 "revAnimated_v122.safetensors" 大模型生成的场景

> **提　示**：该模型生成的人物脸部，不仅可以自然地呈现出雀斑，还能精细描绘出耳朵、锁骨等细节，并准确设定眼睛的颜色。此外，该模型生成的人物手部出现畸形的概率也较小。

（2）"Dark Sushi 2.5D 大颗寿司 2.5D_V4.0.safetensors" 大模型

"Dark Sushi 2.5D 大颗寿司 2.5D_V4.0.safetensors" 大模型是一款融合型 2.5D 大模型。它就像制作寿司一样，是由多个模型进行加权合并、调配而成的，不仅能绘制出色的人物形象，而且能绘制复杂的 2.5D 场景，生成的图像都有不错的光影表现，非常适合用于绘制 2.5D 插画。图 3-50 所示为使用该模型生成的图像。

图3-50 "Dark Sushi 2.5D 大颗寿司 2.5D_V4.0.safetensors" 大模型生成的图像

（3）"推文大模型 V2.safetensors" 大模型

"推文大模型 V2.safetensors" 大模型是一款国内使用较多的融合型 2.5D 推文大模型，它可以根据用户输入的文本内容自动生成吸引人的图像，此外，搭配相关的 Lora 模型可以生成不同风格（如漫画、插画和写实）的艺术作品。图 3-51 所示为使用该模型生成的图像。

图 3-51 "推文大模型 V2.safetensors" 大模型生成的图像

（4）"Disney Pixar Cartoon.safetensors" 大模型

"Disney Pixar Cartoon.safetensors" 大模型是一款迪士尼风格的卡通角色大模型，可以生成各种卡通角色。图 3-52 所示为使用该模型生成的人物形象。

图 3-52 "Disney Pixar Cartoon.safetensors" 大模型生成的人物形象

（5）"IP DESIGN_3D 可爱化模型 _v4.0.safetensors" 大模型

"IP DESIGN_3D 可爱化模型 _v4.0.safetensors" 大模型可快速生成整体偏可爱风格的 3D 角色，如卡通形象、吉祥物、游戏角色等。图 3-53 所示为使用该模型生成的图像。

（6）"X 潮玩 _v1.safetensors" 大模型

"X 潮玩 _v1.safetensors" 大模型生成的形象具有潮流玩具的典型特征，如可爱、卡通、

第 3 章　Stable Diffusion 的基础知识

夸张的造型，独特的色彩搭配，丰富的装饰元素等，整体风格偏向于时尚、趣味和年轻化，能够吸引潮玩爱好者和追求个性的用户。图 3-54 所示为使用该模型生成的图像。

图 3-53　"IP DESIGN _ 3D 可爱化模型 _v4.0.safetensors " 大模型生成的图像

图 3-54　"X 潮玩 _v1.safetensors " 大模型生成的图像

（7）"电商场景 MIX_v2.safetensors" 大模型

"电商场景 MIX_v2.safetensors" 大模型专门用于生成吸引人的广告文案、海报等营销内容，为电商企业的营销活动提供创意支持，提高营销效果和转化率。

3.2.2　设置外挂VAE模型

在指定大模型确定了要生成的图像风格（如写实、二次元）后，通常还要根据大模型指定一个"外挂 VAE 模型"作为补充，如图 3-55 所示。外挂 VAE 模型的作用体现在两个方面：一是起到滤镜作用，使整个画面呈现出丰富的色彩与饱和度，而不是灰蒙蒙的；二是起到微调画面的作用，即对画面进行微调细化，确保生成图像的细节丰富且自然，从而提升生成结果的真实感和多样性。

- 53 -

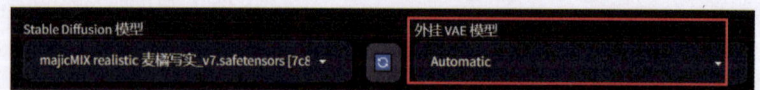

图 3-55 指定外挂 VAE 模型

提示1： 本书提供的"sd-webui-aki-v4.8秋叶整合包安装"软件中自带常用外挂VAE模型，无须额外安装。如果用户要安装其他VAE模型，可以将其复制到Stable Diffusion的安装目录下"models"→"VAE"（即"D:\sd-webui-aki-v4.8\models\VAE"）文件夹中，如图3-56所示。

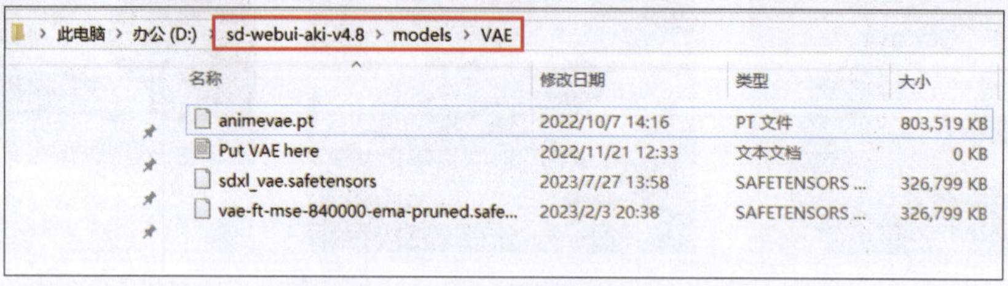

图 3-56 放置 VAE 模型的文件夹

提示2： Stable Diffusion的某些基础大模型已经集成了VAE模型，如"chilloutmix_NiPruned.safetensors"大模型，因此在使用内置VAE模型的大模型的情况下，无须添加外挂VAE模型。

提示3： 对于XL类型的大模型（例如，"墨幽人造人.safetensors""AWPainting_1.3.safetensors"和"DreamShaper XL.safetensors"），一定要将外挂VAE模型设置为"无"或"Automatic（自动）"，否则出图时会出现花屏的错误。图3-57所示为将大模型设置为"墨幽人造人.safetensors"，外挂VAE模型分别设置为"无"和"vae-ft-mse-840000-ema-pruned.safetensors"生成的效果对比。

a)

b)

图 3-57 设置不同外挂 VAE 模型的生成效果对比
a) 设置为"无"　b) 设置为"vae-ft-mse-840000-ema-pruned.safetensors"

3.2.3 提示词

提示词是用户与 Stable Diffusion 模型沟通的桥梁，通过它们可以指导模型生成特定的图像。提示词可以非常具体，也可以相对抽象，这取决于用户想要生成的图像类型和细节程度。

提示词分为正向提示词（Prompt）和反向提示词（Negative Prompt）两种。其中，正向提示词直接告诉模型用户想要生成内容的关键词。这些提示词定义了图像的主题、风格、对象、颜色、氛围等。例如，如果用户想要生成一张描绘日落时分的海滩风景画，正向提示词可以是"The beach at sunset"（日落时分的海滩）、"The golden sun shone on the sea"（金色的阳光洒在海面上）、"Peaceful sea view, HD, naturalistic style"（宁静的海景，高清，自然主义风格）。正向提示词越具体，生成的图像就越有可能符合用户的期望；反向提示词用于告诉模型用户不希望在图像中出现的内容，以过滤掉不需要的元素或特征，从而提高生成图像的质量和相关性。继续上面的例子，如果用户不希望图像中出现人群或其他干扰元素，可以添加反向提示词，如"crowd"（人群）、"structure"（建筑物）、"Plastic waste"（塑料垃圾）。

1. 书写提示词应注意的问题

在 Stable Diffusion 中书写提示词应注意以下几点。

1）简洁明了：提示词应当简洁明了，避免句子过长或使用复杂的词汇，以确保模型能够准确识别提示词。

2）一致性：在选择提示词时，要保持所有提示词在语法结构和风格上的统一性，不产生逻辑冲突或多重解释，以便软件能够准确识别提示词，减少生成图像的不确定性。

3）指导性：提示词应当具有明确的指导作用，能够清晰地告诉模型如何操作。

4）相关性：选择与稳定性扩散算法和数据分析目的密切相关的提示词，确保提示词与实际操作具有强关联性，能够有效地指导用户进行数据分析和优化。

5）清晰明确性：提示词应当能够清晰解释其作用和意图，避免使用模糊或难以理解的词语。

2. 将中文提示词转换为英文提示词

在 Stable Diffusion 中输入的提示词必须是英文的。对英文不熟悉的用户，可以通过"sd-webui-prompt-all-in-one"扩展插件，将输入的中文提示词自动转换为英文。具体操作步骤为：启动 Stable Diffusion，然后在"文生图"选项卡的正向提示词文本框下方输入文本框中输入中文"一个女孩，长发，棕色毛衣，牛仔裤，站立，半身，微笑，简单背景"，如图3-58 所示。接着按〈Enter〉键确认，此时软件就会将输入的中文自动转换为英文，并添加到正向提示词文本框中，如图3-59 所示。

> 提 示：本书提供的"sd-webui-aki-v4.8秋叶整合包安装"软件中自带"sd-webui-prompt-all-in-one"扩展插件，无须另外安装。

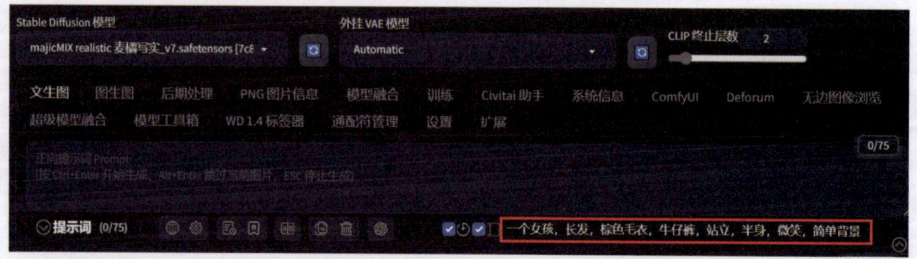

图3-58 在正向提示词文本框下方输入文本框中输入中文

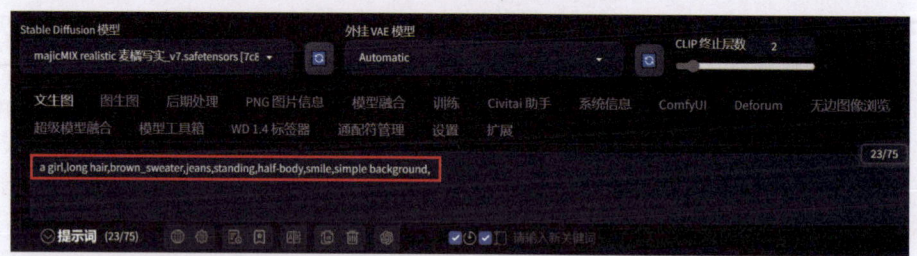

图3-59 将输入的中文转换为英文，并添加到正向提示词文本框中

3. Stable Diffusion提示词的语法

下面介绍几种简单的Stable Diffusion提示词语法。

1) 提示词之间要用英文逗号分隔，例如，"1girl,bangs,hair_ornament,hairband,hairclip"。

> **提　示：** 提示词权重默认为1，越靠前的提示词，权重越高。提示词数量应控制在75个单词以内，超过这个数量，提示词对整体画面的影响就很小了。

2) 提示中的英文小括号"()"，用于增加权重，每增加一个英文小括号"()"，权重增加0.1，最多可以嵌套3层小括号。例如，"(extra arms and legs)"表示权重为1.1，"((extra arms and legs))"表示权重为1.1×1.1=1.21，"(((extra arms and legs)))"表示权重为1.1×1.1×1.1=1.331。

3) 提示中的英文中括号"[ ]"用于减少权重，每增加一个英文中括号"[ ]"，权重减小0.1，最多可以嵌套3层中括号。例如，"[green]"表示权重为0.9，"[[green]]"表示权重为0.9×0.9=0.81，"[[[green]]]"表示权重为0.9×0.9×0.9=0.729。

4) 如果用户认为通过第2、3种方法添加或减小权重比较麻烦，可以先选择要增加或减小权重提示词，然后按住键盘上的〈Ctrl〉键，再通过键盘上的〈↑〉键和〈↓〉键增加或减小权重。例如，选择提示词"best quality"，然后按住键盘上的〈Ctrl〉键，单击键盘上的〈↑〉键一次，此时关键词权重会增加0.1，显示为"(best quality:1.1)"，同理，每单击〈↑〉键一次，关键词都会增加权重0.1。

5) 提示中的英文"<>"，主要用来调用Lora模型，例如，"<lora: 雕花 :0.8>"，其中"雕花"是模型触发词，"0.8"是调用Lora模型的权重。

6) 提示词中的下画线"_"起到连接的作用。例如，"still_life"（静物）。

第 3 章　Stable Diffusion 的基础知识

7)"[ ]"中的单冒号":",例如,"[flower:0.7]",表示整体画面到达 70% 进程后才开始计算花的采样,即花的数量只计算了最后的 30%,从而控制画面不会出现过多的花朵。

8)"[ ]"中的双冒号"::",例如,"[flowe::0.7]",表示整体画面从开始就进行采样,当采样到 70% 进程后停止采样,此时画面生成的花朵会比 [flower:0.7] 生成的花朵更多。

9)"[ ]"中有两个提示词,例如,"[stones:flower:0.7]",表示前面 70% 进程的采样,"stones"(石头)生效,后 30% 进程的采样"flower"(花朵)生效,从而生成以石头为主、花朵为点缀的画面。

3.2.4 嵌入式

在使用 Stable Diffusion 生成人物图的时候,经常会出现图片中的人物手指、四肢和关节畸形的情况,此时通过在反向提示词中添加嵌入式就能解决绝大部分的问题。添加嵌入式的方法很简单,具体操作步骤为:将鼠标定位在反向提示词文本框,然后进入"嵌入式"选项卡,从中选择相应的嵌入式,即可将其添加到反向提示词文本框,如图 3-60 所示。

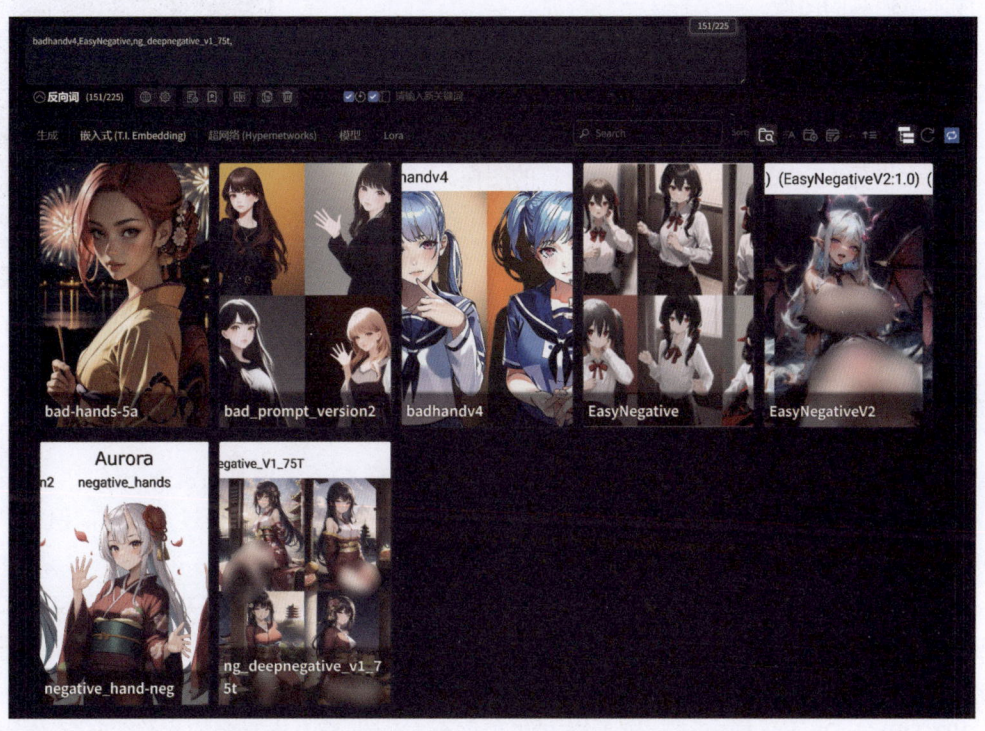

图 3-60　将选择的嵌入式添加到反向提示词文本框中

> 提　示:本书提供的"sd-webui-aki-v4.8秋叶整合包安装"软件中自带常用嵌入式模型,无须另外安装。如果用户要安装其他嵌入式模型,将其复制到Stable Diffusion的安装目录下的"embeddings"(即"D:\sd-webui-aki-v4.8\embeddings")文件夹中即可。

3.2.5 采样方法

采样方法又称采样器，它的作用是从模型的潜在空间中选择具体的路径来逐步创建图像，这个过程会影响生成图像的质量和速度。不同的采样方法会产生不同的图片效果。Stable Diffusion 包含多种采样方法，如图 3-61 所示，下面就来简单介绍几种常用的采样方法。

1）Euler 系列采样方法：包括 Euler、Euler a 等，这些采样方法是最基本、较早的采样器，非常适合初学者使用。它们提供了一个良好的平衡点，既能快速生成图像，又能保持相对较高的图像质量，不容易出错。

2）LCM 采样方法：该方法是 Stable Diffusion WebUI 1.8.0 版本新增的采样方法，非常适合初学者使用。该采样方法需要配合专门的 LCM 大模型使用，可以在较少迭代步数（6～10 步）内生成质量较高的图像。

3）DDIM 采样方法：该采样方法可以快速生成高质量图像，相比其他采样器具有更高的效率，适合尝试超高步数时使用。

4）UniPC 采样方法：该采样方法是 2023 年发布的，可以在较少的迭代步数（5～10 步）内生成高质量的图像。

5）Restart 采样方法：该方法是 Stable Diffusion WebUI 1.6 版本新增的采样方法，虽然每步渲染时间较长，但只需很少的步数就能生成质量不错的图像。

6）DPM++2M 采样方法：该采样方法特别适合于生成高质量的图像，同时保持相对较快的生成速度。

图 3-61 Stable Diffusion 的"采样方法"列表框

7）DPM++SDE 采样方法：该采样方法结合了 DPM++（扩散概率模型）和 SDE（随机微分方程），能够在较低的步数和提示词引导系数（CFG Scale）值下生成高质量的图像。

8）DPM++ 3M SDE 采样方法：该采样方法需要更多的迭代步数（超过 30 步），但可以在较小的提示引导系数（CFG Scale）值下获得更好的效果。

9）DPM++2M SDE 系列采样方法：包括 DPM++2M SDE Karras、DPM++2M SDE Heun，这些采样方法结合了 2M 和 SDE 的优点，速度上可能稍慢，但能生成画面柔和、背景干净的图像。

10）DPM++2S a 采样方法：该采样方法在每个时间步长中执行多次操作，同等分辨率下细节更多，适合写实人像和复杂场景刻画。

> **提 示：** 为了便于操作，可以将不常用的采样方法进行隐藏，具体步骤如下：在 Stable Diffusion 中进入"设置"选项卡，然后在左侧选择"采样方法参数"，再在右侧勾选要隐藏的采样器，如图 3-62 所示，接着单击"保存设置"按钮，最后重新启动 Stable Diffusion，此时"采样方法"列表框中就不会显示隐藏的采样方法了，如图 3-63 所示。

第 3 章 Stable Diffusion 的基础知识

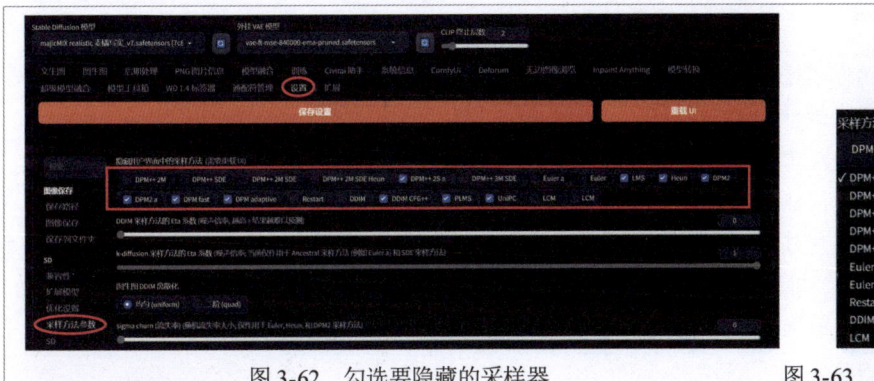

图 3-62 勾选要隐藏的采样器

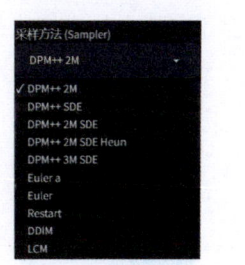

图 3-63 "采样方法"列表框

3.2.6 迭代步数

Stable Diffusion 中迭代步数的设置位于"生成"选项卡，如图 3-64 所示，迭代步数指的是模型从初始随机噪声开始，逐步优化、去噪，直至生成最终图像的步骤数量。一般的迭代步数范围为 15～50 步。太低的迭代步数可能会导致降噪不彻底或生成的图片扭曲，而太高的迭代步数可能会增加不必要的细节，甚至可能产生奇怪的额外细节。具体推荐的迭代步数取决于所使用的采样方法。例如，Euler a 推荐步数为 20～40 步；DPM++2M 推荐步数为 20～30 步；DPM++SDE 推荐步数为 15～20 步；DPM++2M SDE Karras 推荐步数为 20～30 步。

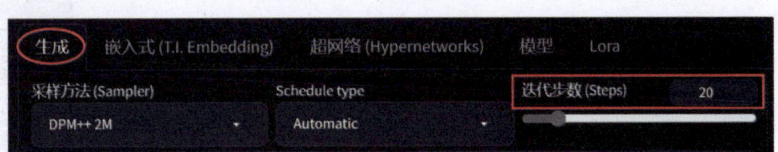

图 3-64 设置"迭代步数"

3.2.7 图像尺寸和高分辨率修复

在使用 Stable Diffusion 模型生成图像时，在图 3-65 所示的"生成"选项卡中设置图像尺寸和高分辨率修复是两个重要的步骤，下面将分别介绍这两个步骤的操作方法。

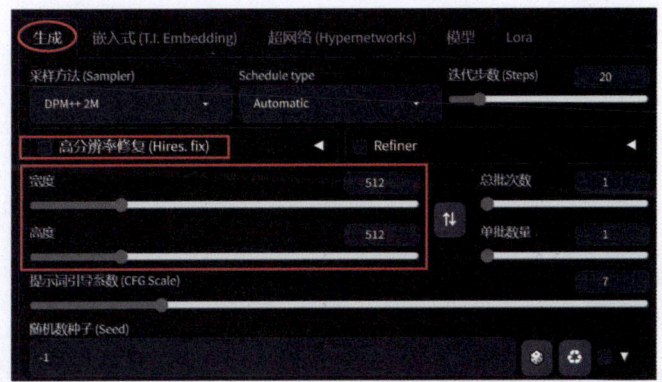

图 3-65 设置图像尺寸和高分辨率修复

- 59 -

1. 设置图片尺寸

Stable Diffusion 模型在生成图像时，推荐的图像尺寸范围通常在 512～768 像素之间。具体到不同版本的模型，最佳设置尺寸如下：

• SD1.5：最佳设置尺寸为 512×512 像素。
• SD2.0：最佳设置尺寸为 768×768 像素。
• SDXL：最佳设置尺寸为 1024×1024 像素。

如果需要生成大尺寸图像，可以先生成一个较小尺寸的图像，然后通过"高分辨率修复"中的放大算法进行二次放大。

2. 设置高分辨率修复

在图 3-65 中选中"高分辨率修复"复选框，然后单击右侧的 ◀ 按钮，即可展开其参数，如图 3-66 所示。下面将详细介绍这些参数。

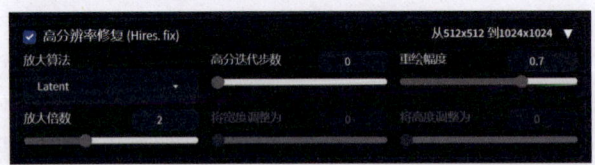

图 3-66　展开"高分辨率修复"参数

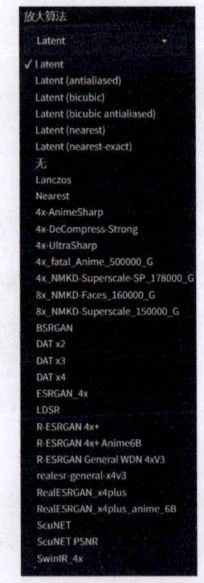

• 放大算法：用于设置高分辨率修复的放大算法，该列表框中包含多种放大算法，如图 3-67 所示。对于写实类的图像通常选择"4x-UltraSharp"或"R-ESRGAN 4x+"，对于卡通类的图像通常选择"Latent""4x-UltraSharp"或"R-ESRGAN 4x+ Anime6B"。

• 高分迭代步数：用于设置放大算法的迭代次数，数值越大，生成图像的细节就越精细，通常将数值设定在 15～30 之间，而不是 0。

• 重绘幅度：用于设置图像高清修复后修改幅度。通常，数值越大，生成的图像细节越丰富，但过大的重绘幅度可能导致图片细节丢失或出现不自然的画崩现象。通常将数值设定在 0.5～0.75 之间。

• 放大倍数：用于设置图像放大的倍数。

图 3-67　"放大算法"列表框

3.2.8　提示词引导系数

提示词引导系数（CFG Scale）用于控制模型在生成图像时对提示词的匹配程度。当数值较低时，生成的图像与提示词的关联性较弱，更多地依赖于模型内部的随机性，但可能会产生一些意想不到的、创意性的结果；当数值较高时，模型会更严格地遵循提示词的描述，生成的图像将更贴近于提示词所描述的内容，通常会得到与提示词高度一致的图像，但会缺少创意性和多样性。

3.2.9　随机数种子

Stable Diffusion 中的"随机数种子（Seed）"文本框如图 3-68 所示，用于控制生成图像的随机性和可重复性，不同的随机数种子生成的图像结果完全不同。

《《《 第 3 章　Stable Diffusion 的基础知识

图 3-68　"随机数种子（Seed）"文本框

单击 🎲 按钮，"随机数种子（Seed）"会变为"-1"，此时每次生成的图像都是完全随机的，不会有任何重复；当在"随机数种子（Seed）"文本框中输入一个固定数值，算法会锁定该种子对生成图像的影响，这样每次生成的图像只会有微小的变化，用户可以在不改变其他参数的情况下，重复生成具有相似特征的图像；单击 ♻ 按钮，则会锁定当前选择图像的种子数。

3.2.10　面部修复和可平铺

1. 面部修复

Stable Diffusion 的"ADetailer"（面部修复）功能不仅能够检测并修复人物面部的瑕疵（如五官变形），还可以改善图像中其他细节（如手指、头发、衣物纹理等），从而提升整体图像的质感。下面通过一个简单案例来讲解对人物进行面部和手部修复的方法，具体操作步骤如下。

01 生成一张人物五官和手指出现变形的图片。

> **提　示：**人物的全身照要比人物半身照和特写出现面部和手指变形的概率大很多。

02 在"生成"选项卡中展开"ADetailer"（面部修复）选项组，然后选中"启用 After Detailer"复选框，再将"单元 1"的"After Detailer 模型"设置为"face_yolov8n.pt"，如图 3-69 所示，从而对面部进行修复，接着进入"单元 2"，将"After Detailer 模型"设置为"hand_yolov8n.pt"，如图 3-70 所示，从而对手部进行修复。最后，单击"生成"按钮即可。图 3-71 所示为对人物进行面部和手部修复前后的效果对比。

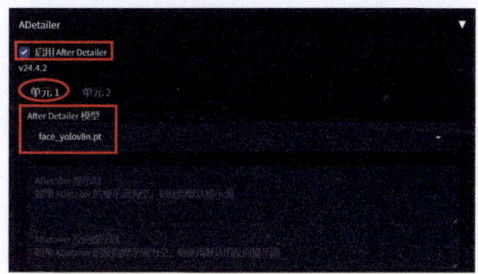

图 3-69　将"单元 1"的"After Detailer 模型"设置为"face_yolov8n.pt"

图 3-70　将"单元 2"的"After Detailer 模型"设置为"hand_yolov8n.pt"

a)　　　　　　b)

图 3-71　对人物进行面部和手部修复前后的效果对比
a）修复前　b）修复后

2. 可平铺

Stable Diffusion可平铺功能包括"Tiled Diffusion"和"Tiled VAE"两种模式，它们旨在在有限的计算资源下，优化大分辨率图像的生成过程。通过将要生成的大图像分割成多个小块（Tile）分别进行计算，再重新组合成完整的图，这两种模式克服了硬件限制，使得在资源受限的环境中也能生成高质量的大图像。两者的区别在于Tiled Diffusion是利用扩散模型从随机噪声中逐步生成图像，强调在保持高分辨率和质量的同时，优化计算效率；而Tiled VAE是将VAE应用于图像的分块处理。

对于计算机硬件配置较低的用户，在Stable Diffusion中选中"Tiled Diffusion"和"Tiled VAE"两个复选框，如图3-72所示，可以尽可能避免出现在出图过程中因为显存不足而无法生成的错误。

图3-72 选中"Tiled Diffusion"和"Tiled VAE"两个复选框

3.2.11 预设样式

Stable Diffusion的预设样式指的是用户保存并重复使用的提示词（Prompt）集合，这些提示词定义了图像生成的特定风格、主题或特征。用户可以通过保存当前生成图像的提示词作为预设样式，以便将来快速调用和复用。为了便于大家学习，本书配套网盘中提供了一些常用的预设样式文件，用户只要将网盘中的"styles"文件复制到Stable Diffusion的安装目录下（具体位置为"D:\sd-webui-aki-v4.8"），如图3-73所示，然后启动Stable Diffusion，在右侧预设样式下拉列表中就可以看到这些预设样式了，如图3-74所示。关于预设样式的具体应用请参见本书7.3节、9.1节、9.5节和9.8节。

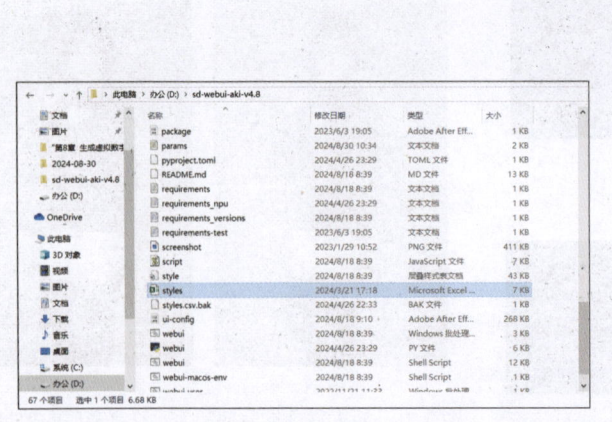

图3-73 将"styles"文件复制到Stable Diffusion的安装目录下

图3-74 安装后的预设样式

第3章 Stable Diffusion 的基础知识

> 提 示：预设样式只能保存正向提示词和反向提示词，而模型信息、迭代、放大算法等其他参数则不能保存。此外，相同的提示词在不同的大模型下会生成不同的图像。

3.2.12 总批次数和单批数量

在 Stable Diffusion 中"总批次数"和"单批数量"参数设置如图 3-75 所示，它们用于控制生成图像的数量。其中，"单批数量"用于控制每次生成操作中产生的图像数量，例如，将"单批数量"设置为 4，每次会同时生成 4 张图像，"单批数量"取值范围为 1～8，也就是同一时间最多可以生成 8 张图像。在显卡算力足够的情况下适当提高"单批数量"的数值会提高显卡利用效率，加快出图速度；"总批次数"用于控制生成图像的总批次，即显卡需要进行多少次图像生成操作，如果用户显卡性能有限，可以将"总批次数"设置得高一些，"单批数量"设置为 1，也就是让显卡一张一张出图，从而避免出现由于显存不足而无法生成图像的错误。

图 3-75 "总批次数"和"单批数量"参数设置

3.3 Stable Diffusion 图生图

Stable Diffusion 的图生图功能，也称为图像到图像的转换（Image-to-Image Translation）。这种功能特别有用，它允许用户通过一张参考图像（参考图像可以是文生图生成的图像，也可以是本地任意一张图像）作为基础，并通过提示词来引导生成过程，从而获得更符合特定风格或细节要求的图像。Stable Diffusion 图生图功能生成的图像默认保存目录为"SD 本地安装磁盘"→"sd-webui-aki-v4.8"→"outputs"→"img2img-images"→"相关日期"文件夹。

Stable Diffusion 的图生图操作是通过图 3-76 所示的"图生图"选项卡来完成的，该选项卡的大部分参数和"文生图"选项卡是一样的，这里不再赘述。需要特别说明的是，"图生图"选项卡的"生成"选项卡中，包含"图生图""涂鸦""局部重绘""涂鸦重绘""上传重绘蒙版"和"批量处理"6 个功能。

"图生图"和"涂鸦"用于对整体图像进行调整，"图生图"通常用于改变图像的风格，例如，将二次元图像转换为真人图像，或将真人图像变为二次元风格，其生成的结果更偏向于提示词，也就是提示词对生成的图像有重要引导作用，具体操作请参见 9.3 节；而"涂鸦"更适合对产品进行渲染，如根据产品线稿图生成产品渲染图，它生成的结果更偏向图像本身，原图的轮廓、色彩等特征对生成的图像有重要引导作用，而提示词反而对生成的图像有干扰。

AIGC 绘画创作——Midjourney 和 Stable Diffusion 生成创意图像

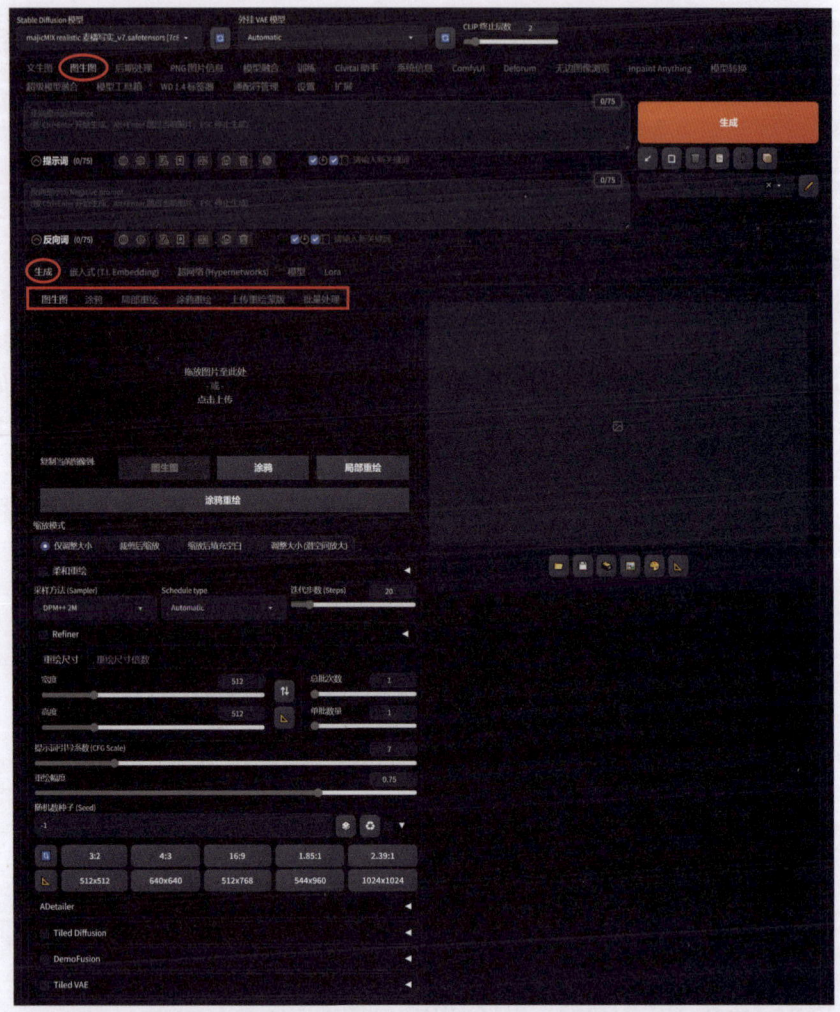

图 3-76 "图生图"选项卡

"局部重绘"和"涂鸦重绘"都用于对细节进行修改,其中"涂鸦重绘"在轮廓的识别和色彩的保留方面表现较好,而"局部重绘"的随机度更大,具体操作可参见本书 7.3 节和 8.1 节。此外,"上传重绘蒙版"可以通过蒙版对重绘和非重绘区域进行精确控制。

"上传重绘蒙版"是一种精细控制图像重绘区域的功能,类似于"局部重绘"但更加精准。用户可以使用 Photoshop 等图片处理软件制作蒙版,白色区域代表重绘区域,黑色区域代表保持原样,然后将制作好的蒙版上传到 Stable Diffusion 中进行重绘操作,从而实现对图片特定部分的精准修改或替换。

"批量处理"可以同时对多张图片进行相同的处理操作,大幅提高工作效率。使用该功能需要在"图生图"选项卡下,先建立输入目录和输出目录的文件夹,注意路径不要包含中文或特殊字符,然后将要重绘的图片编号并放到输入目录文件夹内,接着将输入目录和输出目录的路径分别粘贴到相应位置,接下来就可以正常选择绘画模型、填写提示词和设置参数进行批量重绘了。

对于初学者或寻求快速简单图像转换的用户来说,Stable Diffusion 的图生图功能操作简便,

- 64 -

第 3 章　Stable Diffusion 的基础知识

不需要复杂的设置就能快速得到结果，为用户提供了将一张图片转化为另一张具有相似主题或风格图片的能力，关于图生图的具体应用请参见 9.3 节和 10.1 节。然而，在生成的可控性和细节把握上，Stable Diffusion 可能不如更专业的 ControlNet。ControlNet 能够利用外部模型来引导图像生成过程，从而在图像生成中提供更高的控制度和更细腻的效果，尤其是在保持特定轮廓、线条或纹理等方面表现更佳。

如果对图像生成的质量有较高要求，或者需要在生成过程中融入更多创意控制，那么结合使用 ControlNet 是一个不错的选择。这样不仅可以让用户在创作过程中不受限于基本的变换，还能深入细节，创造出更加符合预期的艺术作品，关于 ControlNet 的应用请参见本书 3.5 节。

3.4　使用 Lora 模型

在 3.1.5 节中介绍过 Stable Diffusion 的模型包括大模型和 Lora 模型两种，其中大模型用于确定要生成图像的风格（如写实、二次元等），而 Lora 模型是一种在大模型基础上训练的微调模型，它不是一个独立的模型，用于表现大模型的个性化特征和风格。本节具体讲解 Lora 模型的特点和语法，添加 Lora 模型，以及 Lora 模型的管理。

1. Lora 模型的特点

Lora 模型的扩展名通常为 .safetensours，它是一种对 Stable Diffusion 基础大模型的微调技术，可以在不修改基础模型预训练权重的基础上，仅用少量的数据集进行训练，从而实现在不显著增加预训练基础模型大小的情况下，对模型进行有效的个性化调整。Lora 模型具有体积小和效果好两大特点。

2. Lora 模型的语法

Lora 模型只能添加到 "文生图" 或 "图生图" 选项卡的正向提示词（Prompt）文本框中，Lora 模型的语法为 "<lora: 模型触发词 : 权重 >"，其中，"模型触发词" 用于指示模型进行特定风格或特征的调整；"权重" 用于控制 Lora 模型对生成图像的影响程度，其数值越大，Lora 模型对图像的影响程度就越大。

3. 添加 Lora 模型

添加 Lora 模型的具体操作步骤如下：

01 将鼠标定位在正向提示词文本框中，如图 3-77 所示。

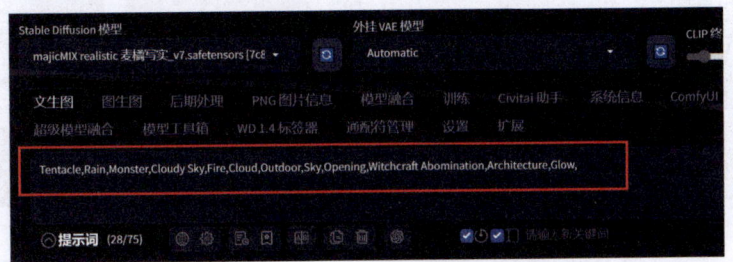

图 3-77　"文生图" 选项卡的正向提示词文本框

02 进入"Lora"选项卡,从中选择要添加的 Lora 模型(这里选择的是"克苏鲁神话_S1.0"),如图 3-78 所示,此时选择的 Lora 模型就被添加到正向提示词文本框中了,如图 3-79 所示。

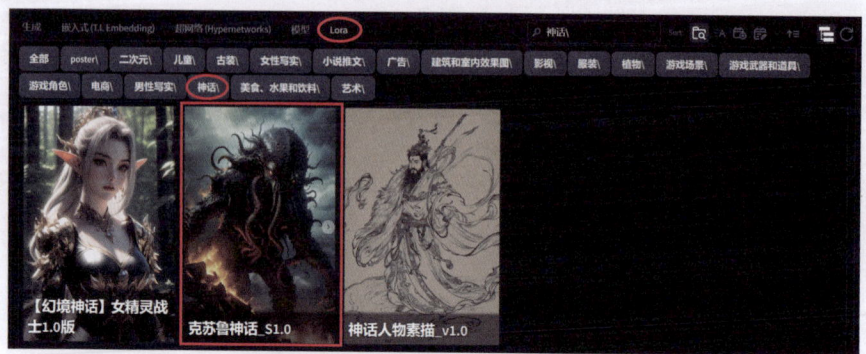

图 3-78 选择要添加的 Lora 模型

图 3-79 选择 Lora 模型后的正向提示词文本框

03 添加的 Lora 模型默认权重为 1,此时用户可以通过修改权重来控制 Lora 模型对图像的影响程度,例如,将权重更改为 0.8。

> **提示1:** 在基础大模型、提示词等参数完全相同的情况下,是否在正向提示词文本框中添加 Lora 模型,以及添加 Lora 模型后设置的不同权重,产生的结果会截然不同。图 3-80 所示为添加 Lora 模型前后和设置不同权重的效果对比。
>
>
>
> 图 3-80 添加 Lora 模型前后和设置不同权重的效果对比
> a) 无 Lora 模型 b) 权重为 1 c) 权重为 0.7 d) 权重为 0.4

提示2： 在正向提示词中可以同时添加多个Lora模型，并调节其权重，从而创造出更加丰富和个性化的图像，如图3-81所示。

图 3-81 在正向提示词中添加多个 Lora 模型

4. Lora模型的管理

Lora 模型种类非常多，为了便于管理和查找，可以将不同类型的 Lora 模型分类放置到相应的文件夹中，如图 3-82 所示，然后在 Stable Diffusion 的 "Lora" 选项卡中单击 （刷新）按钮，并选择相应的类别（此时的类别与图 3-82 中的文件夹是完全对应的），即可看到相应的 Lora 模型，如图 3-83 所示。

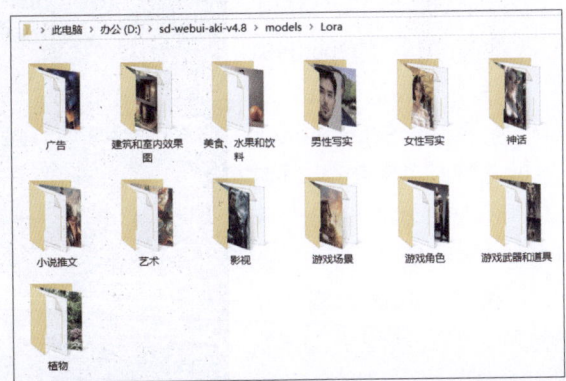

图 3-82 将不同类型的 Lora 模型分类放置到相应的文件夹

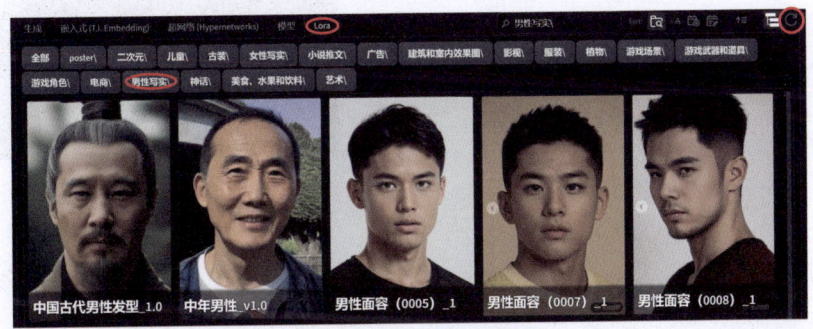

图 3-83 不同类别的 Lora 模型

3.5 ControlNet的应用

在 Stable Diffusion 中通过设置大模型，然后在 "文生图" 或 "图生图" 选项卡中输入相关提示词，不需要复杂的设置就能快速得到结果图，但是这种基于扩散模型的 AI 绘画，其生成的图像可控性不强，充满了随机性。例如，在提示词中输入"Dance"（跳舞），生成的人物会有无数种舞蹈姿势，用户只能通过"抽卡"式的反复尝试来得到想要的结果。而利用 ControlNet 可以降低 AI 图像生成的随机性，让用户更容易控制 AI 出图，从而生成更加精确和个性化的图像。例如，要快速生成一张特定跳舞姿势的图像，用户只需在 ControlNet 中指定一张记录了该跳舞姿势信息的图片，ControlNet 就可以参考这张图片的特定跳舞姿势生成图像。

ControlNet 是 Stable Diffusion 的一个扩展插件，它通过添加额外的条件来控制 AI 图像生成过程，从而极大地增强了 Stable Diffusion 在图像生成方面的灵活性和精确度，使得用户能够根据自己的需求生成更加个性化和高质量的图像。ControlNet 功能非常强大，例如，它可以将一张黑白老照片快速修复成高清彩色照片，还可以对一张黑白动漫线稿进行快速上色。

ControlNet 的操作是在图 3-84 所示的"控制类型"选项组中完成的，其中包括"Canny（硬边缘）""Depth（深度）""IP-Adapter""局部重绘""Instant-ID""InstructP2P""Lineart（线稿）""MLSD（直线）""NormalMap（法线贴图）""OpenPose（姿态）""Recolor（重上色）""Reference（参考）""Revision""Scribble（涂鸦）""Segmentation（语义分割）""Shuffle（随机洗牌）""SoftEdge（软边缘）""SparseCtrl（稀疏控制）""T2I-Adapter"和"Tile（分块）"20 种控制类型（控制器）。这些控制类型通过提供不同的输入条件，使得用户能够更精确地控制 AI 生成图像的过程，从而实现更加丰富和个性化的图像创作。下面就来介绍这些控制类型。

• Canny（硬边缘）：通过边缘检测来识别图像中的边缘轮廓，常用于生成线稿。

• Depth（深度）：使用深度信息来控制图像的透视和深度感。

• IP-Adapter：全称是 Image Prompt Adapter，即图像提示适配器，可以将输入的图像作为图像提示词，类似于 Midjourney 的垫图功能，用于复制

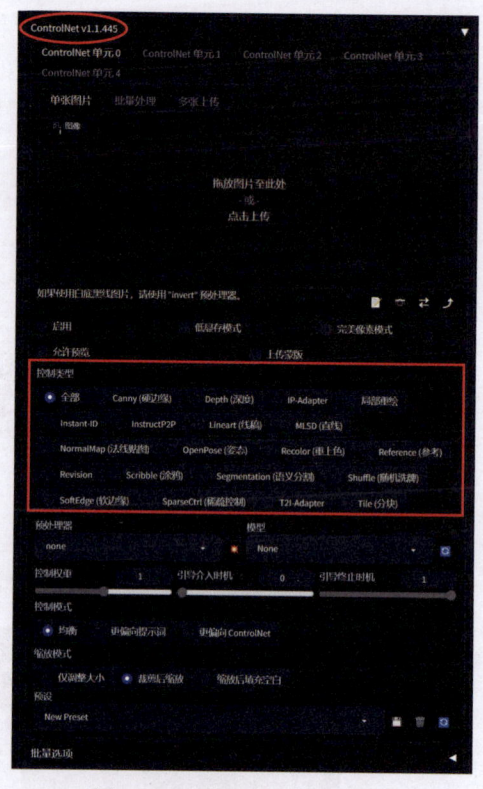

图 3-84 "控制类型"选项组

参考图像的风格、构图或人物特征，也可以通过指令修改参考图的局部。此外，该控制类型是 AnimateDiff 制作 AI 动画时保持一致性的关键工具。具体应用请参见本书 9.8 节。

• 局部重绘：允许用户指定图像的某些区域进行重绘，实现局部细节的修改。

• Instant-ID：主要用于固定人物的面部特征，保持人物角色的一致性。

• InstructP2P：基于 Pix2Pix 指令集，可以实现更复杂的图像到图像的转换任务。具体应用请参见本书 9.4 节。

- Lineart（线稿）：用于将图像转换为具有清晰线条的线稿，然后通过线稿来实现对生成图片的控制。具体应用请参见本书9.2节及9.5节。
- MLSD（直线）：用于检测图像中的线条，适合生成具有清晰线条的图像。
- NormalMap（法线贴图）：可根据图片生成法线贴图，用于控制图像的明暗关系和凹凸感。
- OpenPose（姿态）：通过提取一张人物图像的骨骼关键点，来控制生成图片中人物的姿势和动作。具体应用请参见9.8节。
- Recolor（重上色）：用于将参考图转换为黑白图像后重新上色，从而生成全新颜色的图像。具体应用请参见9.5节。
- Reference（参考）：该控制类型以风格迁移为目的，与"Shuffle（随机洗牌）"控制类型相比，它不仅能对颜色进行迁移，而且可以对参考图中的特征进行迁移，因此"Reference（参考）"控制类型处理的最终结果往往会比"Shuffle（随机洗牌）"控制类型更好。具体应用请参见9.7节。
- Revision：用于根据输入的图像生成类似的图像，除此之外，还可以做图像融合，也就是将两种风格各异的图像融合成一张全新的图像。
- Scribble（涂鸦）：允许用户通过涂鸦来控制图像生成，适用于非专业用户进行创意表达。
- Segmentation（语义分割）：提取图像的分割区域，用于控制图像中不同对象的生成。
- Shuffle（随机洗牌）：随机迁移颜色，然后用混合后的颜色进行出图。
- SoftEdge（软边缘）：通过羽化边缘来控制图像边缘的柔和度。
- SparseCtrl（稀疏控制）：用于对生成图像的局部进行控制。
- T2I-Adapter：腾讯出品的模型集，功能强大，可用于风格迁移、图像局部编辑和个性化定制。
- Tile（分块）：通过分块技术提升图像质量，例如，将对模糊图像进行清晰化处理。具体应用请参见本书9.1节和9.5节。

> **提 示：** 这里需要特别说明的是，可以同时添加多个ControlNet控制类型。例如，9.5节使用了"Tile（分块）""Lineart（线稿）"和"Recolor（重上色）"三个控制类型，9.8节使用了"IP-Adapter"和"OpenPose（姿态）"两个控制类型。

3.6 WD标签器

WD标签器又叫关键词反推器，如图3-85所示，它是Stable Diffusion的一款扩展插件，用于根据一张图片反推出它的正向提示词。当反推出提示词后单击"发送到文生图"按钮，即可将反推出的提示词发送到"文生图"选项卡的正向提示词文本框，单击"发送到图生图"按钮，即可将反推出的提示词发送到"图生图"选项卡的正向提示词文本框。这里需要说明的是WD标签器中"阈值"参数用于通过权重来控制反推出的提示词，数值越高，反推出的提示词越少，图3-86所示为设置不同"阈值"参数反推出的正向提示词。关于WD标签器的具体应用请参见本书9.1节~9.3节，以及10.1节。

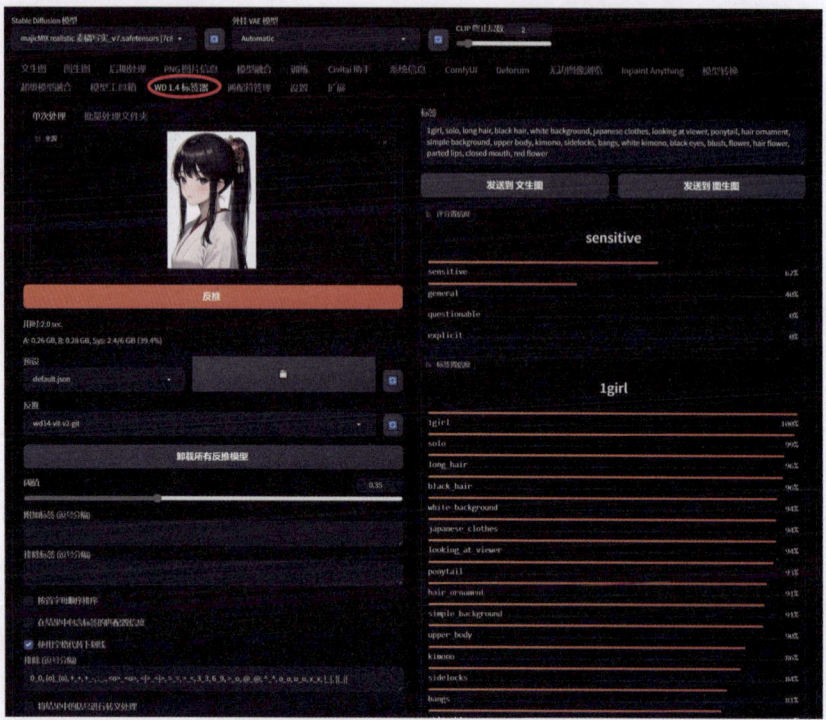

图 3-85　WD 标签器

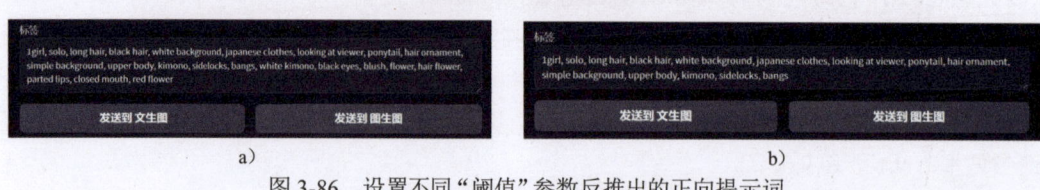

图 3-86　设置不同"阈值"参数反推出的正向提示词
a)"阈值"参数设置为 0.35　b)"阈值"参数设置为 0.8

> **提　示：** 通过WD标签器反推出提示词后一定要单击"卸载所有反推模型"按钮，卸载反推模型，否则反推模型会一直加载，占用显卡显存。

3.7　Inpaint Anything

　　Inpaint Anything 也是 Stable Diffusion 的一款扩展插件，用户可以通过绘制蒙版更改图像中的任何元素。关于 Inpaint Anything 的具体应用请参见本书 8.2 节～ 8.5 节。

3.8　ReActor

　　ReActor 也是 Stable Diffusion 的一款扩展插件，用于无缝地交换图像中的人脸（即用一张

 第 3 章 Stable Diffusion 的基础知识

图片的人脸替换另一张图片中的人脸），并获得逼真的效果。关于 ReActor 的具体应用请参见本书 9.6 节。

3.9 课后练习

1）本地安装本书配套网盘中的"sd-webui-aki-v4.8 秋叶整合包"，并将网盘提供的大模型和 Lora 模型安装到 Stable Diffusion 中，然后启动 Stable Diffusion。

2）通过设置大模型、提示词和生成参数，分别生成写实类、二次元和 2.5D 效果的人物图像。

第2部分　Midjourney应用案例演练

- 第4章　多样化艺术图像风格生成
- 第5章　商业领域的AI辅助设计
- 第6章　讲述故事的图像力量

第4章　多样化艺术图像风格生成

本章重点

本章探讨的是与图像艺术化处理相关的一些技法。先以人物肖像画为例，来学习和理解一些不同的绘画风格。然后讲解如何进行快速的风格迁移，将自己的摄影照片转换为素描、水彩或其他艺术风格。另外，还包括大家都很关心的摄影图片生成的问题，例如，怎样生成超写实的、电影拍摄感的 AI 照片，将 AI 图片提升到电影级别的艺术高度。通过本章的学习，读者应掌握多样化艺术图像风格生成的方法。

4.1 通过人物肖像体验不同的绘画风格

要点：

创作插画时，运用 Midjourney 提示添加不同的艺术风格，是改善图像创作结果的好方法，它会拓宽创作的可能性。本节将通过生成一些典型的人物肖像画，如图4-1所示，来学习和理解各种绘画风格。通过本节的学习，读者应掌握给人物肖像添加不同绘画风格的方法。

图 4-1　生成的人物肖像画

操作步骤：

01 在 Midjourney 文本输入框内输入基本提示词"/imagine prompt a portrait of a woman"，然后按〈Enter〉键提交。系统将自动随机选择一种人像风格，有时甚至会呈现卡通画的结果。接下来，从生成的 4 个结果中选择一种偏古典风格的正面肖像风格，如图 4-2 所示。接着，多次单击  按钮进行多次生成，从而得到如图 4-3 所示的系列人物肖像画。

AIGC 绘画创作——Midjourney 和 Stable Diffusion 生成创意图像

图 4-2 一种偏古典风格的正面肖像风格　　　　图 4-3 系列人物肖像画

02 下面，在提示词后添加"in the style of"短语，然后输入图像样式的提示词，如"Renaissance art"（文艺复兴时期艺术风格），此时提示词为"/imagine prompt a portrait of a woman in the style of Renaissance art"，然后按〈Enter〉键提交，生成的 4 张图像如图 4-4 所示，它们展示出一种精致而唯美的绘画风格，人物具有现实的比例和理想化的特征，同时专注于面部容貌和美丽的服装及饰品。

扫码看视频

图 4-4 生成的文艺复兴时期精致而唯美的肖像绘画风格图像

> **提　示：** 可以使用样式和关键词来创建和定义各种各样的图像，涵盖从传统美术到数字艺术的艺术风格，跨越不同的媒介，包括画布、数码平台或摄影。需要知道的是，除了将样式的名称作为关键词，任何其他强化风格的单词或表达，都可以进一步指导生成结果向期望的方向发展，例如，可以使用"/imagine prompt a portrait of a woman"加"前卫""装饰艺术""新艺术""巴洛克""包豪斯""几何""哥特式""极简主义"或"浮世绘"等艺术流派的描述。

03 接下来，单击生成图像下方的 U3 按钮，将第 3 张图片单独隔离并高清显示，然后单击 Vary (Strong) 按钮，如图 4-5 所示。该功能将生成图像的一些变体效果。在弹出的对话框

第 4 章 多样化艺术图像风格生成

中输入新修改的提示词"a portrait of a women, Edo period wood block print art piece by artist Utagawa Hiroshim --V6.1",如图 4-6 所示,单击"提交"按钮,生成效果如图 4-7 所示,此时,原来欧洲文艺复兴风格的人物肖像画,就转变为了一种东方情调的木刻版画效果,这是因为在提示词中输入了一位东方画家歌川广重。

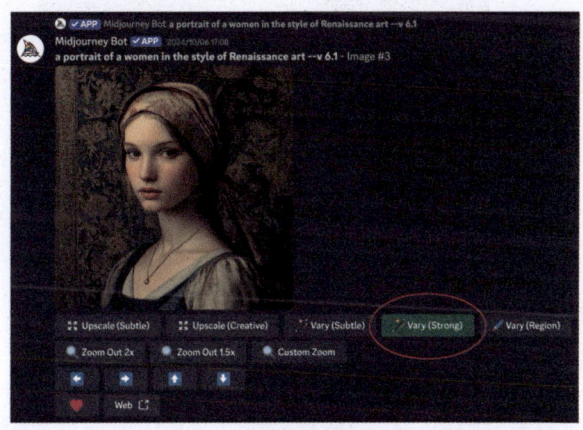

图 4-5 将第 3 张图片单独隔离并高清显示,以生成它的变体

图 4-6 对话框内输入新修改的提示词

图 4-7 画面转变为了一种东方情调的木刻版画效果

> **提 示:** artist Utagawa Hiroshim,指歌川广重(Utagawa Hiroshige),1797—1858年,是最受欢迎的日本浮世绘画家之一,善于用秀丽的笔致及和谐的色彩,表达出笼罩于典雅而充满诗意的幽抑气氛中的大自然,画作充满诗的魅力。

04 在确定了风格样式后,还可以添加一些关于色彩或构图的关键提示词,例如,如果想创建一个表现主义风格的图像,可以添加关键词,如大胆的颜色、扭曲的形式或情感强度等。

下面添加提示词"with bold colors and a dreamy atmosphere",此时提示词为"/imagine prompt a portrait of a woman in the style of Renaissance art, with bold colors and a dreamy atmosphere",然后按〈Enter〉键提交,参考效果如图 4-8 所示。在这种情况下,生成的图像

- 75 -

比以前更接近文艺复兴时期的艺术风格，且有更多的细节和更空灵的气氛。

图 4-8　表现主义风格的图像

05　体验了油画与木刻版画的传统风格后，下面将生成备受年轻人欢迎的动漫风格人像，其关键词为"Anime and manga"（动漫和漫画）。动漫的特点是鲜艳的色彩、相对简洁的图形、夸张的面部表情和动态运动等，而漫画风格产生的图像更细致和复杂，类似于传统的日本漫画艺术。

下面输入提示词"/imagine prompt - anime shot of women dressed in floral shirts, posing for a magazine, in the style of anime, dark blue and light orange, intense close-ups, luxurious fabrics"，其中，定义了人物的特定服装（印花图案衬衫）、服装颜色（暗蓝色和橙色）及动作（杂志拍摄照片常用的姿势），然后按〈Enter〉键提交，生成效果如图 4-9 所示。此时可以看到 Midjourney 自动生成了两个人摆拍的效果。

06　下面请大家自行进行一些有趣的细节调整，参考效果如图 4-10 所示。尝试修改的提示词有：

a. 将人数限定为一个人。

b. 衬衫底色改为绿色。

图 4-9　生成的动漫风格人像　　　　　图 4-10　修改人物个数和衬衫底色

第4章 多样化艺术图像风格生成

07 接下来，在现有提示词的最后，增加一个很有趣且奇特的风格"Gravity falls style"（重力坠落风格）。参考提示词为"/imagine prompt - anime shot of a young woman dressed in floral shirts, posing for a magazine, in the style of anime, dark green and light orange, luxurious fabrics, gravity falls style"，然后按〈Enter〉键提交，观察它如何对人的头部产生重力的影响，参考效果如图4-11所示。请观察人物头部姿势的变化，并多进行几次测试。

图4-11 在提示词后增加"Gravity falls style"（重力坠落风格）的效果

08 继续尝试不同的绘画风格，如"Pencil drawing"（铅笔淡彩画），这种风格主要模仿铅笔或炭笔绘制人物的效果，并通过巧妙地运用明暗的变化（如人物面部阴影和头发的细致描绘），可以表现出非常柔和的光影变化和立体的人物结构，介于素描和速写风格之间。

参考提示词为"/imagine prompt Pencil drawing of two girls dressed in floral shirts posing for a magazine, in pencil drawing style, dark orange and light bronze --ar 5:3"，然后按〈Enter〉键提交，参考效果如图4-12所示。

扫码看视频

图4-12 "Pencil drawing"（铅笔淡彩画）的图像风格

09 最后，来介绍"水彩"这一特殊的画风。顾名思义，水彩的主要媒介是具有灵性的"水"，由于水具有透明性，加上水彩颜料的特殊性质，这二者相互作用使得水彩画天然具有一种通透的感觉。现在，来生成一幅富有东方情调的水彩人物插画，参考提示词"/imagine prompt Watercolor portrait of a woman posing for a Calendar advertising, holding a fan, watercolor style, strong close-up, Old Shanghai dress style during the 1912—1949"（月份牌广告姿势的女子水彩画，手持扇子，水彩画风格，特写，民国时期老上海服饰风格），然后按〈Enter〉键提交，生成的水彩人物画参考效果如图 4-13 所示。

图 4-13　民国时期上海月份牌广告风格水彩人物插画

> **提 示：** 月份牌画是民国时期一种中西合璧的商业广告绘画，内容以表现当时时髦的生活场景和新潮女性为主，当人们回望过去时，这种原本商业性的绘画作品，呈现出过往岁月中最具质感的审美价值。

近年来，设计潮流产业对手绘的热情有增无减，采用传统的绘画手法，还广泛融入传统的绘画元素（如国画、素描、水彩等），使这些元素成为现代商业设计的一个重要表现手段。商业设计对各种传统画种有着很强的包容性，因此，AI 生成能快速地将各种传统绘画的手法和元素融入现代图像中，成为设计师或插画师强有力的助手。

4.2　Midjourney实现图片艺术风格间的转换

本节将讲解如何运用 Midjourney 的 cref 和 cw 参数，快速进行风格迁移，同时确保对人物形象的还原。通过这两个参数，可以将自己的摄影图片转换为素描、水彩或其他艺术风格。

4.2.1　风格迁移中对人物形象的还原

要点：

本节将根据一张上传的人物图片生成不同的风格，如图4-14所示。通过本节的学习，读者应掌握利用cref和cw参数来控制并还原人物形象的方法。

扫码看视频

- 78 -

第 4 章 多样化艺术图像风格生成

a)　　　　　　　　　　　　　　　　b)

c)

图 4-14　风格迁移中对人物形象的还原

a）上传的图片　b）cref 参数对人物面部和发型的还原　c）人物面部基本保持一致，但服装、环境、发饰被大幅度更改

 操作步骤：

01　单击 Midjourney 输入文本框左侧的 ➕ 按钮，从弹出的列表框中选择 "上传文件" 命令，然后按〈Enter〉键，先上传一张摄影图片（参考本书配套网盘中的 "源文件 \4.2.1　风格变化中对人物形象的还原 \ 原图 .jpg" 文件），如图 4-14a 所示，再在 Midjourney 文本输入文本框内输入提示词 "/imagine prompt mother and daughter --cref"，接着拖动上面这张图片到提示框内，得到如图 4-15 所示的图片地址，再按〈Enter〉键提交，生成如图 4-16 所示的 4 张图片。放大观察可以看到，在这 4 张生成的图片中，虽然人物在摄影中的姿势、动态、表情等都发生了一定的变化，但对人物面部和发型的还原度还是不错的。

图 4-15　输入提示词，然后拖动上面这张图片到提示框内

- 79 -

02 下面将介绍在 cref 参数下隐藏的另一个参数——cw，通过使用 cw 参数，可以控制 cref 参数对图片的参考强度。cw 参数的取值范围是 0 ～ 100，取值为 0，代表出图时只参考面部五官的特征，取值 100，代表除了面部，还会参考提交图片的其他特征，如发型、服装等。cw 的默认参数值是 100，图 4-16 为参数值为 100 时的生成效果，此时人物保持了面部、发型等的一致性。

图 4-16　cw 参数对人物面部和发型的还原

接下来生成一组 cw 参数值为 0 的图片。输入参考提示词 "mother and daughter --cref --cw 0"，然后拖动图 4-14a 到提示框内，得到如图 4-17 所示的图片地址，再按〈Enter〉键提交，生成如图 4-18 所示的效果，此时人物面部基本保持一致，但服装、环境、发饰却被大幅度更改了。

图 4-17　提示词中将 cw 参数值设为 0

图 4-18　人物面部基本保持一致，但服装、环境、发饰被大幅度更改

第4章 多样化艺术图像风格生成

> **提 示：** 当使用Midjourney生成图片时，如果只希望它参考提交图片的五官，可以在cref参数下，使用较低的cw值来引导；反之，如果希望在生成图片时，参考原图更多的元素，就可以使用较高的cw值来实现。

4.2.2 摄影图片艺术风格化

 **要点：**

本节将根据一张上传的人物图片和选择的艺术风格提示词，重新生成一张具有用户指定艺术风格的图片，如图4-19所示。通过本节的学习，读者应掌握对摄影图片进行艺术风格化处理的方法。

扫码看视频

a)   b)   c)

图 4-19 摄影图片艺术风格化

a) 上传的图片   b) 转化为威廉·莫里斯艺术风格   c) 装饰绘画效果

操作步骤：

01 进入 https://midlibrary.io/ 网站，可以找到大量不同风格的参考提示词，网站首页如图 4-20 所示。

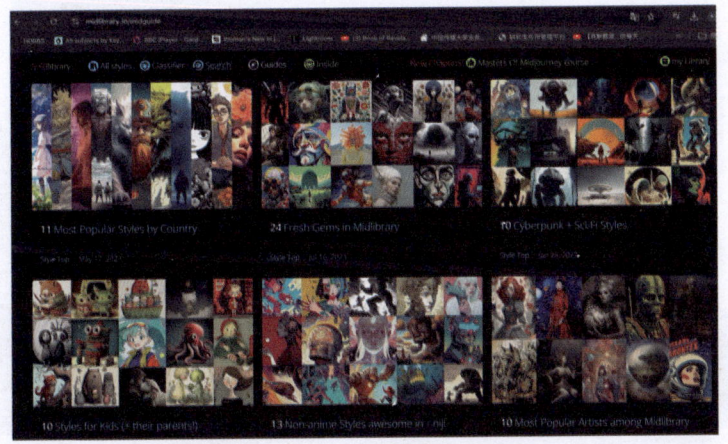

图 4-20   https://midlibrary.io/ 网站

AIGC 绘画创作——Midjourney 和 Stable Diffusion 生成创意图像

02 先选择一种艺术风格，如偏装饰性画风的艺术家威廉·莫里斯（William Morris）风格，记下它的关键词"by William Morris"，如图 4-21 所示。为了进一步熟悉威廉·莫里斯的艺术风格，可以参考如图 4-22 所示的壁纸图案设计，这种纹理与装饰是其典型风格。

> 提 示：威廉·莫里斯（William Morris），1834—1896年，是工艺美术运动的领导者之一，被誉为"现代设计的先驱"，也有人称他为"图案之王"，是世界知名的家具、壁纸纹样和布料花纹设计师。

图 4-21　关键词"by William Morris"　　　　图 4-22　威廉·莫里斯的壁纸图案设计

03 现在将摄影图片（仍然以图 4-14a 为例，便于进行比较）转化为威廉·莫里斯的艺术风格。输入提示词"mother and daughter --cref"，然后拖动这张图片到提示框内得到图片地址。接下来，添加 cw 参数和控制图片比例的 --ar 参数，参考提示词如图 4-23 所示，接着按〈Enter〉键提交，生成如图 4-24 所示效果，此时可以看到人物面部基本保持一致，但增加了大量威廉·莫里斯艺术风格的花纹与图案。

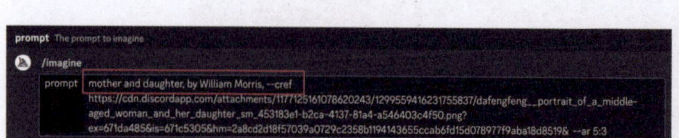

图 4-23　将摄影图片转化为威廉·莫里斯艺术风格的参考提示词　　　图 4-24　将摄影图片转化为威廉·莫里斯的艺术风格

第 4 章 多样化艺术图像风格生成

04 下面使用相同的提示词,将 cw 参数值改为 0,然后按〈Enter〉键再次生成,此时威廉·莫里斯的图案性风格将摄影图片的写实性进一步减弱,得到了很美好的装饰绘画效果,如图 4-25 所示,不过这一次人物服装的变化较大,已经变成了非常古典的设计。读者可以自行尝试处理自己的照片。

图 4-25　cw 参数值改为 0,得到了很美好的装饰绘画效果

4.2.3　局部重置——图片换脸的方法

要点:

本节将实现摄影人物与卡通形象之间面部特征的重绘,也就是所谓"换脸"的效果,如图4-26所示。通过本节的学习,读者应掌握通过"局部重置"方法,将摄影人物的面部特征融入到卡通场景与角色形态之中。

扫码看视频

图 4-26　局部重置——图片换脸
a)上传的图片　b)参考图 1　c)换脸效果 1　d)参考图 2　e)换脸效果 2

- 83 -

 AIGC 绘画创作——Midjourney 和 Stable Diffusion 生成创意图像

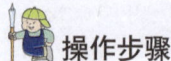 **操作步骤：**

01 单击 Midjourney 输入文本框左侧的 ⊕ 按钮，从弹出的列表框中选择"上传文件"命令，然后按〈Enter〉键，先来上传一张戴着眼镜的少年摄影图片（参考本书配套网盘中的"源文件\4.2.3　局部重置——图片换脸的方法\原图 1.jpg"文件），如图 4-26a 所示。

02 接下来，生成一张卡通风格的图片，可以根据自己的想象，生成一张处于某个情境中的男孩图片（如竞技、学习、登山等）。参考提示词为"/imagine prompt A 13 years old boy is in his classroom , smiling, cartoon style"，然后按〈Enter〉键提交。这里从生成的 4 张图片中，选择了如图 4-27 所示的这张，下面通过局部重绘功能，将这个戴眼镜的男孩，从摄影图片转换到卡通教室里，并让他微笑。

03 找到上传的少年摄影照片，单击放大显示，在放大的图片上右击鼠标，在弹出的快捷菜单中选择"复制图片地址"命令，如图 4-28 所示，获得这张图片的链接地址。

图 4-27　选择一张卡通风格的少年图片

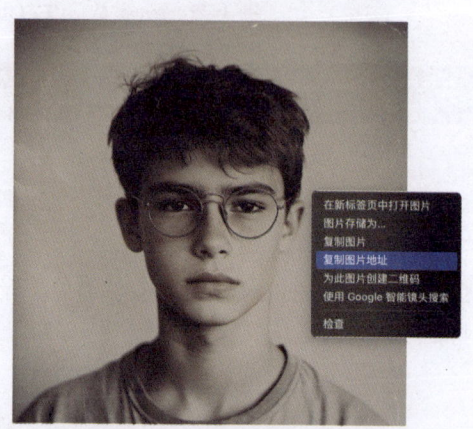

图 4-28　选择"复制图片地址"命令

04 返回生成的卡通少年图片，然后在它的下方单击 ✓ Vary (Region) 按钮，如图 4-29 所示，接着在弹出的局部修改窗口中单击左下角的 ⌖ （套索工具）按钮，在图中圈选出少年面部区域，如图 4-30 所示。

图 4-29　在卡通图片下方单击"Vary（Region）"按钮

图 4-30　用套索工具圈选出卡通少年面部区域

05 观察到图 4-30 的下方有原卡通图片的提示词，在其后面添加"--cref"，再按〈空格〉键，

- 84 -

》》》第 4 章 多样化艺术图像风格生成

之后，将刚才复制的图片链接地址粘贴过来。接着还是用 cw 参数来控制，添加"--cw 0"，如图 4-31 所示，最后，单击右侧的 ▶ 按钮提交生成。得到如图 4-32 所示效果，此时教室中的卡通少年面部被换成了戴眼镜的少年。

图 4-31　修改原卡通图片的提示词　　图 4-32　教室中的卡通少年面部被换成了戴眼镜的少年

06 同理，换用另一张正面的卡通图片，如图 4-33 所示，然后把其中少年面部也换成摄影图片中的眼镜少年形象，设置 cw 参数为"--cw 60"，此时能看到，增大 cw 参数值，原摄影图片中的少年面部特征被保留得更为充分，如图 4-34 所示。

> **提　示：** 这种"换脸法"，并不是简单地复制、粘贴和拼接，它不仅将面部进行了迁移，还将面部风格与新的图片风格（如卡通风格）做到了统一。

图 4-33　换用另一张正面的卡通图片　　图 4-34　改变 cw 参数值后人物面部特征被更多地保留

4.3　生成电影般的 AI 图片

如何生成超写实的、具有电影拍摄风格的 AI 图片呢？首先要了解关于摄影摄像的关键知识，以及特别的提示词构成。虽然这部分专业性很强，但要使 AI 图片能提升到电影级别的艺术高度，就必须了解这方面的知识。

扫码看视频

4.3.1 生成电影画面的基本提示结构及拍摄视角

下面将详细讲述生成电影画面的基本提示词结构及拍摄视角。

1. 生成电影画面的基础提示词结构

"A Cinematic scene, [SCENE/SUBJECT/ACTION] --ar 16:9"是一段生成电影画面的基本提示词结构，下面将进行分析。

A Cinematic scene：说明这是模拟实际电影拍摄场景得到的电影照片。

SCENE/SUBJECT/ACTION：详细描述用户所需要的场景、拍摄主题。

--ar 16：9：指定了图像的宽高比为 16：9，这是适用于电影的图像比例。

此外用户还可以添加更多的词来丰富提示，如"ultra realistic"（超逼真）、"film grain"（电影质感）、"cinematic color grading"（电影色彩分级）、"detailed faces"（面部细节）、"dramatic lighting"（戏剧性照明）等。

2. 基本的拍摄视角

每一张生成的电影画面中，都要有拍摄视角的设定，下面是基本的拍摄视角。

- Extrem Long Shot：表示是从很远的地方拍摄的，其目的是突出主题和周围环境。
- Long Shot：展示主体及环境。
- Medium Shot：中景镜头，通常从人物腰部（或胸部）以上开始拍摄。
- Closeup Shot：特写镜头，主体在照片中占据大部分画面，通常聚焦在人物脸部以强调细节与表情。
- Extrem Closeup：大特写，通常以人或物的局部为对象，使人们注意特定的细节与特征。
- Full Shot：全景，通常拍摄整个人物身体在场景中的表现。
- Extrem Wide Shot：超广角镜头，可拍摄宽阔的大场景。

接下来通过一个案例来具体讲解电影画面的基本提示词结构及拍摄视角。

01 在 Midjourney 中输入两组提示词，比较远近不同的两种镜头。

"/imagine prompt A Cinematic scene, In the 1920s, a 10-year-old girl stood in front of a small town candy store window , Medium Shot --ar 16：9"（生成效果如图 4-35 所示）。

"/imagine prompt A Cinematic scene, In the 1920s, a 10-year-old girl stood in front of a small town candy store window , Closeup Shot --ar 16：9"（生成效果如图 4-36 所示）。

图 4-35　提示词中运用 Medium Shot （中景镜头）生成的电影感图片

图 4-36　提示词中运用 Closeup Shot（特写镜头）生成的电影感图片

第 4 章 多样化艺术图像风格生成

02 在提示词中再添加"detailed faces"（面部细节）和"dramatic lighting"（戏剧性照明），看看图片发生的视觉变化，参考提示词"/imagine prompt A Cinematic scene, In the 1920s, a 10-year-old girl stood in front of a small town candy store window , Closeup Shot, detailed faces, dramatic lighting --ar 16∶9"（生成效果如图 4-37 所示）。

图 4-37　提示词中加入面部细节与戏剧性照明生成的图片

03 接着学习和尝试更多的拍摄视角，以下几个是仰拍、俯拍、鸟瞰拍摄等视角。

• Low Angle Shot：从低角度仰拍，可以使主体显得更高大。
• High Angle Shot：从高角度俯拍。
• Eye Level Shot：从主体眼睛水平拍摄，创建自然的视角。
• Bird's Eye View Shot：鸟瞰拍摄，从很高的位置向下拍摄，它提供了更广阔的视角，可以捕捉整个场景或景观。
• Drone Shot：无人机拍摄视角，航拍角度。

在 Midjourney 中输入以下参考提示词，来比较生成的鸟瞰拍摄和无人机拍摄的图片效果。

"/imagine prompt A Cinematic scene, a medieval warrior riding a horse gets lost in a snowy forest, Bird's Eye View Shot --ar 16∶9"（生成效果如图 4-38 所示）。

"/imagine prompt A Cinematic scene, a medieval warrior riding a horse gets lost in a snowy forest, Drone Shot --ar 16∶9"（生成效果如图 4-39 所示）。

图 4-38　提示词中运用 Bird's Eye View Shot（鸟瞰拍摄）生成的电影感图片　　图 4-39　提示词中运用 Drone Shot（无人机拍摄）生成的电影感图片

04 还有几种稍微特别的拍摄视角。

• Over the shoulder：从站在主体背后的角度拍摄，这种视角似乎创造了一种深度感和空间叙事的效果。

- Dutch angle shot：荷兰式，相机故意向一侧倾斜拍摄，产生一种迷失方向和不安的感觉。
- Silhoutte shot：剪影照片，在明亮的背景下拍摄人物，使其显得黑暗，形成剪影效果。

大家可以构思一个电影画面，参考以下两组提示词，将两个场景都设定在酒吧的室内环境中，体会从背后角度拍摄创造的空间感，以及相机故意向一侧倾斜形成的迷失感。

"/imagine prompt A Cinematic scene, A man and a woman are chatting in a bar, Over the shoulder --ar 16：9"（生成效果如图4-40所示）。

"/imagine prompt A Cinematic scene, A man and a woman are chatting in a bar, Dutch angle shot --ar 16：9"（生成效果如图4-41所示）。

图4-40　提示词中运用Over the shoulder 创造深度感与叙事效果

图4-41　提示词中运用Dutch angle shot 产生倾斜的拍摄角度

4.3.2　生成电影画面的高级提示结构

如果要为电影感的AI图片提供革新性的高级提示，那必须输入更多的信息，如相机型号、摄影机型号、导演名字等。添加了这些提示后，将会得到更加精致和专业级的图片效果。请参考提示词结构"A Cinematic scene from [Year, Movie genre, Movie name], [Shot type], [Scene/Subject/Action] captured by [Cinematic Camera], film directed by [Director], [Emotion], [Lighting] --ar 16：9 --style raw"。为了生成专业级图片，下面提供一些更具体的信息。

扫码看视频

1. 相机类型

下面列出的这些专业相机类型，如果将它们加到提示词中，用户将获得更加逼真的图片效果。请大家根据喜好及使用需求选择喜爱的相机品牌和类型。

- Canon EOS 5D Mark IV。
- Sony Alpha a7 III。
- Hasselblad X1D。
- Canon EOS-1D X Mark II。
- Nikon D850。
- Panasonic Lumix GH5S。
- Kodak Portra 800胶片（适合怀旧的风格）。

2. 电影摄像机型号

如果想要表现电影般的画面感，让图片具有卓越的质量，需要在提示词中添加专业的电影摄像机型号。添加摄影机型号后，Midjourney 会生成令人惊叹的电影效果，请参考以下的型号。

- Sony CineAlta。
- Canon Cinema EOS。
- Phantom 高速摄像机。
- Blackmagic Design 摄像机。
- Arri Alexa。
- Super-16（适合怀旧的电影风格）。
- DJI Phantom 4 Pro 无人机摄像机。

> 提示：在提示中添加具有独特视觉风格的导演名字，也将会产生巨大差异。

3. 灯光照明方式

电影中灯光照明的方式是一项很重要的设定，它可以戏剧性地改变场景的外观和氛围。以下是一些常用的灯光照明技术。

- Low key lighting：低调的照明，就像黑暗的房间里只有微弱的灯光，因此画面中有大量的阴影，营造出一种神秘或紧张的感觉。
- High key lighting：高调的照明，画面阴影较少，经常用于喜剧场景，营造出轻松愉快的氛围。
- Rim lighting：通过让对象或场景边缘发光，使其从黑暗的背景中脱颖而出。
- Practical lighting：在场景中设置灯或霓虹灯，可以使场景感觉温暖而充满活力。
- Motivated lighting：光线看起来像是自然光源，如太阳、窗户或壁炉。

在 Midjourney 中输入以下参考提示词，来比较生成图片的两种不同照明效果。

"/imagine prompt The close up image captures the young woman playing the piano in the old attic, Sony CineAlta, Low key lighting --ar 16：9"（生成效果如图 4-42 所示）。

"/imagine prompt The close up image captures the young woman playing the piano in the old attic, Sony CineAlta, Rim lighting --ar 16：9"（生成效果如图 4-43 所示）。

图 4-42 提示词中运用 Low key lighting 营造一种神秘的感觉

图 4-43 提示词中运用 Rim lighting 使人物或场景边缘发光

4.4 课后练习

1）熟悉 https://midlibrary.io/ 网站中的艺术风格，从中选出自己喜爱的风格，记录其参考提示词，运用 4.2.2 节中讲解的摄影图片艺术风格化方法，将自己拍摄的照片转换成喜爱的艺术风格。

2）运用 4.2.3 节中讲解的图片换脸方法，将拍摄的人物照片，转换成有趣的卡通形象。

3）请自行练习 4.3.2 节中生成电影画面的高级提示，尝试不同的相机、摄影机、灯光及导演，生成精致且具有电影拍摄感的图片效果。

第5章 商业领域的AI辅助设计

本章重点

本章主要探讨 Midjourney 在商业设计领域的一些实际运用。本章选取了几个典型的方向，例如，将设计灵感和情感可视化的情绪板的设计，其中涉及生态设计、店面与橱窗设计、设计师 CV 设计等领域。另外，本章还讲解了 Logo 及 Icon 设计的风格、从 2D 到 3D 立体图标及一些延展性应用，并介绍了如何快速生成产品形态及包装设计等内容。通过本章的学习，读者应掌握 Midjourney 在商业设计领域的实际运用。

5.1 情绪板的生成

本节将首先讲解情绪板的概念，然后通过海藻材料新品牌概念设计、店面与橱窗设计和插画师的 CV 情绪板 3 个案例来讲解情绪板的具体应用。

5.1.1 情绪板——创新概念的产生

设计师向客户提交图像设计方案时，经常会遇到客户表达设计图像与他想要的风格相差太多，但是，他又说不清想要的具体风格是什么。有句话说得好，"想象的落差就是一道无形的墙"。针对这个问题，可以尝试提供不同风格的"情绪板"，这会大幅度缩小沟通与创意之间的鸿沟。

情绪板（Mood Board）是一种通过视觉元素（如图片、颜色、文字等）的拼贴组合，将设计灵感和情感可视化的一种工具。它主要用于帮助设计师在创作初期明确设计方向、激发灵感、明确设计风格和基调，并作为项目指导工具。它不仅在室内设计、服装设计、产品设计、行销策划、企业规划、提案制作等领域都有广泛应用，还在 Web 设计和 UI 设计中帮助确定设计的整体"情绪"，为后续设计提供方向。例如，图 5-1 所示为一幅时尚设计中的情绪板，它看起来只是一些时尚元素的剪贴板，但是整体色调和风格一目了然。

接下来，将使用 Midjourney 来快速生成一些常用的情绪板，把抽象概念用一系列提示符归纳出来，转化为有形的视觉效果表示。这对策划提案来说，具有极其重要的意义。

图 5-1 时尚设计中的情绪板

5.1.2 海藻材料新品牌概念设计

对于一家致力于大型营销活动战略的企业来说，Midjourney 可以用于制定可视化概念和主题。例如，为某公司的国际产品发布活动设计一个生态可持续科技品牌，该品牌专注于海藻新材料开发。作为一种海洋植物，藻类在光合作用的过程中吸收二氧化碳产生氧气与其他能量，因此，设计公司提倡通过藻类的生长来降低全球二氧化碳水平，防止气候变化，并思考碳足迹以外的问题，将海藻作为原材料进行研发，不断探索能够代替塑料的新型材料。接下来，将详细展示如何制作一个海藻材料新品牌概念设计，具体操作步骤如下。

01 在 Midjourney 中输入提示词"/imagine prompt moodboard for a futuristic ecofriendly product launch event, showcasing innovative green technology and sustainable design elements, development of new materials for seaweed, --ar 3∶5"。

> **提示：** 在提示词中，要包含一些环保产品类常用关键词，如"futuristic ecofriendly product"（未来的环保产品）、"innovative green technology"（创新绿色科技）、"sustainable design elements"（可持续的设计元素）。

然后按〈Enter〉键提交，生成效果如图 5-2 所示。从图 5-2 中可以看出，Midjourney 会自动收集和组织起各种与海藻新材料相关的视觉元素，主要包括图片和一些颜色建议，并确定了一种整体风格和绿色基调，将公司产品开发及品牌宣传的概念和主题以可视化的形式呈现出来。

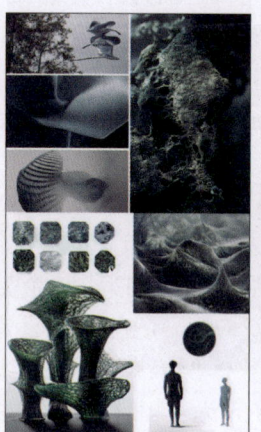

图5-2 情绪板中确定了一种整体风格和绿色基调

02 如果在提示词中加入"Various shapes"（不同的形状）和"Flexible layout"（灵活的排列），会产生更多富有创意的产品图片。如图 5-3 和图 5-4 所示，可以看到一些关于海藻新材料呈现的有趣的效果图。

 第 5 章　商业领域的 AI 辅助设计

图 5-3　提示词中加入"Various shapes"（不同的形状）和"Flexible layout"（灵活的排列）产生的效果（1）　　图 5-4　提示词中加入"Various shapes"（不同的形状）和"Flexible layout"（灵活的排列）产生的效果（2）

03 还可以在提示词中添加风格化参数（Stylize），风格化参数能够控制风格化的级别，允许尝试一系列细节、纹理和艺术表达。它的取值范围为 0～1000，其中 100 是默认值。这些数字决定了应用于生成图像的风格化强度，较高的值会产生明显的艺术表现。请大家自行尝试不同的风格化参数值，参考以下提示词"/imagine prompt moodboard for a futuristic ecofriendly product launch event, showcasing innovative green technology and sustainable design elements, development of new materials for seaweed, flexible layout --s 300 --ar 7：5"。然后按〈Enter〉键提交，生成如图 5-5 所示的图像。可以看出，图像的编排与风格展现出多种创意与可能性。

图 5-5　加入风格化参数后图像的编排与风格展现出多种创意与可能性

5.1.3　店面与橱窗设计——特殊的格调

　　活动策划者可以借助 Midjourney 来构思婚礼、公司活动、店铺活动等主题庆祝活动。通过创建所需的配色方案、主题和氛围的情绪板，策划者可以向客户展示他们活动的视觉创意，如场地布置图、邀请函设计、活动宣传海报等，让客户更直观地看到活动的预期效果，减少沟通成本和误解。例如，一家连锁的服装

扫码看视频

- 93 -

公司庆祝新店开业，确定以 Pastels（粉彩）为基调，为客户提供店面、商品展示等的概念设计，让客户能够更清晰地想象出活动的实际效果。

下面先讲解一下，什么是 Pastels（粉彩）？

粉彩，是指一组高明度与低饱和度的颜色。换句话说，这些颜色柔和而明亮。大多数粉彩都可以通过将一种颜色与白色混合的方法得到。这些色调给观众一种温和、镇静的感觉，让人想起春天、童年，有时还会想起糖果。如图 5-6 所示，年轻人喜欢的马卡龙配色设计，就是采用了粉彩色组合。

下面以 Pastels（粉彩）作为一种柔和的配色方案，为客户提供店面色彩、内部空间和商品展示设计，具体操作步骤如下：

01 在 Midjourney 中输入参考提示词"/imagine prompt moodboard for a chain clothing company celebrates the opening of a new store with pastel colors, summer men's and women's clothing, bags, hats, and shops"，然后按〈Enter〉键提交，生成如图 5-7 所示的情绪板，可以看到，粉彩给设计添加了一种梦幻般的感觉。

图 5-6 马卡龙配色设计

图 5-7 Midjourney 中生成的服饰店 Pastels（粉彩）情绪板

02 接下来，再生成一些店铺室内的空间展陈效果，内部设计的关键词是"interior design"。在 Midjourney 中输入参考提示词"/imagine prompt moodboard for a chain clothing company celebrates the opening of a new store with pastel colors, summer men's and women's clothing, bags, hats and shops, interior design --ar 5:3"，然后按〈Enter〉键提交，生成如图 5-8 所示的具有梦幻色彩的店铺内部设计概念图，实际上，它的设计原理是将多种元素拼贴在一起，形成一种空间化的情绪板效果。

03 从如图 5-8 所示的生成效果看来，第一排右侧设计图在颜色和光效方面表现较好，接下来单击这张效果图下面的 U2 按钮，用于隔离所选的图像，以获得更多的功能和编辑选项。此时这张效果图被单独隔离出来，图片下方出现如图 5-9 所示的更多参数按钮，用户可以尝试不同强度的参数。

第 5 章 商业领域的 AI 辅助设计

图 5-8 具有梦幻色彩的店铺内部设计配色方案

图 5-9 被单独隔离出来的图片可进行更多参数调节

Vary (Subtle)（微妙变化）：创建图像的微妙变化，保留其原始构图，相当于完善原图像结果。

Vary (Strong)（强度变化）：变化幅度较大，可能导致构图、元素、颜色等方面显著变化。

04 单击 **Vary (Strong)** 按钮，弹出如图 5-10 所示的对话框，其中部区域显示的是最初的提示词，此时可以再次修改它（这里先不做改动）。完成修改或确认无误后，单击"提交"按钮。生成的效果如图 5-11 所示。

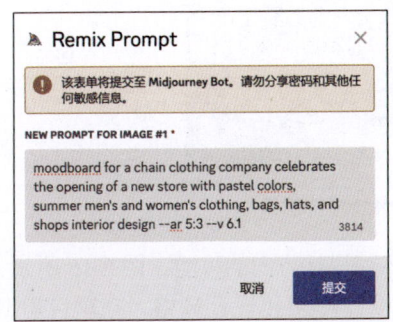

图 5-10 可再次修改提示词

图 5-11 保持 Pastels 柔和的配色，却呈现出另一种时尚前卫的风格

- 95 -

此时可以看到图 5-11 中保留了原来的粉彩色调，但大幅度地改变了画面构图，尤其是在背景墙上，加上了夸张的颜料笔刷的肌理效果，使原来清新典雅的设计图，变为了一种时尚前卫的风格。

05 重复步骤 3 和步骤 4 再生成变体，然后在弹出的 "Remix Prompt" 对话框中修改提示词，添加风格化（Stylize）参数，这里添加 "--s 500"，如图 5-12 所示，此时生成的系列效果图中，店铺内部元素的组合更为自由且富有想象力，细节变化也更为丰富，例如，放大局部，窗前会出现柔和的日光投射，如图 5-13 所示，店内甚至还出现了服装模特的角色，如图 5-14 所示。

图 5-12　提示词中添加风格化参数 "--s 500"　　　图 5-13　生成的效果图中窗前出现柔和的日光投射

图 5-14　添加风格化参数后店铺内部出现服装模特的角色

06 Midjourney 生成的情绪板为创意人员提供了呈现多种视觉方向的可能。图 5-15 所示为店铺情绪板的其他设计方案，这些情绪板能够直观地展示设计理念和设计风格。在项目初期，设计师可以通过它与团队成员讨论创意，向客户传达设计理念，减少误解，提升沟通效率，为后续的设计工作奠定基础。

第 5 章　商业领域的 AI 辅助设计

图 5-15　情绪板生成的多种视觉方向向客户传达设计理念

5.1.4　插画师的CV情绪板

从前面两个例子中，会发现情绪板在"头脑风暴"会议（一种团队合作的方式）中的地位非常重要，它可以作为一种策略，产生创新概念和探索非常规的设计方法。本节将展示情绪板的另一种用法——呈现一位设计师或艺术家的创作状态或作品简介。以插画师为例，通过 Midjourney 生成一些个性化的 CV 情绪板，从而非常直观地展示插画师的创作理念和设计风格，具体操作步骤如下。

扫码看视频

> **提　示：** CV是 curriculum vitae的缩写，指简历或履历。

01 在 Midjourney 中输入参考提示词"/imagine prompt moodboard for a custom CV design, digital Illustrator and Designer"，然后按〈Enter〉键提交，得到如图 5-16 和图 5-17 所示的情绪板。从中可以看到插画师凌乱或有序的工作桌面、他们使用的绘图工具（放大观察他们使用的特殊画具），以及一些未完成状态的草稿，这些对于个人品牌形成及风格推介来说非常重要。

图 5-16　插画师 CV（简历）情绪板效果（1）

图 5-17　插画师 CV（简历）情绪板效果（2）

AIGC 绘画创作——Midjourney 和 Stable Diffusion 生成创意图像 》》》

02 输入界定插画师的作品类型和风格的提示词，如"Anime and manga"（动漫和漫画）。具体艺术风格可参考本书第 4 章讲解。此时提示词为"/imagine prompt moodboard for a custom CV design, digital Illustrator and Designer, Anime and manga --ar 4∶3"，然后按〈Enter〉键提交，得到如图 5-18 和图 5-19 所示的动漫风格插画师的 CV 情绪板。

图 5-18　动漫风格插画师的 CV（简历）情绪板（1）　　图 5-19　动漫风格插画师的 CV（简历）情绪板（2）

03 在提示词中加入"with table and window"（桌子和窗户），或其他界定工作室环境的名词，可以让 Midjourney 生成更加具象的插画环境，如图 5-20 所示，用户可以尝试设计符合自己风格的 CV 情绪板，用以宣传自己的作品与形象。

图 5-20　提示词中加入"with table and window"，让 Midjourney 生成更加具象的插画环境

5.2　重新理解Logo与Icon设计的灵感

Midjourney 不仅是创造视觉震撼图像和叙事的强大工具，它还擅长设计迷人的图标和标志，有效地体现品牌身份和传达核心信息。本节将探讨如何生成各种风格的标识，为设计师提供多种构思灵感。

5.2.1　几种典型的现代标识设计风格

被史蒂夫·乔布斯称作天才的美国设计大师保罗·兰德（Paul Rand）曾提出关

扫码看视频

第 5 章 商业领域的 AI 辅助设计

于 Logo 优秀与否的 7 个标准，几十年来，无论流行和审美如何变化，这几个标准依然十分受用。保罗·兰德所提出的基础性标准概念包括：简洁性、独特性、可视性、适应性、可记忆性、普适性，以及经典不过时。

接下来，使用 Midjourney 生成几种典型的现代标识。

1. 线条（极简线条）风格标识

线条一直是标识设计中的核心元素之一，在 Midjourney 中，要熟悉一些相关的名词，如 Line art（线条艺术）、minimal（极简线条），下面生成一组以动物形态为主的极简线条风格标识，具体操作步骤如下。

01 在 Midjourney 中输入参考提示词 "/imagine prompt Line art logo of a zoo, golden, minimal, gradient purple background"，这里只输入了一个动物园设计标识，并未指定标识图形是哪一种特定动物，生成效果如图 5-21 所示。

> **提示：** 在提示词中，需要给标识一个衬托的背景 "gradient purple background"（深紫色的单色背景）。

02 如果在提示词中限定动物形象，如鹿的头部，可以添加提示词 "a deer head"，此时参考提示词为 "/imagine prompt Line art logo of a deer head, golden, minimal, solid dark blue background"（一个鹿头形象的线条标志，金色，极简，深蓝色背景），从而得到的标识图形集中于用金色的极简线条来表现鹿的头部，如图 5-22 所示。

图 5-21　生成一个动物园的标识（极简线条风格）

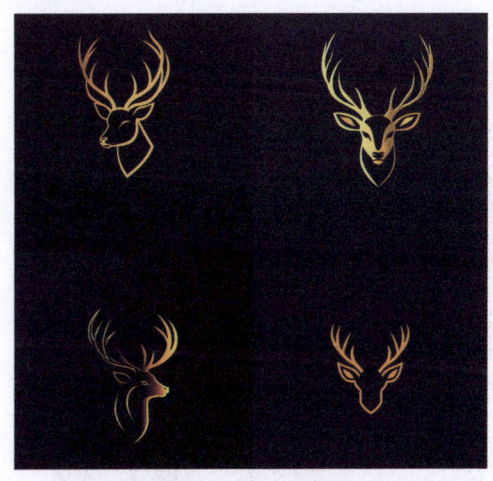
图 5-22　在提示符中限定动物形象，如鹿的头部

2. 渐变色风格标识

渐变色通过带给标识更丰富的视觉层次，可以强化品牌的创新性形象。下面先来生成一个简单的扁平化标识图形，具体操作步骤如下。

01 在 Midjourney 中输入参考提示词 "/imagine prompt Flat vector logo of crystal polyhedron, blue purple and white gradient, simple design"，请注意渐变颜色遵循用户的定义，"blue purple and white gradient"（蓝紫与白色渐变）生成的效果如图 5-23 所示。

图 5-23　生成自定义颜色的、简单的、扁平化的标识图形

02 此外，渐变色的属性还可以使标识形成一定的立体感。接下来，利用这一属性，进行更有意思的图形尝试。同时，学习增加提示词的复杂度，给 Midjourney 提供更多的细节提示，从而生成更为复杂的立体几何图形。

同样还是以钻石形状为例，在提示符中加入两类细节：

• 形状类：如"Isometric"（等距）、"isosceles triangle shape"（等腰三角形）, "geometric forms"（几何形状）。

• 光影效果类：如"holographic effect"（全息效果）、"dreamy atmosphere"（梦幻般的气氛）、"subtle gradients"（微妙渐变）。

参考提示词为"/imagine prompt Isometric view of a logo, like crystal, floating in space. simple shapes, vector art, simple design, gradient colors on a dark background, glowing light effects, dreamy atmosphere, minimalistic style, isosceles triangle shape, geometric forms, holographic effect, soft lighting, subtle gradients, modern aesthetic, futuristic vibe"，然后按〈Enter〉键提交，生成效果如图 5-24 和图 5-25 所示。

图 5-24　在提示词中增加更多细节后生成的立体图形　　图 5-25　同样的提示词获得另一种立体图形

上述提示词中用到了"Isometric"，这是一个近年来很流行的设计名词，它代表一种风格，该风格中"几何体没有透视的效果"或"等距设计"，是介于 2D 和 3D 之间的伪 3D 设计风格，也被称为 2.5D 风格。如图 5-26 所示，这些 Isometric 风格的计算机图标都不符合正常的透视，它们遵循的是一种特殊的、没有灭点的"俯视平行透视"。

第 5 章 商业领域的 AI 辅助设计

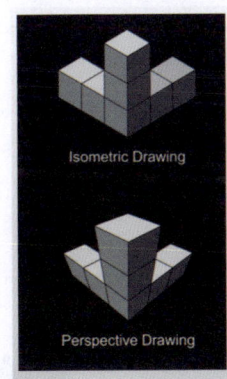

图 5-26　Isometric 风格，是指一种特殊的、没有灭点的"俯视平行透视"

用户可以尝试在 Midjourney 提示词中加入"Isometric"，生成一系列等距视角的立体小图形。同时请观察添加提示词"subtle gradients"（微妙渐变）产生的颜色渐变效果。参考提示词为"/imagine prompt Design logo for a daily necessities store, Isometric, simple design, icon design, minimalistic style, subtle gradients, modern aesthetic --ar 5∶3"（为一家日用商店设计标识，等距设计，简洁图标，缩微风格，微妙渐变，现代美学风格），生成效果如图 5-27 所示。

图 5-27　为一家日用商店设计标识

3. Emblem Logo——徽章式标识

Emblem Logo，称为徽标或徽章式标识，这种类型的标识充分利用了消费者对怀旧的热爱，同时传达了自信、传统和威望。对于那些既偏好历史底蕴，又注重现代感的企业来说，徽标是一个很好的选择。此外，对于学校、团体、班级等的 Logo 设计，它也是一个经典的选择。接下来，将介绍"复古风徽标""东方古典风韵徽标"和"游戏徽标"3 种徽章设计。

扫码看视频

（1）复古风徽标

在 Midjourney 中为一家百年酿酒公司设计徽章式标识，输入以下参考提示词"/imagine prompt Vintage logo emblem, Centennial Brewing company, retro color, kitschy vintage, retro simple"。

> **提　示：** 这里添加了"retro colo"（复古色彩）和"retro simple"（复古简约）提示词。

- 101 -

然后按〈Enter〉键提交，生成效果如图 5-28 所示。这组徽标具有明显的复古风格，而且由于在提示词中加入了复古色彩，因此颜色设计上也呈现出偏古旧的风格。

如果希望它的风格更贴近现代简约图形，可以尝试修改提示词。参考提示词为"/imagine prompt Vintage logo emblem, Centennial Brewing company, retro simple --no shading detail ornamentation realistic color --ar 4∶3"，然后按〈Enter〉键提交，生成效果如图 5-29 所示。注意它们在图形简洁化和色彩方面的改进。

图 5-28　为一家百年酿酒公司设计复古风徽章式标识

图 5-29　修改提示词，使风格更贴近现代简约图形

（2）东方古典风韵徽标

接下来，生成一些具有中国古典风韵的简洁化徽标。尝试在徽标的提示词中输入与中国相关的词，如 "Traditional Chinese garden"（中国古典园林），并将图形限制在圆形框内。

参考提示词为 "/imagine prompt Emblem logo in a round shape, a public park in China, Traditional Chinese garden style, simple, flat, vector"（设计一个圆形徽标，中国的公共公园，中国古典园林风格，简洁，扁平化，矢量图形）。然后按〈Enter〉键提交，得到如图 5-30 所示的 4 个东方风情的徽标，这些徽标依然遵循了传统徽章的一些原则，例如，图形和文字一般都封装在装饰性的框架或边框内。

（3）游戏徽标

在现代游戏中，也可以看到带有复古印迹的徽标设计，这种徽标设计让人联想到游戏设定的时代，以增加一种神秘的气息。

徽标的外框就像是一个容器，选择合适的容器形状很重要。圆形的徽章标识是经典的，正方形和矩形也是可靠的选择，这些形状的徽章能够传达出一种稳定、高效和专业的感觉。此外，设计者还可以打破常规，尝试一些意想不到的形状。例如，图 5-31 所示的游戏徽标，采用经典的盾形，这种形状的标识让人想起了过去的纹章学时代，那时家族的名字被自豪地印在华丽的盾牌上。

参考提示词为 "/imagine prompt lion emblem in a shield shape, style of clash of clans, golden color, game icon"（一个盾形形状内的狮子徽标，"部落冲突"风格，金色，游戏图标）。

第 5 章 商业领域的 AI 辅助设计

图 5-30　为一个公共公园设计的徽标，中国古典园林风格

图 5-31　一个盾形形状内的狮子徽标（游戏徽标）

4. Mascot Logo——吉祥物标识

用一个插画角色来代表一个公司的形象，这种设计风格被称为 Mascot，这个词有吉祥物、福神的含义。利用 Midjourney 可以生成各种类型的 2D 角色形象，适用于玩具、文创产品和吉祥物的设计。输入参考提示词 "/imagine prompt simple mascot for a pet store, cat, Japanese style"，然后按〈Enter〉键提交，得到 2D 卡通风格的 Logo 形象，如图 5-32 所示。

图 5-32　2D 卡通风格的吉祥物标识

为了对卡通风格进行对比，接下来再生成一种类似 3D 立体效果，并带有毛发设置的吉祥物标志。输入参考提示词 "/imagine prompt 3D logo for a toy store, squirrel, very cute shape, miniature small scale painting style, minimal, up view, matte, white background, soft, hairy appearance, ultra high definition detail"（一个玩具店的 3D Logo，小松鼠，非常可爱的形状，微型比例，极简线条，向上视角，哑光，白色背景，柔软，毛茸茸的外观，超高清细节）。

然后按〈Enter〉键提交，得到如图 5-33 和图 5-34 所示的吉祥物小松鼠。

- 103 -

图 5-33 一个玩具店的 3D Logo，吉祥物小松鼠设计（1）

图 5-34 一个玩具店的 3D Logo，
吉祥物小松鼠设计（2）

5.2.2 标识的延展性运用

5.2.1 节讲解了如何利用 Midjourney 生成不同风格的 Logo 图形，接下来，将展示几个使用 Midjourney 生成的标识进行简单延展性运用的案例，具体操作步骤如下。

01 这里仍然以如图 5-30 所示的中国风标识图形为例（也可以重新生成类似风格的图形），然后单击 U4 按钮，隔离放大生成的第 4 张图像，显示出更多的功能和编辑选项，如图 5-35 所示。

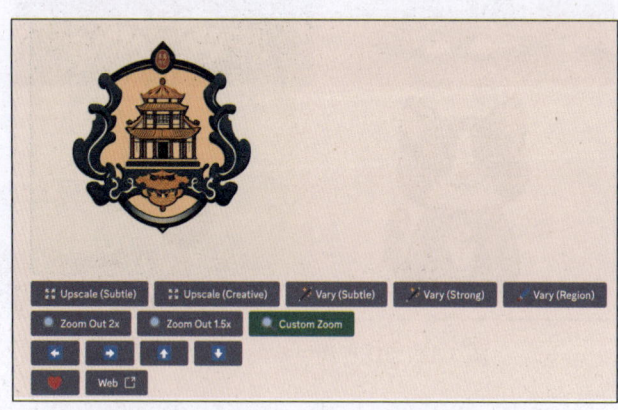

图 5-35 将生成的中国风标识隔离放大显示

02 单击"Custom Zoom"按钮，然后在弹出的对话框中重新输入提示词"Frame in a wall art sitting in middle of a Chinese restaurant"（将这个标识图形贴在一个中式餐厅的墙上中间位置），如图 5-36 所示，单击"提交"按钮，此时 Midjourney 将构建一个中餐厅环境，并将这个标识贴在餐厅中间类似屏风或窗的位置，如图 5-37 所示。

》》》第 5 章 商业领域的 AI 辅助设计

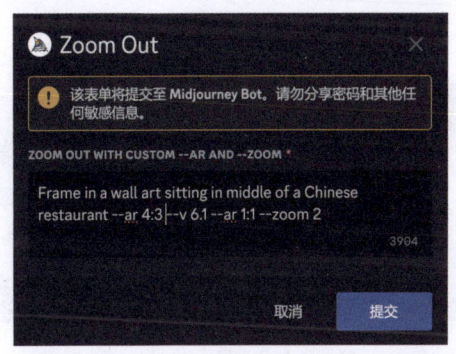

图 5-36 重新输入提示词

图 5-37 Midjourney 将这个标识贴在餐厅中间类似屏风或窗的位置

03 按照同样的步骤和相同的提示词，再次操作，让 Midjourney 结合标识的简洁风格，生成一组矢量风格餐厅图像，如图 5-38 所示。大家可以多尝试几次，以获得更多的环境展示效果。

图 5-38 标识被贴在一间矢量风格的中式餐厅的墙上

5.3 食品及包装展示效果

本节将生成几个食品造型及其包装盒的设计初稿并展示效果图。

01 用 Midjourney 为一家甜品店开发春季季节性系列产品，主要是蛋糕的造型设计。先以 Cheese 蛋糕为例，输入相关的提示词 "/imagine prompt a simple cheese cake, some flower and leaves in Spring, white, blur background, fine luster, shallow depth field, bonfire light, natural light, bright"（一个简单的芝士蛋糕，春天的花和叶，白色，模糊的背景，精细的光泽，浅景深，篝火的光，自然光，明亮）。然后按〈Enter〉键提交，生成如图 5-39 所示的春季蛋糕效果。

扫码看视频

02 修改提示词中的图片比例为 "--ar4:3"，然后单击 按钮再次生成，此时会生成 Cheese 蛋糕常见的三角切片形状。请观察将 "bonfire light"（篝火的光）和 "natural light"（自

- 105 -

然光）融合在一起的巧妙效果，如图5-40所示。

图5-39　为一家甜品店开发春季季节性系列产品

图5-40　将"bonfire light"（篝火的光）和"natural light"（自然光）融合在一起的巧妙效果

03 下面为这个春季Cheese蛋糕整体设计一个优雅的外包装，即食物纸盒包装。包装外部印上春天的图案，并系上精美的礼品丝带。参考提示词为"/imagine prompt a cheese cake packaging, some flower and leaves pattern, Spring, cake carton with ribbon on it, blur background, fine luster, shallow depth field, natural light, bright --ar 4:3"，然后按〈Enter〉键提交，生成效果如图5-41所示。

04 单击 U4 按钮，将第4张包装盒图片隔离并放大显示，如图5-42所示。

图5-41　为这个春季Cheese蛋糕整体设计一个优雅的外包装

图5-42　将这张包装盒效果图隔离并放大

05 下面为它设计不同的（配合茶具的）桌面展示效果。在Midjourney中输入提示词"/imagine prompt A cake carton is on the afternoon tea table, Spring, tea pot and cups, nature light --ar 5:3 --cref"，然后单击放大的蛋糕包装盒图片，将其拖动至提示词后，从而得到它的图片链接地址，如图5-43所示，最后按〈Enter〉键确认提交，从而生成如图5-44所示的展示效果，此时生成的蛋糕包装盒被呈现于一个温暖的午后环境中。

第 5 章 商业领域的 AI 辅助设计

图 5-43 拖动放大的蛋糕包装盒图片到提示词后,得到图片链接地址

图 5-44 生成的蛋糕包装盒被呈现于一个温暖的午后环境中

06 如果将这个蛋糕包装盒用电影的拍摄视角和照明技术来呈现,会是怎样的感觉呢?请大家运用 4.3 节学到的专业级摄影图片生成知识,尝试将这个蛋糕包装盒的环境设定为在电影中的一个晚宴餐桌上,参考效果如图 5-45 所示。

图 5-45 将这个蛋糕包装盒的环境设定在电影中的一个晚宴餐桌上

5.4 课后练习

1)假设要为一个品牌做一次公司活动的广告提案,请为提案生成多种不同的情绪板。

2)请自行寻找出更多的(至少 3 种)不同的标识设计风格,在 Midjourney 中根据这些风格为你所在的公司、学校或班级设计标识。

3)请自行生成不同的包装材质,如饮料塑料瓶、酸奶盒、酒的玻璃瓶等,然后尝试用不同的相机、摄影机、灯光等,生成专业级的图片摄影效果(参考 4.3 节学到的专业级摄影图片生成知识)。

- 107 -

第6章 讲述故事的图像力量

本章重点

本章将讲解如何借助 Midjourney 创建身临其境般的故事场景,从创建角色表开始,通过几种方式来保持角色在故事中的一致性,快速地将故事从语言体验转变为互动的视觉旅程。通过本章的学习,读者应掌握利用 Midjourney 创建身临其境般的故事场景的方法。

6.1 故事角色的设定——创建角色表

创造出令人信服的角色是视觉叙述成功的根本因素。如果观众不能相信舞台上的"演员",那么其他方面(如场景、灯光等)做得再好也没有用。角色的出现、发展与故事的线索密不可分。例如,有的画家(或作家)在构思一个新的故事剧本时,会先坐在画板前随心所欲地勾画出各种角色形象与动态,直到找到令人眼前一亮的角色,确定其为故事的角色之一。Midjourney 可以成为寻找故事角色的"画板"之一。

扫码看视频

下面介绍如何创建角色表。在视觉叙事中,一个有效的方法是先开发一个角色表(针对主要角色)。它包括角色的肢体语言、细微的面部表情等一系列草图,如图 6-1 所示。这些草图以不同的姿势展示主要角色,体验不同的情绪,为故事提供视觉参考,帮助保持整个故事中人物塑造的一致性。

图 6-1 角色表包括角色的肢体语言、面部表情等一系列草图(Midjourney 生成)

接下来,将运用 Midjourney 根据已有故事情节生成包含几个角色的故事场景,故事具体内容是:一位唐朝的小郡主在上元灯节悄悄出游,男扮女装,将偶遇的异域朋友带回家中品茶观

第 6 章　讲述故事的图像力量

宝的冒险故事。具体操作步骤如下。

01 首先，通过提示词定义主要角色：唐朝的小郡主（类似于公主）。角色表的参考提示词为"/imagine prompt character design sheet of a young princess with magical powers, Tang Dynasty, China, various emotions and poses --ar 4：3"，然后按〈Enter〉键提交，生成的角色表如图 6-2 所示，此时生成的角色具有极其丰富的情绪变化与面部表情。

图 6-2　通过提示词生成主要角色的基础角色表

02 故事的第一幕是这位唐朝的小郡主在上元灯节悄悄出游。接下来，针对灯节夜市的场景，调整角色的形象。修改角色表的提示词，增加"繁华夜市"的内容，参考提示词"/imagine prompt character design sheet of a young princess with magical powers, Tang Dynasty, China, various emotions and poses in a fantasy busy night market setting --ar 4：3"，然后按〈Enter〉键提交，生成效果如图 6-3 所示，此时人物动态、服饰、发型等都根据"繁华夜市"限定发生了变化，画面中出现了各种灯笼和灯光的元素。

图 6-3　修改角色表的提示词，增加"繁华夜市"的内容

- 109 -

03 目前角色风格主要是 2D 画风，下面修改提示词，形成 3D 的角色形象与动态，参考提示词"/imagine prompt 3D character design sheet of a young princess with magical powers, Tang Dynasty, China, various emotions and poses, in a fantasy busy night market setting"，然后按〈Enter〉键提交，生成效果如图 6-4 所示。

图 6-4　修改提示词，形成 3D 的角色表

04 这里选择图 6-4 中第 2 张郡主形象，单击 U2 按钮，将其隔离并高清显示，如图 6-5 所示。然后在下方的参数中单击 Vary (Strong)（强度变化）按钮，在弹出的"Remix Prompt"对话框中修改提示词，如图 6-6 所示，单击"提交"按钮，生成如图 6-7 所示的 4 张效果图。此时人物就从角色表中被提取出来，进入了热闹的街市场景。

05 在这一轮生成的图片中，选择图 6-7 中第 1 张角色形象，单击 U1 按钮，将其隔离并高清显示，如图 6-8 所示。

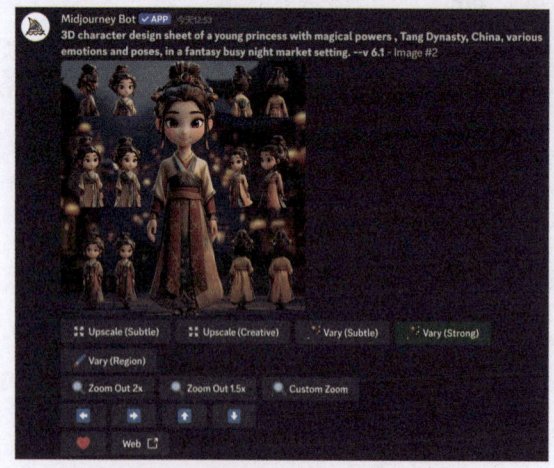

图 6-5　将第 2 张图放大隔离，然后单击 Vary (Strong)（强度变化）按钮

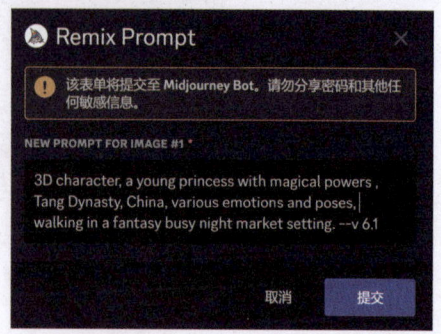

图 6-6　"Remix Prompt"对话框

《《《 第 6 章　讲述故事的图像力量

图 6-7　郡主独自走在夜市热闹场景中的人物形象　　图 6-8　将这一轮中选中的角色形象隔离并高清显示

6.2　保持角色的稳定性

现在已经选定了唐代郡主的形象，接下来要逐步固定这个角色形象，为她更换服饰、场景等，并让她与其他角色产生一定的关联性。接下来，将使用"图像提示"和"种子 + 图像提示"两种方法固定角色形象。

6.2.1　通过图像提示来固定角色形象

扫码看视频

01　单击图 6-8 中的角色效果图，然后在放大显示的图片左下角单击"在浏览器中打开"按钮，如图 6-9 所示，从而将该图片在浏览器中再次放大并高清显示。

02　将这张图像用作图像提示词的一部分。方法：在该图片上右击，从弹出的快捷菜单中选择"复制图片地址"命令，如图 6-10 所示。然后在 Midjourney 输入文本框中输入"/"，在弹出列表中选择"/imagine"命令，再按快捷键〈Ctrl+V〉粘贴复制好的图片地址，如图 6-11 所示。接着在地址后输入补充的提示词。例如，这位郡主喜好骑马，就让她骑马行于河畔。如图 6-12 所示，再增加提示词"riding a horse along the river"，生成的郡主骑马效果，如图 6-13 所示。从生成的 4 张人物骑马图中可以看到人物面部及服装样式基本保持与复制图片一致。

图 6-9　单击"在浏览器中打开"按钮　　　图 6-10　在弹出的快捷菜单中选择"复制图片地址"命令

图 6-11　在输入文本框内粘贴复制好的图片地址

图 6-12　在粘贴的图片地址后添加提示词　　　图 6-13　生成的郡主沿河畔骑马效果图

> 提　示：通过图像提示来固定角色形象非常方便快捷，但如果需要更为准确的效果，可以利用"种子+图像提示"来保持角色形象一致性，参看6.2.2节内容。

03　单击 U4 按钮，单独隔离并高清显示第 4 张效果图，如图 6-14 所示，然后在图片下方单击 Vary (Subtle) 按钮，从而得到一系列图片。用户可以进行多次尝试，再从多次生成的图片中选择放大一张，可以看出生成图片中的人物依然是那位唐代郡主的角色形象，如图 6-15 所示。

图 6-14　单独隔离并高清显示第 4 张效果图　　　图 6-15　郡主河畔骑马侧面效果图

> 提　示：通过图像提示生成的图片保持了相同的人物和完整构图，只是人物产生了微妙的姿势、表情等变化。

04　请大家根据前述步骤，自行完成相同角色在中国风格的花园（或室内）饮茶的场景与动作更换，参考如图 6-16 所示的生成效果。

第 6 章 讲述故事的图像力量

图6-16　角色饮茶的场景与动作更换

6.2.2　利用"种子+图像提示"来保持角色形象一致性

Midjourney 中的种子（Seed）参数用于为每个生成的图像指定随机数。这意味着如果使用相同的种子号，即使提示词不同，用户也会得到两个非常相似的形象。因此在创作中，种子参数很有用，在本节的案例中，将 6.2.1 节用到的图像提示和种子功能联合使用，这样可以更准确地保持角色形象的一致性。

扫码看视频

下面来生成故事中另一位主要角色：从波斯来唐朝都城经商的年轻商人，具体操作步骤如下。

01 在 Midjourney 中输入提示词 "/imagine prompt 3D character of a young Persian merchant, very handsome, Tang Dynasty, China, in a fantasy busy night market setting"，然后按〈Enter〉键提交，在生成的如图 6-17 所示的 4 张效果图中选择第 3 张，然后单击  按钮，将其放大并隔离显示，如图 6-18 所示。此时人物面部和服装都很完美地符合了角色设定，下面就用这张图片进行动作及情节的后续推进。

图6-17　生成的 4 张波斯年轻商人效果图　　图6-18　选中第 3 张生成的图片，放大并隔离显示

02 在图 6-18 上右击，从弹出的快捷菜单中选择"添加反应"→"envelope"命令，如图 6-19 所示。然后在该图片上再次右击，从弹出的快捷菜单中选择"APP"→"DM Results"

- 113 -

命令，如图6-20所示。接着单击Midjourney右上角 ✉（收件箱）按钮，此时会出现一条包括工作ID和种子号的消息，如图6-21所示。

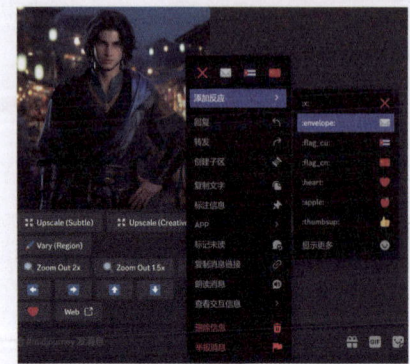
图6-19　选择"添加反应"→"envelope"命令

图6-20　选择"APP"→"DM Results"命令

图6-21　在收件箱中会收到工作ID和种子号的信息

03 种子号已经准备好了，下面先来复制图片地址。方法：单击图6-18中的角色效果图，然后在放大显示的图片左下角单击"在浏览器中打开"按钮，将图片在浏览器中放大并高清显示，接着在该图片上右击，在弹出的快捷菜单中选择"复制图片地址"命令。

04 在Midjourney输入文本框中输入"/"，在弹出列表框中选择"/imagine"命令，然后按快捷键〈Ctrl+V〉粘贴复制好的图片地址。接着再将最初生成波斯商人的提示词（参看本节步骤1）也复制粘贴进来，再修改提示词，例如，让他坐在河边，增加一句提示词"sitting by the river"。最后，再把生成的种子号复制粘贴进来，此时输入文本框效果如图6-22所示，生成的效果如图6-23所示，这时生成角色基本与前面定义的形象保持一致。

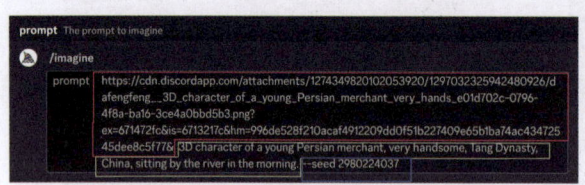
图6-22　图片地址+提示词+种子号

图6-23　新生成的角色基本与前面定义的形象保持一致

提示： 图片地址、粘贴的提示词和种子号中间都要加空格。

通过这两个案例，可以看到图像提示及种子参数，对于在漫画书或视频游戏中保持角色一致性来说是多么重要。当Midjourney的原有角色发生变化时，可能需要多尝试一些不同的提示词才能达到更好的效果。

6.2.3 通过参数cref实现角色风格迁移

扫码看视频

本节先提交一张角色图片，然后运用 Midjourney 在 2024 年上线的参数 cref，全称是 character reference（角色参考），让 Midjourney 绘制出相同角色在不同场景中的效果，也就是保持角色在不同场景中的一致性，具体操作步骤如下。

01 生成卡通动物的形象。在 Midjourney 中输入提示词"/imagine prompt a cute 3d dragon with wings in a fantasy forest setting"，然后按〈Enter〉键提交，得到如图 6-24 所示效果。

图 6-24　生成带翅膀的 3D 小卡通龙形象

02 选择图 6-24 中第 3 张小龙的形象，然后单击  按钮，把这张图片隔离并放大显示，接下来给角色更换一个场景，让暖色的小龙潜入海底。方法：先输入提示词（加上"--cref"）"/imagine prompt a cute 3d dragon with wings dive to the bottom of the sea --ar 4∶3 --cref"，然后用鼠标直接将选中的小龙图片拖动到文本输入框内，如图 6-25 所示，这种方法也可以快速获得图片的地址链接。接着按〈Enter〉键后提交，生成 4 张图片如图 6-26 所示。令人惊喜的是，通过这个 cref（角色参考）参数，得到了和 6.2.2 节种子设置相类似的效果，暖色的小龙角色形象场景与动作都更换了，但角色保持了一致性，做到了很好的还原。

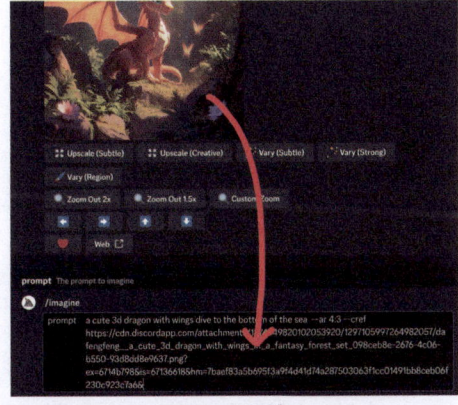

图 6-25　将小龙图片拖动到文本输入框内快速获得图片的地址链接

图 6-26　新生成的图片与图 6-24 中第 3 张小龙保持了角色一致性

6.3 角色服装的更换

在插画、动画分镜或电商页面中，给 2D、3D 或摄影图片中的角色或模特换服装是一项非常重要的功能，接下来，通过案例来学习 Midjourney 的换装方法。

扫码看视频

01 第一步，先生成一位 AI 模特。在 Midjourney 中输入提示词 "/imagine prompt Full-body shot of a female model wearing a comfortable short skirt, standing in front of a white background, portrait photo, Shot from a low angle using Canon EOS R5 camera with a standard lens to capture the model's entire outfit and showcase --q1"，然后按〈Enter〉键提交，生成的模特如图 6-27 所示。

02 在 Photoshop 软件中打开一条米黄色长裙的图片（参考本书配套网盘中的"源文件 \6.3　角色服装的更换 \ dress.jpg"文件），如图 6-28 所示，然后利用工具箱中的 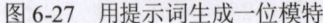（快速选择工具）得到长裙的选区，然后按快捷键〈Ctrl+C〉进行复制。

图 6-27　用提示词生成一位模特　　　　图 6-28　在 Photoshop 中选取并复制一条长裙

03 在 Photoshop 软件中打开刚才生成的模特图片（参考本书配套网盘中的"源文件 \6.3　角色服装的更换 \ 模特 .jpg"文件），然后按快捷键〈Ctrl+V〉，将黄色长裙粘贴到画面中，生成"图层 1"，按快捷键〈Ctrl+T〉调整裙子大小，将长裙置于如图 6-29 所示位置，拼合图层，将图像文件存储为"dress-1.jpg"文件。

图 6-29　将裙子粘贴到画面中并调整位置大小

第6章 讲述故事的图像力量

04 在Midjourney输入栏左侧单击"➕"按钮，然后从弹出列表框中选择"上传图片"命令，再选择"dress-1.jpg"文件，如图6-30所示，按〈Enter〉键上传。接着单击放大这张图片，再右击，从弹出的快捷菜单中选择"复制图片地址"命令，如图6-31所示。

图6-30 在Midjourney中上传"dress-1.jpg"　　　　图6-31 放大图片并复制其图片地址

05 在Midjourney输入框中输入"/"，在弹出列表框中选择"/imagine"命令，然后按快捷键〈Ctrl+V〉粘贴复制好的图片地址。接着将最初生成模特图片的提示词（参看本节步骤1）也复制粘贴进来（中间要添加空格），再修改提示词，将衣服从"short skirt"（短裙）更改为"long dress"（长裙），将"white background"（白色背景）更改为"blue background"（蓝色背景）。

06 在提示词后，加上"--iw 2"的指令，iw参数指的是图像权重（image weight），因为提示词中，既包含图像提示，又包含文本提示，权重参数主要用于平衡这二者之间的比例分配。下面将权重参数值设为"--iw 2"，如图6-32所示，这意味着结果将更多地偏向于图像提示（即"dress-1.jpg"）。

图6-32 图像提示＋文本提示＋权重参数

07 按〈Enter〉键提交，得到如图6-33所示的效果，这条裙子由平面效果变得立体化，材质、比例、颜色、样式都基本与原服装相吻合，多尝试几次挑选出理想的效果。

- 117 -

图 6-33 角色更换服装后的效果图

6.4 课后练习

1)请自行构思一个带有奇幻色彩的故事,并借助 Midjourney 从创建角色表开始,逐步实现角色的视觉化和角色挑选的过程。

2)请自行构思一个故事,利用"种子+图像提示"来保持故事中主要角色形象的一致性,让角色在不同的场景中呈现统一特性。

3)参考 6.3 节角色换装的方法,为故事中的角色设计多种风格服装,并在 Midjourney 中尝试不同的着装效果(也可以尝试为卡通角色更换服装)。

第3部分　　Stable Diffusion应用案例演练

- ■ 第7章　　生成虚拟数字人形象
- ■ 第8章　　给数字模特更换服装
- ■ 第9章　　人物图像处理
- ■ 第10章　　动漫设计
- ■ 第11章　　游戏设计
- ■ 第12章　　小说推文
- ■ 第13章　　电商和广告设计
- ■ 第14章　　影片场景设计
- ■ 第15章　　建筑和室内设计

第7章 生成虚拟数字人形象

本章重点

虚拟数字人是指利用现代数字技术，包括 3D 建模、人工智能、机器学习和语音合成等手段，创造的具有虚拟形象和智能交互能力的人物。Stable Diffusion 作为一款优秀的人工智能图像生成软件，可以根据用户提供的描述词创造出高质量的虚拟数字人形象，这些虚拟数字人形象不仅在外表上接近真实人物，还能在表情、动作，甚至是在微表情上达到高度自然，从而增强观众的沉浸感和互动体验。通过本章的学习，读者应掌握利用 Stable Diffusion 生成虚拟数字人形象的方法。

7.1 生成虚拟数字人1（majicMIX realistic麦橘写实.safetensors）

 要点：

本节将生成 4 位女性虚拟数字人，如图 7-1 所示。通过本节的学习，读者应掌握 "majicMIX realistic 麦橘写实 .safetensors" 大模型、"文生图" 的提示词和生成参数的应用。

扫码看视频

图 7-1　生成的 4 位女性虚拟数字人

操作步骤：

1. 生成第一位女性虚拟数字人

01 启动 Stable Diffusion，然后选择 "majicMIX realistic 麦橘写实 .safetensors" 大模型，接着将 "外挂 VAE 模型" 设置为 "vae-ft-mse-840000-ema-pruned.safetensors"，再进入 "文生图"

第 7 章　生成虚拟数字人形象

选项卡。

02 添加正向提示词。方法：打开本书配套网盘中的"源文件\7.1　生成虚拟数字人 1（majicMIX realistic 麦橘写实）\提示词.word"文件，然后选择正向提示词"1girl,face,smile,white background"，如图 7-2 所示，按快捷键〈Ctrl+C〉进行复制，接着回到 Stable Diffusion 中，在"文生图"选项卡的正向提示词文本框中按快捷键〈Ctrl+V〉粘贴，如图 7-3 所示。

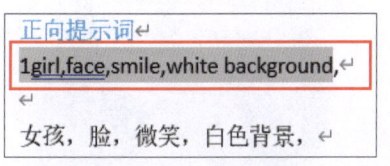

图 7-2　复制正向提示词

图 7-3　在"文生图"选项卡的正向提示词文本框中粘贴正向提示词

03 添加反向提示词。方法：将鼠标定位在反向提示词文本框中，然后进入"嵌入式"选项卡，从中选择"badhandv4""EasyNegative"和"ng_deepnegative_v1_75t"，此时选择的嵌入式就被添加到反向提示词文本框中了，如图 7-4 所示。

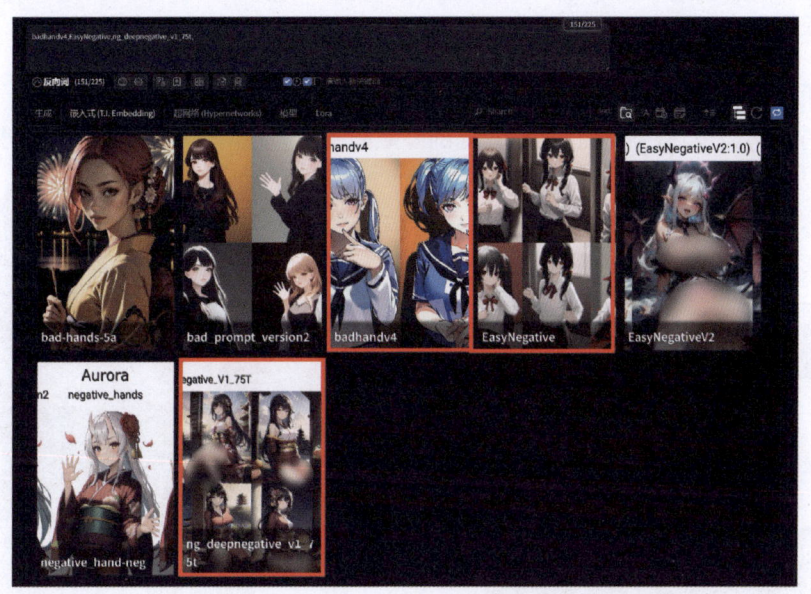

图 7-4　将选择的嵌入式添加到反向提示词文本框中

04 设置生成参数。方法：进入"生成"选项卡，将"采样方法"设置为"DPM++ 2M"，"迭代步数"设置为"25"，然后将"宽度"设置为"512"，"高度"设置为"768"，接着选中"高分辨率修复"复选框，展开其参数，将"放大算法"设置为"R-ESRGAN 4x+"，"放大倍数"设置为"2"，此时要生成的图片尺寸就由原来的 512×768 像素放大了一倍，变为了 1024×1536 像素，再接着将"高分迭代步数"设置为"15"，"重绘幅度"设置为"0.5"，从而使高分辨率修复后的图像更接近于原图，最后将"提示词引导系数"设置为"7"，"随机数种子"设置为"3666252950"，"总批次数"和"单批数量"均设置为"1"，如图 7-5 所示。

- 121 -

AIGC 绘画创作——Midjourney 和 Stable Diffusion 生成创意图像 》》》

05 单击"生成"按钮,当软件计算完成后,就会根据设置好的参数生成一位女性虚拟数字人,如图 7-6 所示。

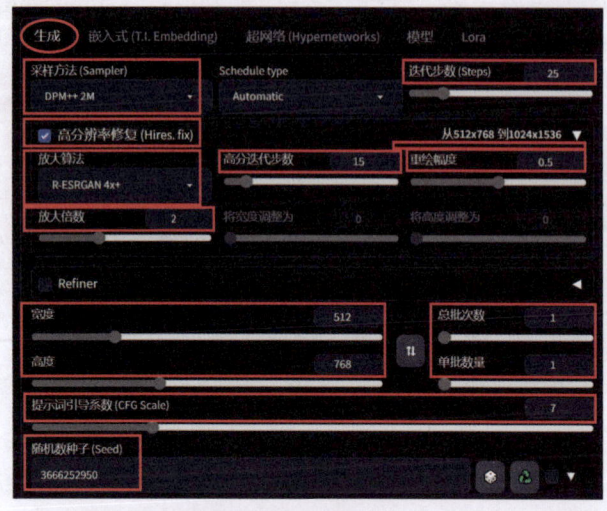

图7-5 设置生成参数　　　　　　　　　图 7-6 生成第一位虚拟数字人

2. 更改"随机数种子"参数,生成第二位女性虚拟数字人

将"随机数种子"更改为"523726283",如图 7-7 所示,然后保持其他参数不变,单击"生成"按钮,当软件计算完成后,就会根据设置好的参数新生成一位女性虚拟数字人,如图 7-8 所示。

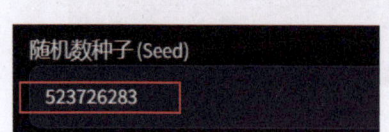

图 7-7 更改"随机数种子"参数　　　　图 7-8 新生成一位女性虚拟数字人

3. 更改"采样方法"参数,生成其余两位女性虚拟数字人

01 将"采样方法"更改为"DPM++ SDE",如图 7-9 所示,保持其他参数不变,单击"生成"按钮,当软件计算完成后,就会根据设置好的参数新生成一位女性虚拟数字人,如图 7-10 所示。

02 将"采样方法"更改为"Euler a",保持其他参数不变,如图 7-11 所示,单击"生成"按钮,当软件计算完成后,就会根据设置好的参数再生成一位女性虚拟数字人,如图 7-12 所示。

第 7 章 生成虚拟数字人形象

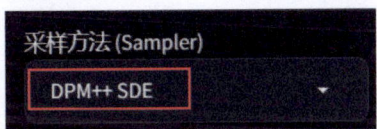

图 7-9 将"采样方法"更改为"DPM++ SDE"

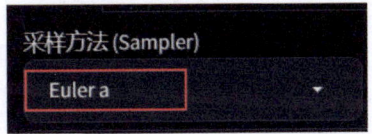

图 7-11 将"采样方法"更改为"Euler a"

图 7-10 将"采样方法"更改为"DPM++ SDE"生成的虚拟数字人

图 7-12 将"采样方法"更改为"Euler a"生成的虚拟数字人

03 至此，整个案例制作完毕。

7.2 生成虚拟数字人2（majicMIX realistic 麦橘写实.safetensors）

要点：

本节将生成3位女性虚拟数字人，如图7-13所示。通过本节的学习，读者应掌握 "majicMIX realistic 麦橘写实.safetensors"大模型、"文生图"的提示词、在正向提示词中添加相关Lora模型和生成参数的应用。

扫码看视频

a)　　　　　　　　　　　b)　　　　　　　　　　　c)

图 7-13 生成的 3 位虚拟数字人

a）无 Lora 模型的生成效果　b）添加 Lora 模型的生成效果　c）添加 Lora 模型并修改正向提示词后生成的效果

- 123 -

操作步骤：

1. 不添加Lora模型生成一位女性虚拟数字人

01 启动Stable Diffusion，然后选择"majicMIX realistic 麦橘写实 .safetensors"大模型，接着将"外挂VAE模型"设置为"Automatic（自动）"，再进入"文生图"选项卡。

> **提示**：在7.1节中将"外挂VAE模型"设置为"vae-ft-mse-840000-ema-pruned.safetensors"，本节将"外挂VAE模型"设置为"vae-ft-mse-840000-ema-pruned.safetensors"，也可以设置为"Automatic（自动）"。当选择"Automatic（自动）"后，软件会根据设置的大模型自动选择相对应的"外挂VAE模型"，这样可以有效避免因为选择了与大模型不匹配的外挂VAE模型，而出现生成的图像花屏的错误。

02 添加正向提示词。方法：打开本书配套网盘中的"源文件\7.2　生成虚拟数字人2（majicMIX realistic 麦橘写实_v7）\提示词.word"文件，然后选择正向提示词"1girl,solo,upper body,white sweater,front,necklace,kind_smile,ginkgo leaf"，如图7-14所示，按快捷键〈Ctrl+C〉进行复制，接着回到Stable Diffusion中，再在"文生图"选项卡的正向提示词文本框中按快捷键〈Ctrl+V〉进行粘贴，如图7-15所示。

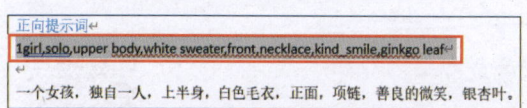
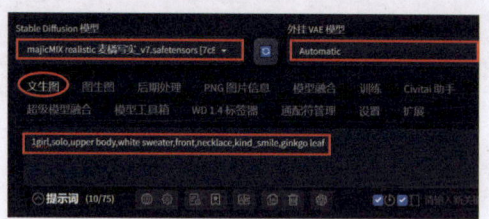

图7-14　复制正向提示词　　　　　图7-15　在"文生图"选项卡的正向
　　　　　　　　　　　　　　　　　提示词文本框中粘贴正向提示词

03 添加反向提示词。方法：回到"提示词.word"文件，然后选择反向提示词"(worst quality:2),(low quality:2),(normal quality:2),lowres,bad anatomy,bad hands,monochrome,grayscale,watermark,moles,bad-hands-5a,badhandv4,negative_hand-neg"，如图7-16所示，按快捷键〈Ctrl+C〉进行复制，接着回到Stable Diffusion中，再在"文生图"选项卡的反向提示词文本框中按快捷键〈Ctrl+V〉粘贴，如图7-17所示。

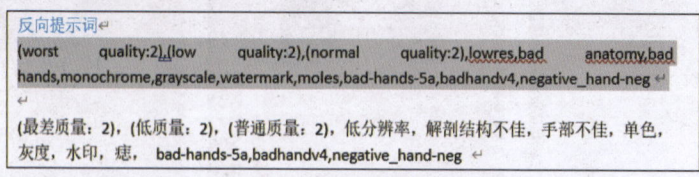

图7-16　复制反向提示词

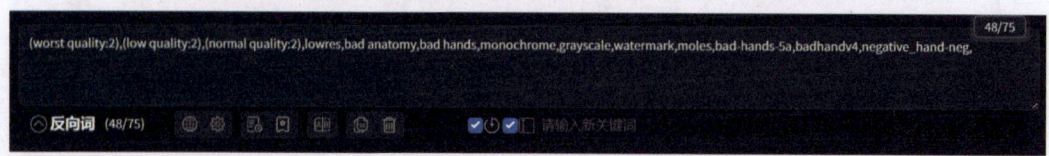

图7-17　在"文生图"选项卡的反向提示词文本框中粘贴反向提示词

第 7 章 生成虚拟数字人形象

04 设置生成参数。方法：进入"生成"选项卡，将"采样方法"设置为"Euler a"，"迭代步数"加大为"20"，然后将"宽度"设置为"512"，"高度"设置为"768"，接着选中"高分辨率修复"复选框，再展开其参数，将"放大算法"设置为写实类的"R-ESRGAN 4x+"，"放大倍数"设置为"2"，此时要生成的图片尺寸就由原来的 512×768 像素放大了一倍，变为了 1024×1536 像素，接着将"高分迭代步数"设置为"20"，"重绘幅度"设置为"0.5"，从而使高分辨率修复后的图像更接近于原图，最后将"提示词引导系数"设置为"7"，"随机数种子"设置为"505971048"，"总批次数"和"单批数量"均设置为"1"，如图 7-18 所示。

05 单击"生成"按钮，此时软件会根据提供的提示词和生成参数开始进行计算，当计算完成后，就可以看到一位根据设置参数生成的女性虚拟数字人，如图 7-19 所示。

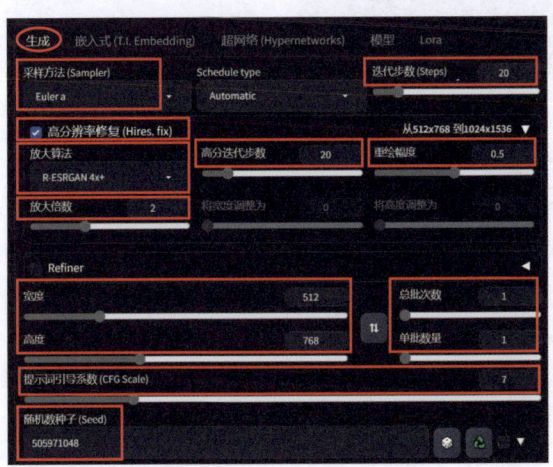

图 7-18　设置生成参数

图 7-19　生成的女性虚拟数字人

2. 添加Lora模型生成一位新的女性虚拟数字人

01 将鼠标放置在正向提示词文本框，然后进入"Lora"选项卡，从中选择"踏山听海【银杏 ginkgo】_v1.0"，如图 7-20 所示，此时选择的 Lora 模型就被添加到正向提示词文本框中了，然后再将添加的 Lora 模型权重减小为 0.8，如图 7-21 所示。

图 7-20　选择"踏山听海【银杏 ginkgo】_v1.0"

- 125 -

AIGC 绘画创作——Midjourney 和 Stable Diffusion 生成创意图像

02 保持其他参数不变，单击"生成"按钮，此时软件会根据正向提示词中添加的 Lora 模型开始进行计算，当计算完成后，就可以看到新生成的女性虚拟数字人了，如图 7-22 所示。

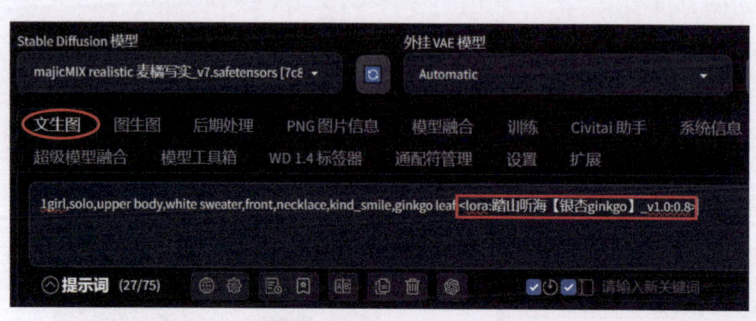

图 7-21　将添加的 Lora 模型权重减小为 0.8　　　　图 7-22　新生成的女性虚拟数字人

3. 修改正向提示词生成一位新的女性虚拟数字人

01 选择"文生图"选项卡正向提示词文本框中的提示词"white sweater"，按〈Delete〉键进行删除。然后在下方文本框中输入中文"白色露肩毛衣"，如图 7-23 所示，再按〈Enter〉键确认操作，此时软件会将输入的中文自动转换为英文"white off-shoulder sweater"并将其添加到"文生图"选项卡的正向提示词文本框，如图 7-24 所示。

02 保持其他参数不变，单击"生成"按钮，此时软件会根据修改的正向提示词开始进行计算，当计算完成后，就可以看到新生成的女性虚拟数字人了，如图 7-25 所示。

> **提　示：** 此时新生成的女性虚拟数字人，除了服装外，其他地方也会发生变化，如头发和背景，如果用户只想更换人物服装，而不更改其他地方，可以利用"Inpaint Anything"选项卡来实现，具体请参见本书8.2节~8.5节。

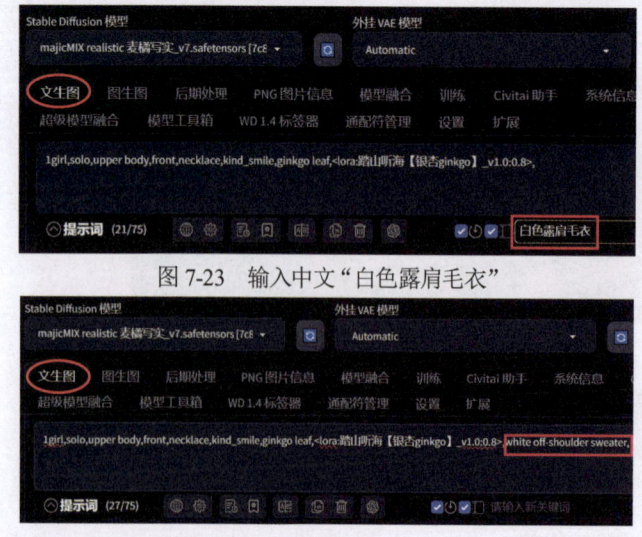

图 7-23　输入中文"白色露肩毛衣"

图 7-24　输入的中文自动转换为英文并添加到正向提示词文本框

图 7-25　新生成的女性虚拟数字人

- 126 -

第7章 生成虚拟数字人形象

03 至此，整个案例制作完毕。

7.3 生成虚拟数字人3（chilloutmix_NiPruned.safetensors）

要点：

本节将生成几位不同风格的女性虚拟数字人，如图7-26所示。通过本节的学习，读者应掌握"chilloutmix_NiPruned.safetensors"大模型、"文生图"的提示词、在正向提示词中添加相关Lora模型、生成参数、"图生图"的局部重绘和预设样式的应用。

扫码看视频

图7-26 生成的虚拟数字人

a）无Lora模型的生成效果　b）添加一个Lora模型的生成效果　c）添加两个Lora模型的生成效果　d）插画风格的生成效果　e）动漫风格的生成效果　f）新朋克风格的生成效果

- 127 -

AIGC 绘画创作——Midjourney 和 Stable Diffusion 生成创意图像 》》》

操作步骤：

1. 不添加Lora模型生成一位女性虚拟数字人

01 启动 Stable Diffusion，然后选择"chilloutmix_NiPruned.safetensors"大模型，接着将"外挂 VAE 模型"设置为"Automatic（自动）"，再进入"文生图"选项卡。

02 添加正向提示词。方法：打开本书配套网盘中的"源文件\7.3　生成虚拟数字人3（chilloutmix_NiPruned.safetensors）\提示词.word"文件，然后选择正向提示词"1girl,face,smile,simple background"，如图 7-27 所示，按快捷键〈Ctrl+C〉进行复制，接着回到 Stable Diffusion 中，再在"文生图"选项卡的正向提示词文本框中按快捷键〈Ctrl+V〉进行粘贴，如图 7-28 所示。

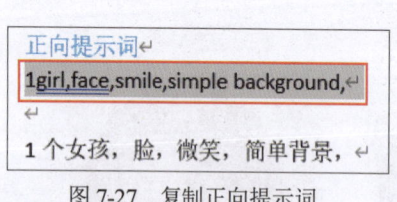

图 7-27　复制正向提示词　　　　图 7-28　在"文生图"选项卡的正向
　　　　　　　　　　　　　　　　　　　　提示文本框中粘贴正向提示词

03 添加反向提示词。方法：将鼠标定位在反向提示词文本框中，然后进入"嵌入式"选项卡，从中选择"badhandv4""EasyNegative"和"ng_deepnegative_v1_75t"，此时选择的嵌入式就被添加到反向提示词文本框中了。

04 设置生成参数。方法：进入"生成"选项卡，将"采样方法"设置为"DPM++ 2M"，"迭代步数"加大为"30"，然后将"宽度"设置为"512"，"高度"设置为"768"，接着将"提示词引导系数"设置为"7"，"随机数种子"设置为"1255080056"，"总批次数"和"单批数量"均设置为"1"，如图 7-29 所示。

05 单击"生成"按钮，此时软件会根据提供的提示词和生成参数开始进行计算，当计算完成后，就可以看到一位根据设置参数生成的女性虚拟数字人，如图 7-30 所示。

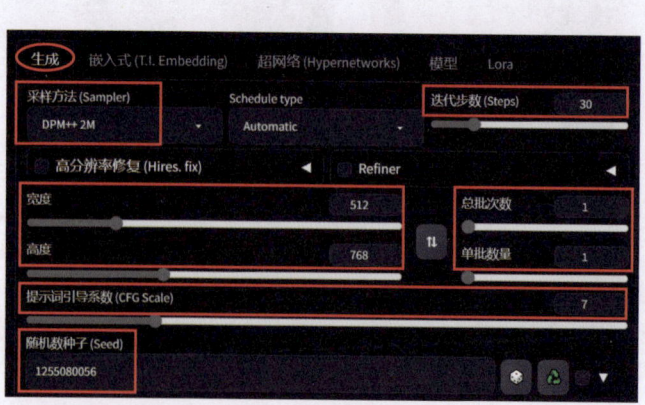

图 7-29　设置生成参数　　　　　　　　　　图 7-30　生成的虚拟数字人

《《《 第7章 生成虚拟数字人形象

06 此时生成的虚拟数字人图像尺寸只有512×768像素，接下来将其高清放大一倍。方法：在"生成"选项卡中选中"高分辨率修复"复选框，再展开其参数，然后将"放大算法"设置为写实类的"R-ESRGAN 4x+"，"放大倍数"设置为"2"，此时要生成的图片尺寸就由原来的512×768像素放大了一倍，变为了1024×1536像素，接着将"高分迭代步数"设置为"15"，"重绘幅度"设置为"0.5"，如图7-31所示，从而使高分辨率修复后的图像更接近于原图，最后保持其他参数不变，单击"生成"按钮，此时软件会根据设置好的参数开始进行计算，当计算完成后，就可以看到一位高清放大的女性虚拟数字人，如图7-32所示。

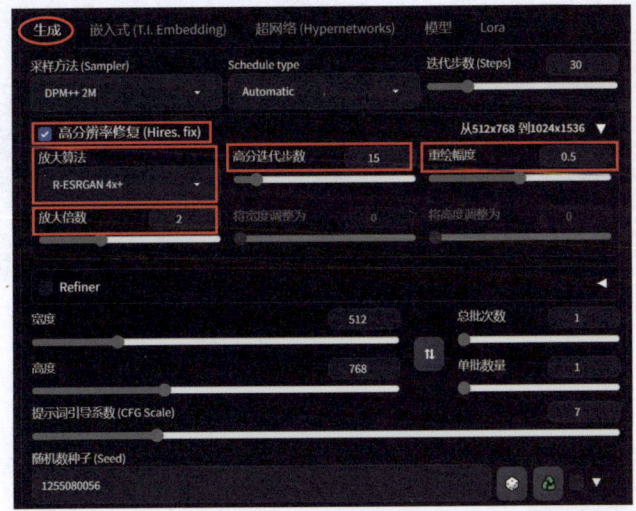

图7-31 设置"高分辨率修复"参数

图7-32 设置"高分辨率修复"参数后生成的虚拟数字人

07 此时"高分辨率修复"的人物鼻头有个痣，下面利用"图生图"选项卡中的"局部重绘"功能去除这个痣。方法：在生成的图像下方单击 （发送图像和生成信息到"局部重绘"选项卡）按钮，如图7-33所示，将图像发送到"图生图"→"生成"→"局部重绘"选项卡，如图7-34所示，然后选择 （使用画笔）工具在要去除鼻头痣的位置绘制出一个蒙版，如图7-35所示，接着将"蒙版模式"设置为"重绘蒙版内容"，将"蒙版区域内容处理"设置为"原版"，也就是参考原图，再将"重绘区域"设置为"仅蒙版区域"，即只对蒙版区域进行重绘，如图7-36所示，最后单击"生成"按钮，此时软件会对鼻头上痣的区域进行重绘，重绘完成后就可以看到人物鼻头上的痣被完美去除了，如图7-37所示。

2. 添加一个Lora模型生成一位新的女性虚拟数字人

01 进入"文生图"选项卡，然后将鼠标放置在正向提示词文本框中，接着进入"Lora"选项卡，从中选择"真实感 Normal Korean girl face ver 1.0, Chilloutmix base lora_v1.0"，如图7-38所示，此时选择的Lora模型就被添加到正向提示词文本框中了，如图7-39所示。

02 保持其他参数不变，单击"生成"按钮，此时软件会根据在正向提示词中添加的Lora模型开始进行计算，当计算完成后，就可以看到新生成的女性虚拟数字人了，如图7-40所示。

图 7-33　单击 (发送图像和生成信息到"局部重绘"选项卡)按钮

图 7-34　将图像发送到"图生图"→"生成"→"局部重绘"选项卡

图 7-35　在要去除鼻头痣的位置绘制出一个蒙版

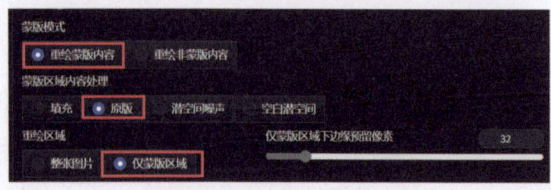

图 7-36　设置局部重绘参数

图 7-37　人物鼻头上的痣被完美去除

》》》第 7 章　生成虚拟数字人形象

图 7-38　选择"真实感 Normal Korean girl face ver 1.0, Chilloutmix base lora_v1.0"

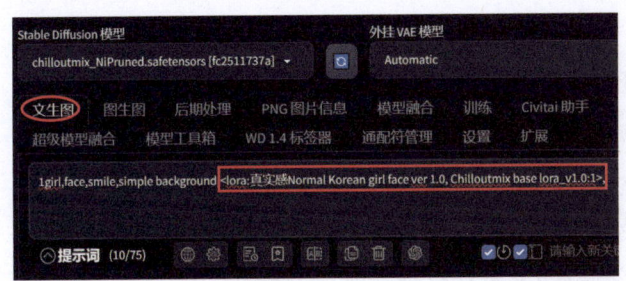

图 7-39　选择的 Lora 模型被添加
到"文生图"的正向提示词文本框

图 7-40　新生成的
女性虚拟数字人

3. 添加两个Lora模型生成一位新的女性虚拟数字人

01　进入"文生图"选项卡，然后将鼠标放置在正向提示词文本框，接着进入"Lora"选项卡，从中选择"唯美_V1"，如图 7-41 所示，此时选择的 Lora 模型就被添加到正向提示词文本框中了，接着将添加的 Lora 模型权重减小为 0.4，如图 7-42 所示。

图 7-41　选择"唯美_V1"

- 131 -

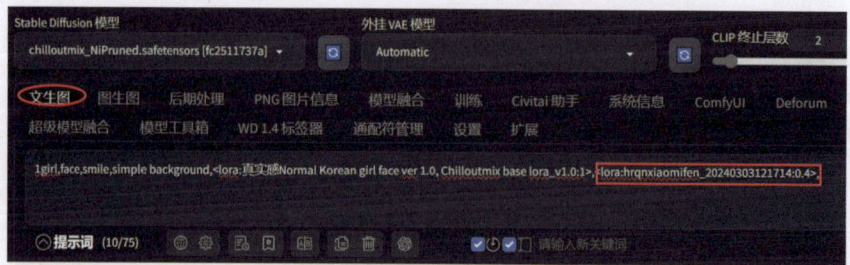

图 7-42　将添加的 Lora 模型权重减小为 0.4

02 保持其他参数不变，单击"生成"按钮，此时软件会根据在正向提示词中添加的 Lora 模型开始进行计算，当计算完成后，就可以看到新生成的女性虚拟数字人了，如图 7-43 所示。

4. 通过改变预设样式生成几位不同风格的女性虚拟数字人

01 生成插画风格的虚拟数字人。方法：在预设样式下拉列表中选择"插画风"，如图 7-44 所示，然后单击 ■（将所有选择的预设样式添加到提示词中）按钮，从而将"插画风"预设样式的提示词添加到"文生图"的正向和反向提示词文本框，如图 7-45 所示。接着保持其他参数不变，单击"生成"按钮，当计算完成后，就可以看到新生成的"插画风"的女性虚拟数字人了，如图 7-46 所示。

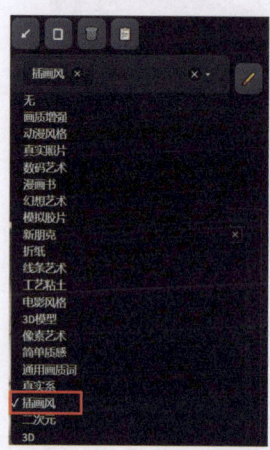

图 7-43　新生成的　　　图 7-44　选择"插画风"　　　图 7-46　生成的"插画
女性虚拟数字人　　　　　　　　　　　　　　　　　　　风"的女性虚拟数字人

图 7-45　将"插画风"预设样式的提示词添加到"文生图"的正向和反向提示词文本框

- 132 -

第 7 章　生成虚拟数字人形象

02 同理，在预设样式下拉列表中分别选择"动漫风格"和"新朋克风格"，重新生成"动漫风格"和"新朋克风格"的女性虚拟数字人，如图 7-47 和图 7-48 所示。

图 7-47　生成的"动漫风格"的虚拟数字人　　图 7-48　生成的"新朋克风格"的虚拟数字人

03 至此，整个案例制作完毕。

7.4　生成虚拟数字人4（儿童摄影_V1.0.safetensors）

要点：

扫码看视频

本节将分别生成一个虚拟数字男孩和一个虚拟数字女孩，如图7-49所示。通过本节的学习，读者应掌握"儿童摄影_V1.0.safetensors"大模型、"文生图"的提示词和生成参数的应用。

a)　　　　　　　　　　　　　　　b)

图 7-49　生成的虚拟数字人
a) 虚拟数字男孩　b) 虚拟数字女孩

- 133 -

操作步骤：

1. 生成虚拟数字男孩

01 启动 Stable Diffusion，然后选择“儿童摄影 _V1.0.safetensors”大模型，接着将“外挂 VAE 模型”设置为“Automatic（自动）”，再进入“文生图”选项卡。

02 添加正向提示词。方法：打开本书配套网盘中的“源文件 \7.4　生成虚拟数字人 4（儿童摄影 _V1.0）\ 提示词 .word”文件，然后选择正向提示词“1boy,solo,child,8 years old,simple background,masterpiece,best quality,ultra-detailed”，如图 7-50 所示，按快捷键〈Ctrl+C〉进行复制，接着回到 Stable Diffusion 中，再在“文生图”的正向提示词文本框中按快捷键〈Ctrl+V〉粘贴，如图 7-51 所示。

正向提示词 1
1boy,solo,child,8 years old,simple background,masterpiece,best quality,ultra-detailed

一个男孩，单人，8 岁，背景简单，杰作，最高品质，极度详细

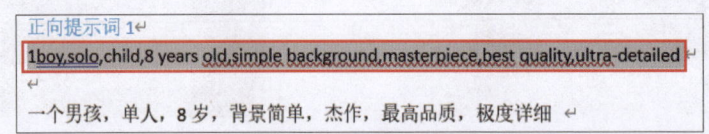

图 7-50　选择正向提示词

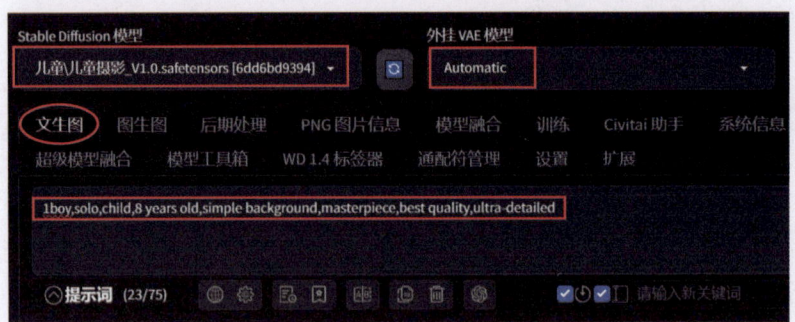

图 7-51　在“文生图”的正向提示词文本框中粘贴正向提示词

03 添加反向提示词。方法：将鼠标定位在反向提示词文本框中，然后回到“提示词 .word”文件，接着选择反向提示词“ng_deepnegative_v1_75t,badhandv4,(worst quality:1.5),(low quality:1.5),(normal quality:1.5),lowres,bad anatomy,bad hands,normal quality,((monochrome)),((grayscale)),EasyNegative”，如图 7-52 所示，按快捷键〈Ctrl+C〉进行复制，最后回到 Stable Diffusion 中，再在“文生图”的反向提示词文本框中按快捷键〈Ctrl+V〉粘贴，如图 7-53 所示。

反向提示词
ng_deepnegative_v1_75t,badhandv4,(worst quality:1.5),(low quality:1.5),(normal quality:1.5),lowres,bad anatomy,bad hands,normal quality,((monochrome)),((grayscale)),EasyNegative

ng_deepnegative_v1_75t,badhandv4，最差质量 1.5，低质量 1.5，正常质量 1.5，低分辨率，解剖结构不佳，手部不佳，正常质量，单色，灰度，EasyNegative

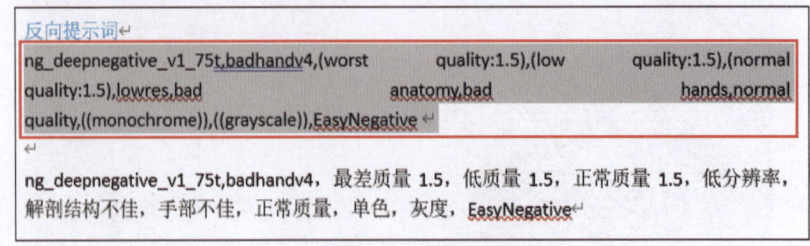

图 7-52　选择反向提示词

《《《 第 7 章 生成虚拟数字人形象

图 7-53 在"文生图"的反向提示词文本框中粘贴反向提示词

04 设置生成参数。方法：进入"生成"选项卡，将"采样方法"设置为"Euler a"，"迭代步数"设置为"30"，然后将"宽度"设置为"384"，"高度"设置为"512"，接着选中"高分辨率修复"复选框，展开其参数，将"放大算法"设置为"4x-UltraSharp"，"放大倍数"设置为"2"，此时要生成的图片尺寸就由原来的 384×512 像素放大了一倍，变为了 768×1024 像素，再接着将"高分迭代步数"设置为"15"，"重绘幅度"设置为"0.5"，从而使高分辨率修复后的图像更接近于原图，最后将"提示词引导系数"设置为"7"，"随机数种子"设置为"2988754451"，"总批次数"和"单批数量"均设置为"1"，如图 7-54 所示。

05 单击"生成"按钮，当软件计算完成后，就会根据设置好的参数生成一个虚拟数字男孩，如图 7-55 所示。

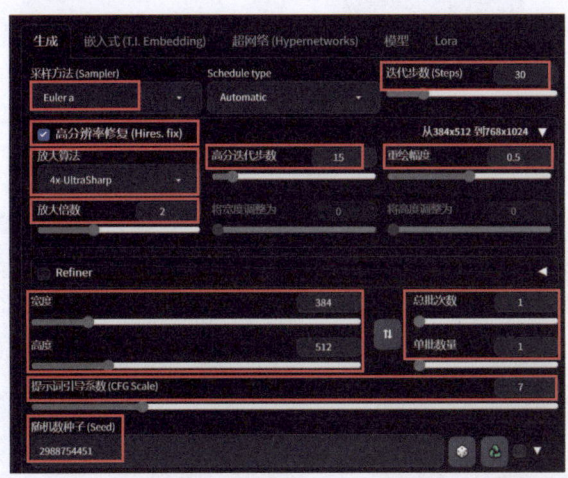
图 7-54 设置生成参数

图 7-55 生成的虚拟数字男孩

如图 7-56 所示为设置不同随机数种子生成的虚拟数字男孩。

随机数种子：2988754450

随机数种子：3505589904

随机数种子：3505589912

图 7-56 设置不同随机数种子生成的效果

2. 生成虚拟数字女孩

01 将"文生图"正向提示词中的"1boy"更改为"1girl",如图 7-57 所示,然后将"随机数种子"参数值更改为"2601711828",如图 7-58 所示,接着保持其他参数不变,单击"生成"按钮,当软件计算完成后,就会根据设置好的参数生成一个虚拟数字女孩,如图 7-59 所示。图 7-60 所示为设置不同随机数种子生成的虚拟数字女孩。

图 7-57 将"文生图"正向提示词中的"1boy"更改为"1girl"   图 7-58 更改"随机数种子"参数值   图 7-59 生成的虚拟数字女孩

随机数种子:2601711826   随机数种子:2601711861   随机数种子:2601711842

图 7-60 设置不同随机数种子生成的效果

> **提 示:** 这里需要特别说明的是在保持其他生成参数不变的情况下,仅修改"宽度"和"高度"参数值生成的结果会截然不同。图7-61所示为将"宽度"和"高度"由384×512像素更改为512×768像素后重新生成的效果。

02 至此,整个案例制作完毕。

第 7 章　生成虚拟数字人形象

　　随机数种子：2601711826　　　　随机数种子：2601711861　　　　随机数种子：2601711842

图 7-61　将"宽度"和"高度"由 384×512 像素更改为 512×768 像素后重新生成的效果

7.5　课后练习

　　1）利用"majicMIX realistic 麦橘写实 .safetensors"和"chilloutmix_NiPruned.safetensors"大模型分别生成两位女性虚拟数字人。

　　2）利用"儿童摄影 _V1.0.safetensors"大模型分别生成一个虚拟数字男孩和一个虚拟数字女孩。

第8章 给数字模特更换服装

本章重点

利用 Stable Diffusion 可以给 AI 生成的数字模特更换任意服装。通过本章的学习，读者应掌握利用 Stable Diffusion 给人物换装的方法。

8.1 更换衣服上的图案

 要点：

本节将把数字模特衣服上的原有图案更换为鲜花图案，如图8-1所示。通过本节的学习，读者应掌握通过设置大模型确定图像风格、在"图生图"→"生成"→"局部重绘"选项卡中绘制出要更换图案的区域、设置提示词和生成参数的方法。

扫码看视频

a)

b)

c)

图 8-1 更换衣服上的图案
a) 原图 b) 结果图 1 c) 结果图 2

操作步骤：

01 启动 Stable Diffusion，然后选择写实类的 "majicMIX realistic 麦橘写实.safetensors" 大模型，接着将"外挂 VAE 模型"设置为 "vae-ft-mse-840000-ema-pruned.safetensors"。

02 进入"图生图"选项卡，然后进入"生成"→"局部重绘"选项卡，单击"点击上传"，从弹出的"打开"对话框中选择本书配套网盘中的"源文件\8.1　更换衣服上的图案\原图.png"

- 138 -

第 8 章 给数字模特更换服装

文件，如图 8-2 所示，单击"打开"按钮，接着为了便于操作，再单击 （使用画笔）按钮，将画笔笔头调大一些，效果如图 8-3 所示。

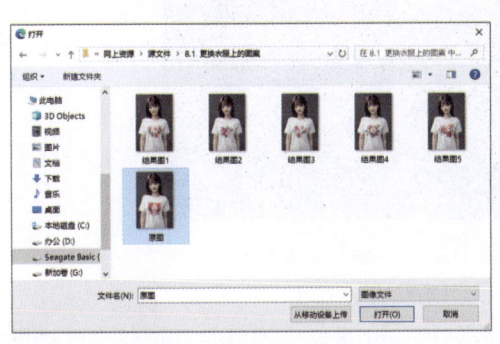

图 8-2　选择"原图 .png"

图 8-3　在"局部重绘"中导入图片

03 利用 （使用画笔）工具在衣服上绘制出要添加鲜花图案的区域，如图 8-4 所示。

04 添加正向提示词。方法：在"图生图"选项卡的正向提示词文本框中输入"flower pattern on clothes"（衣服上的鲜花图案），如图 8-5 所示。

图 8-4　在衣服上绘制出要添加鲜花图案的区域

图 8-5　输入"flower pattern on clothes"

05 添加反向提示词。方法：将鼠标定位在反向提示词文本框中，然后进入"嵌入式"选项卡，从中选择"badhandv4""EasyNegative"和"ng_deepnegative_vl_75t"，此时选择的嵌入式就被添加到反向提示词文本框中了，如图 8-6 所示。

- 139 -

AIGC 绘画创作——Midjourney 和 Stable Diffusion 生成创意图像

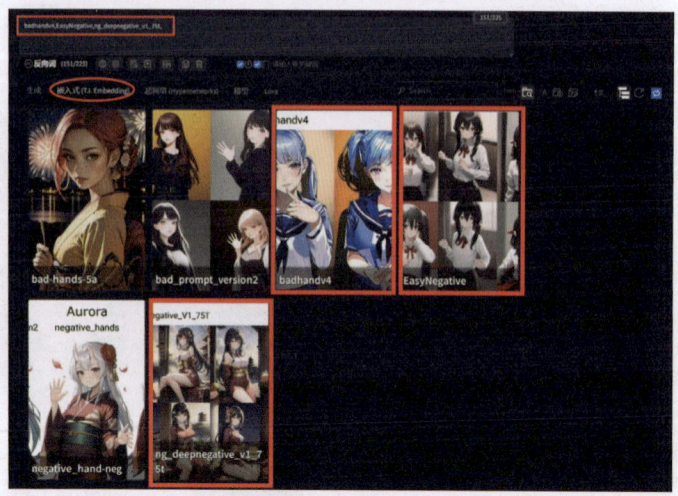

图 8-6　将选择的嵌入式添加到反向提示词文本框中

06 设置生成参数。方法：在"生成"选项卡中将"缩放模式"设置为"仅调整大小"，"蒙版模式"设置为"重绘蒙版内容"，"蒙版区域内容处理"设置为"原版"，从而使生成结果完全参考原图，然后将"重绘区域"设置为"仅蒙版区域"，"采样方法"设置为"DPM++2M"，"迭代步数"加大为"25"，接着单击 ▲ （从图生图自动检测图像尺寸）按钮，将要生成的图像尺寸设置为与原图一致，最后将"提示词引导系数"设置为"7"，"重绘幅度"设置为"0.75"，"总批次数"设置为"6"，如图 8-7 所示，也就是一次生成 6 个结果。

07 单击"生成"按钮，当软件计算完成后，就可以生成一张包含 6 个结果的缩略图了，如图 8-8 所示。此时可以从生成的结果中选择两个自己满意的效果。

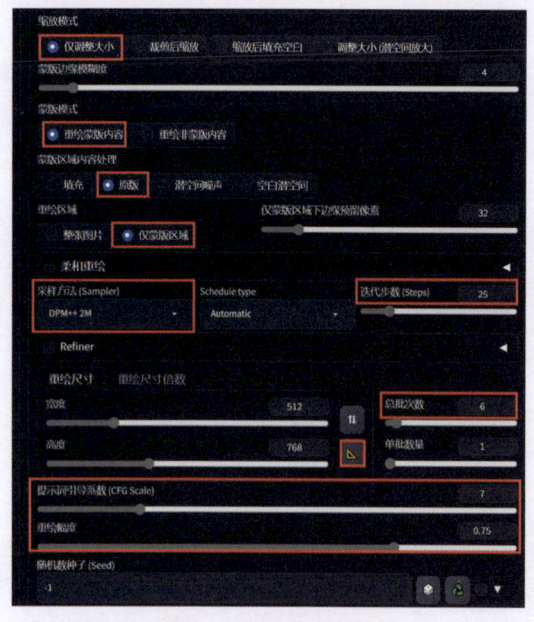

图 8-7　设置生成参数　　　　　　　　图 8-8　生成一张包含 6 个结果的缩略图

— 140 —

第 8 章 给数字模特更换服装

08 至此,整个案例制作完毕。

8.2 统一衣服的颜色

 要点:

本节将分别去除两个数字模特T恤衫的肩部和下部的白色色块,从而统一衣服的颜色,如图8-9所示,通过本节的学习,读者应掌握通过设置大模型来确定图像风格的方法,以及"Inpaint Anything"选项卡、重绘提示词和"高级选项"的应用。

扫码看视频

　　a)　　　　　　　　b)　　　　　　　　c)　　　　　　　　d)

图 8-9　统一衣服的颜色
a) 原图 1　b) 结果图 1　c) 原图 2　d) 结果图 2

 操作步骤:

1. 去除数字模特T恤衫肩部的白色

01 启动 Stable Diffusion,然后选择写实类的"majicMIX realistic 麦橘写实.safetensors"大模型,接着将"外挂 VAE 模型"设置为"vae-ft-mse-840000-ema-pruned.safetensors"。

02 进入"Inpaint Anything"选项卡,然后将"Segment Anything 模型 ID"设置为"sam_vit_l_0b3195.pth",接着单击"点击上传",从弹出的"打开"对话框中选择本书配套网盘中的"源文件\8.2　统一衣服的颜色\原图 1.png"文件,如图 8-10 所示,单击"打开"按钮,从而将其输入到"Inpaint Anything"选项卡。

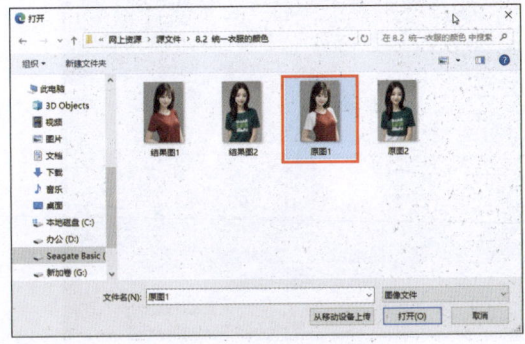

图 8-10　选择"原图 1.png"

- 141 -

AIGC 绘画创作——Midjourney 和 Stable Diffusion 生成创意图像

03 单击"运行 Segment Anything"按钮，此时在右侧可以看到"原图 1.png"中的不同区域被分成不同色块进行显示，如图 8-11 所示。

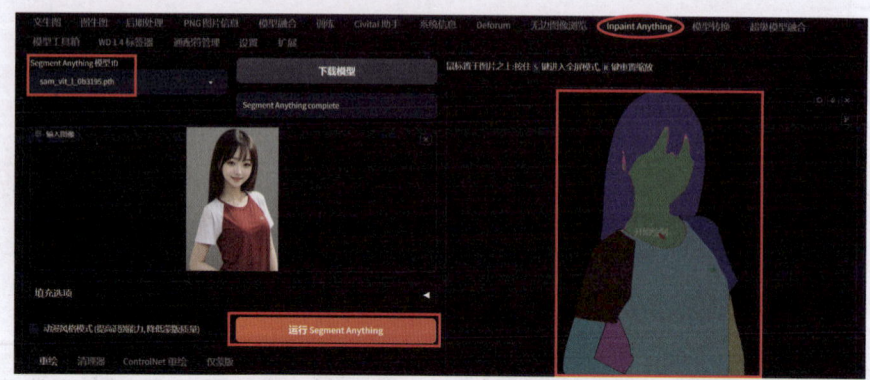

图 8-11 "原图 1.png"中的不同区域被分成不同色块进行显示

04 利用 ![笔] （使用画笔）工具在要去除的 T 恤衫肩部色块的位置进行拖动，然后单击"创建蒙版"按钮，如图 8-12 所示，此时在下方软件会根据拖动区域的色块创建两个白色蒙版，如图 8-13 所示。

图 8-12 单击"创建蒙版"按钮　　　　图 8-13 创建两个白色蒙版

05 为了使蒙版与画面更好地融合，下面将"拓展蒙版迭代数"加大为"2"，然后单击"展开蒙版区域"按钮，如图 8-14 所示，此时蒙版区域就被扩大了。

图 8-14 单击"展开蒙版区域"按钮

- 142 -

第 8 章 给数字模特更换服装

06 去除 T 恤衫肩部的白色色块。方法：进入"重绘"选项卡，然后在"重绘提示词"文本框中输入"red"，接着展开"高级选项"，将"采样方法"设置为"Euler a"，"迭代步数"设置为"25"，再将"重绘模型 ID"设置为"Uminosachi/realisticVisionV51_v51VAE-inpainting"，最后单击"运行重绘"按钮，如图 8-15 所示，在软件计算完成后，就可以看到 T 恤衫肩部的白色色块被统一为红色，如图 8-16 所示。

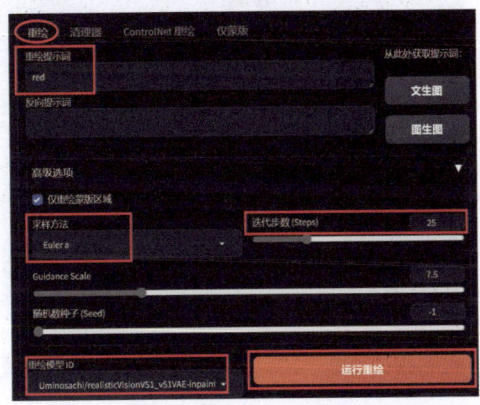
图 8-15 单击"运行重绘"按钮

图 8-16 T 恤衫肩部的白色色块被统一为红色

2. 去除数字模特T恤衫下方的白色

01 在"Inpaint Anything"选项卡中单击 ✕（关闭）按钮，关闭"原图 1.png"。然后单击"点击上传"，从弹出的"打开"对话框中选择本书配套网盘中的"源文件\8.2　统一衣服的颜色\原图 2.png"文件，单击"打开"按钮，从而将其输入到"Inpaint Anything"选项卡。接着单击"运行 Segment Anything"按钮，此时在右侧可以看到"原图 2.png"中的不同区域被分成不同色块进行显示，如图 8-17 所示。

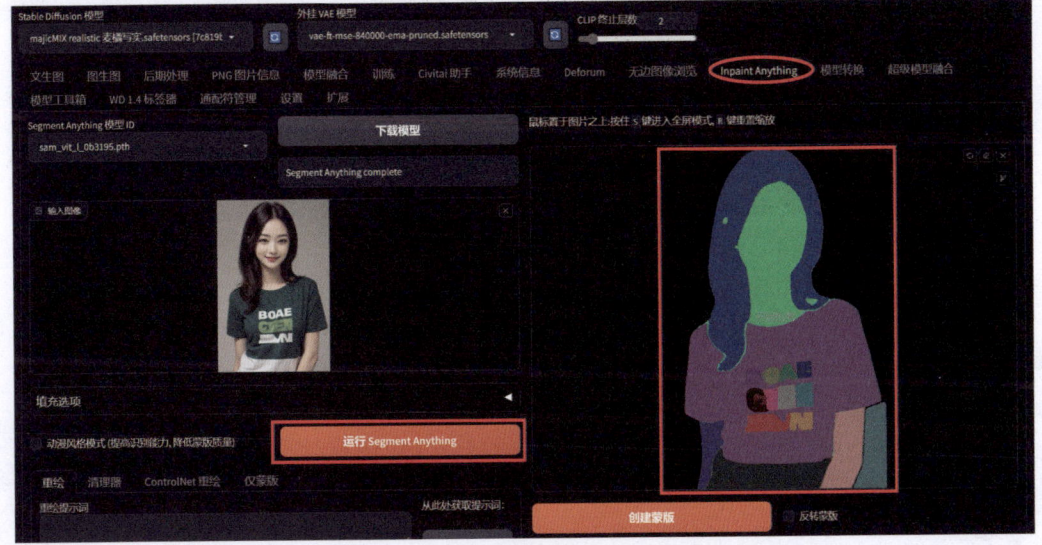
图 8-17 "原图 2.png"中的不同区域被分成不同色块进行显示

- 143 -

AIGC 绘画创作——Midjourney 和 Stable Diffusion 生成创意图像

02 利用 ✏（使用画笔）工具在要去除的 T 恤衫下方色块的位置进行拖动，然后单击"创建蒙版"按钮，如图 8-18 所示，此时在下方软件会根据拖动区域的色块创建一个白色蒙版。接着为了使蒙版与画面更好地融合，再将"拓展蒙版迭代数"加大为"2"，单击"展开蒙版区域"按钮，如图 8-19 所示，此时蒙版区域就被扩大了。

图 8-18 "原图 2.png"中的不同区域被分成不同色块进行显示

图 8-19 单击"展开蒙版区域"按钮

03 进入"重绘"选项卡，然后在"重绘提示词"文本框中将提示词更改为"green"，接着保持其他参数不变，单击"运行重绘"按钮，如图 8-20 所示，在软件计算完成后就可以看到 T 恤衫下方的白色色块被统一为绿色，如图 8-21 所示。

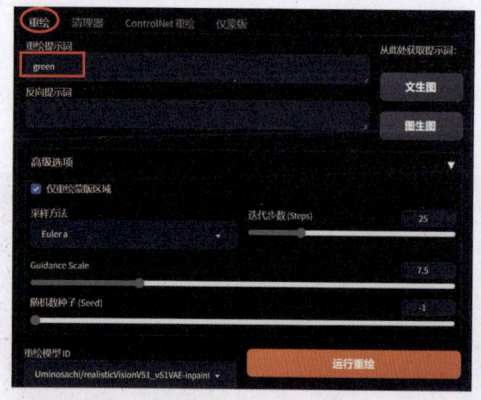

图 8-20 将"重绘提示词"更改为"green"

图 8-21 T 恤衫下方的白色色块被统一为绿色

04 至此，整个案例制作完毕。

8.3 给数字模特更换服装1

要点：

本节将把数字模特身上的T恤衫更改为不同颜色的毛衣，如图8-22所示，通过本节

扫码看视频

- 144 -

第 8 章 给数字模特更换服装

的学习，读者应掌握通过设置大模型来确定图像风格的方法，以及"Inpaint Anything"选项卡、重绘提示词和"高级选项"的应用。

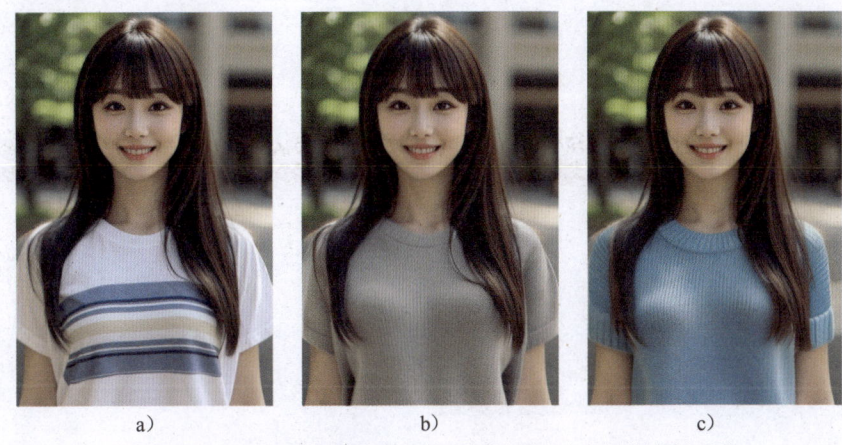

图 8-22　把数字模特身上的 T 恤衫更改为不同颜色的毛衣
a）原图　b）结果图 1　c）结果图 2

操作步骤：

01　启动 Stable Diffusion，然后选择写实类的"majicMIX realistic 麦橘写实.safetensors"大模型，接着将"外挂 VAE 模型"设置为"vae-ft-mse-840000-ema-pruned.safetensors"。

02　进入"Inpaint Anything"选项卡，然后将"Segment Anything 模型 ID"设置为"sam_vit_1_0b3195.pth"，接着单击"点击上传"，从弹出的"打开"对话框中选择本书配套网盘中的"源文件 \8.3　给数字模特更换服装 1\ 原图 .png"文件，如图 8-23 所示，单击"打开"按钮，从而将其输入到"Inpaint Anything"选项卡。

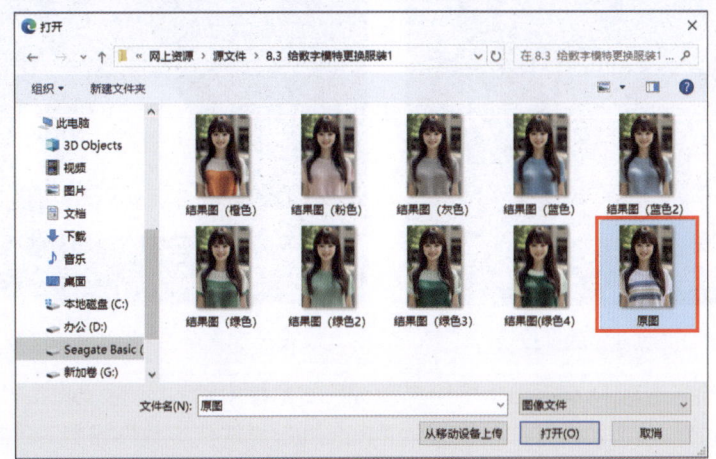

图 8-23　选择"原图 .png"

03　单击"运行 Segment Anything"按钮，此时在右侧可以看到"原图 .png"中的不同区

- 145 -

域被分成不同色块进行显示，如图8-24所示。

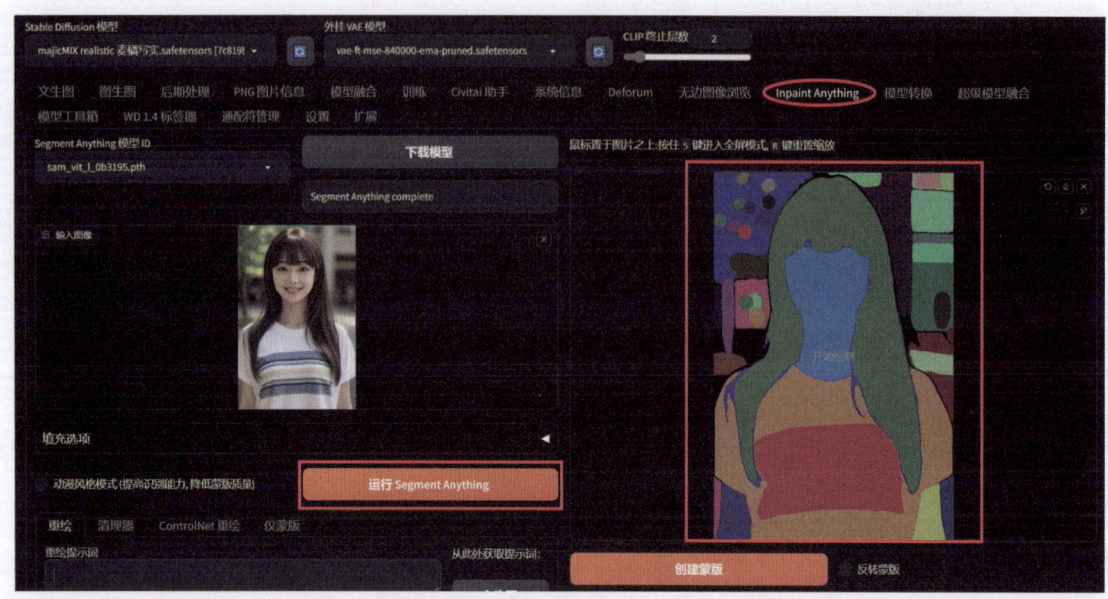

图8-24 "原图.png"中的不同区域被分成不同色块进行显示

04 利用 ✏（使用画笔）工具在要更换衣服的色块上进行拖动，然后单击"创建蒙版"按钮，如图8-25所示，此时在下方软件会根据拖动区域的色块创建一个白色蒙版。

05 为了使蒙版与画面更好地融合，下面将"拓展蒙版迭代数"加大为"1"，然后单击"展开蒙版区域"按钮，如图8-26所示，此时蒙版区域就被扩大了。

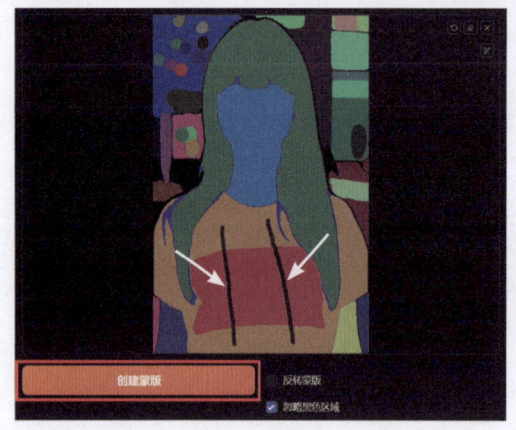

图8-25 单击"创建蒙版"按钮

图8-26 单击"展开蒙版区域"按钮

06 进入"重绘"选项卡，然后在"重绘提示词"文本框中输入"gray sweater"（灰色毛衣），接着展开"高级选项"，将"采样方法"设置为"Euler a"，"迭代步数"设置为"20"，再将"重绘模型ID"设置为"Uminosachi/realisticVisionV51_v51VAE-inpainting"，最后单击"运行重绘"按钮，如图8-27所示，在软件计算完成后，就可以看到数字模特身上的T恤衫被更改为灰色毛衣了，如图8-28所示。

第 8 章 给数字模特更换服装

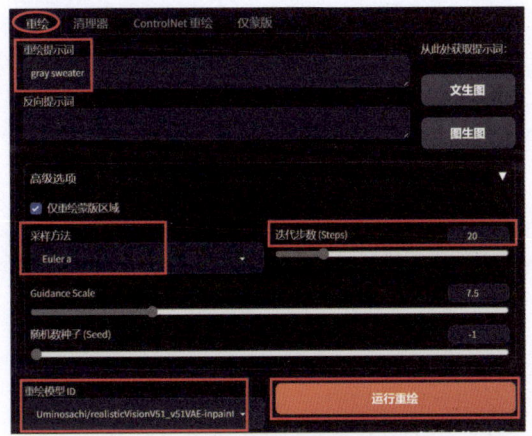

图 8-27 单击"运行重绘"按钮

图 8-28 数字模特身上的 T 恤衫被更改为灰色毛衣

07 将"重绘提示词"更改为"bule sweater"(蓝色毛衣),然后单击"运行重绘"按钮,在软件计算完成后,就可以看到数字模特身上的灰色毛衣被更改为蓝色毛衣了,如图 8-29 所示。

图 8-29 数字模特身上的灰色毛衣被更改为蓝色毛衣

08 至此,整个案例制作完毕。

8.4 给数字模特更换服装2

要点:

本节将制作服装电商产品中经常见到的一种操作:将数字模特身上的白色衬衫更改为不同颜色的衬衫,然后将衬衫更改为T恤衫的效果,如图8-30所示,通过本节的学习,读者应掌握通过设置大模型来确定图像风格的方法,以及"Inpaint Anything"选项卡、重绘提示词和"高级选项"的应用。

扫码看视频

- 147 -

AIGC 绘画创作——Midjourney 和 Stable Diffusion 生成创意图像

a)　　　　　　　　　b)　　　　　　　　　c)　　　　　　　　　d)

图 8-30　更改数字模特的衬衫颜色，再将衬衫更换为 T 恤衫

a）原图　b）结果图（蓝色衬衫）　c）结果图（绿色衬衫）　d）结果图（红色 T 恤衫）

操作步骤：

1. 将数字模特身上的白色衬衫更改为不同颜色的衬衫

01 启动 Stable Diffusion，然后选择写实类的"majicMIX realistic 麦橘写实.safetensors"大模型，接着将"外挂 VAE 模型"设置为"vae-ft-mse-840000-ema-pruned.safetensors"。

02 进入"Inpaint Anything"选项卡，然后将"Segment Anything 模型 ID"设置为"sam_vit_l_0b3195.pth"，接着单击"点击上传"，从弹出的"打开"对话框中选择本书配套网盘中的"源文件\8.4　给数字模特更换服装 2\ 原图 .png"文件，如图 8-31 所示，单击"打开"按钮，从而将其输入到"Inpaint Anything"选项卡。

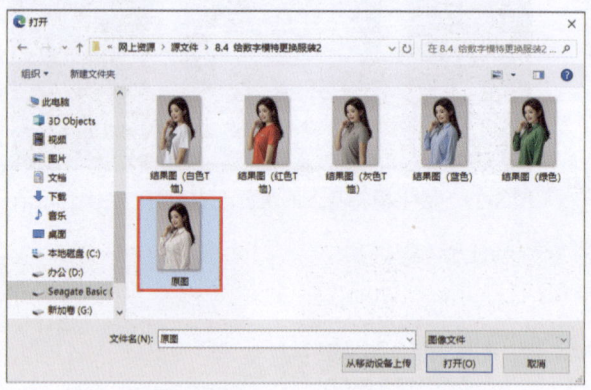

图 8-31　选择"原图 .png"文件

03 单击"运行 Segment Anything"按钮，此时在右侧可以看到"原图 .png"中的不同区域被分成不同色块进行显示，如图 8-32 所示。

04 利用 （使用画笔）工具在要更换衬衫的色块上分别进行拖动，然后单击"创建蒙版"按钮，如图 8-33 所示，此时在下方软件会根据拖动区域的色块创建一个衬衫的白色蒙版。

05 为了使蒙版与画面更好地融合，下面将"拓展蒙版迭代数"加大为"1"，然后单击"展开蒙版区域"按钮，如图 8-34 所示，此时蒙版区域就被扩大了。

第 8 章 给数字模特更换服装

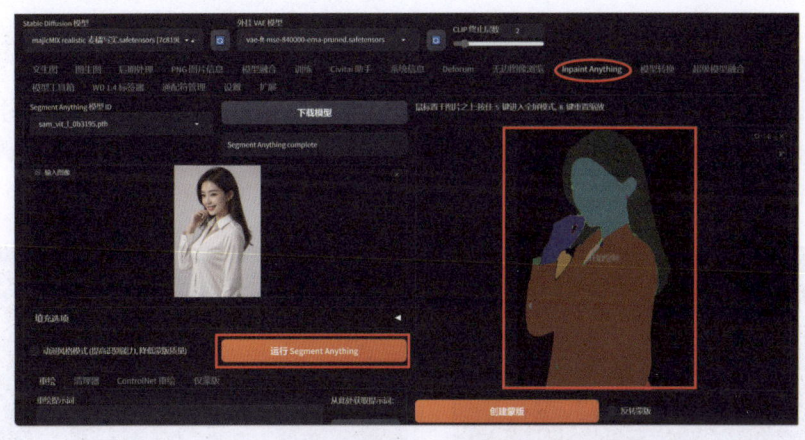

图 8-32 "原图 .png"中的不同区域被分成不同色块进行显示

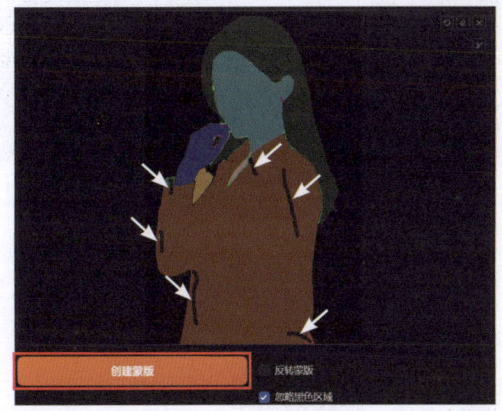

图 8-33 单击"创建蒙版"按钮

图 8-34 单击"展开蒙版区域"按钮

06 此时衬衫以外产生了多余的蒙版区域，接下来要去除这些多余的蒙版区域。方法：单击 ■（使用画笔）按钮，然后设置一个较大的笔头，接着在要添加蒙版的区域进行拖动，如图 8-35 所示，最后单击"根据草图修剪蒙版"按钮，此时衬衫以外多余的蒙版区域就被去除了，效果如图 8-36 所示。

图 8-35 在要添加蒙版的区域进行拖动

图 8-36 衬衫以外多余的蒙版区域被去除

AIGC 绘画创作——Midjourney 和 Stable Diffusion 生成创意图像 》》》

07 进入"重绘"选项卡,然后在"重绘提示词"文本框中输入"blue shirt"(蓝色衬衫),接着展开"高级选项",将"采样方法"设置为"Euler a","迭代步数"设置为"20",再将"重绘模型 ID"设置为"Uminosachi/realisticVisionV51_v51VAE-inpainting",最后单击"运行重绘"按钮,如图 8-37 所示,在软件计算完成后,就可以看到数字模特身上的白色衬衫被更改为蓝色衬衫了,如图 8-38 所示。

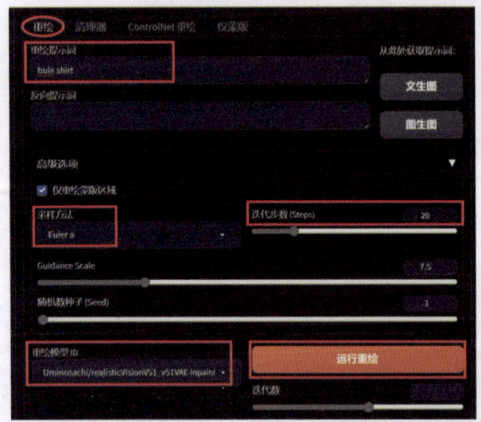
图 8-37　单击"运行重绘"按钮

图 8-38　生成的蓝色衬衫效果

08 将"重绘提示词"中的"blue shirt"(蓝色衬衫)更改为"green shirt"(绿色衬衫),然后单击"运行重绘"按钮,在软件计算完成后,就可以看到数字模特身上的蓝色衬衫被更改为绿色衬衫了,如图 8-39 所示。

图 8-39　生成的绿色衬衫效果

2. 将衬衫更改为T恤衫的效果

01 将"重绘提示词"中的"green shirt"(绿色衬衫)更改为"red T shirt"(红色 T 恤衫),如图 8-40 所示,然后单击"运行重绘"按钮,在软件计算完成后,就可以看到数字模特身上的绿色衬衫被更改为红色 T 恤衫了,如图 8-41 所示。

02 至此,整个案例制作完毕。

《《《 第 8 章　给数字模特更换服装

图 8-40　更改"重绘提示词"　　　　图 8-41　生成的红色 T 恤衫效果

8.5　给数字模特更换服装3

**要点：**

　　本节将制作服装电商产品中经常见到的一种操作：将数字模特身上的T恤衫更改为不同样式、不同颜色的服装的效果，如图8-42所示，通过本节的学习，读者应掌握通过设置大模型来确定图像风格的方法，以及"Inpaint Anything"选项卡、重绘提示词和"高级选项"的应用。

扫码看视频

图 8-42　将数字模特身上的 T 恤衫更改为不同样式、不同颜色服装的效果

　　a）原图　b）灰色毛衣　c）蓝色毛衣　d）绿色毛衣　e）橙色毛衣　f）白色圆形大领口 T 恤衫　g）白色圆形小领口 T 恤衫
　　h）红色条纹 T 恤衫　i）绿色条纹 T 恤衫　j）红色褶边衬衫

- 151 -

操作步骤：

1. 将数字模特身上的白色衬衫更改为不同颜色的毛衣

01 启动 Stable Diffusion，然后选择写实类的"majicMIX realistic 麦橘写实.safetensors"大模型，接着将"外挂 VAE 模型"设置为"vae-ft-mse-840000-ema-pruned.safetensors"。

02 进入"Inpaint Anything"选项卡，然后将"Segment Anything 模型 ID"设置为"sam_vit_l_0b3195.pth"，接着单击"点击上传"，从弹出的"打开"对话框中选择本书配套网盘中的"源文件\8.5 给数字模特更换服装3\原图.png"文件，如图8-43所示，单击"打开"按钮，从而将其输入到"Inpaint Anything"选项卡。

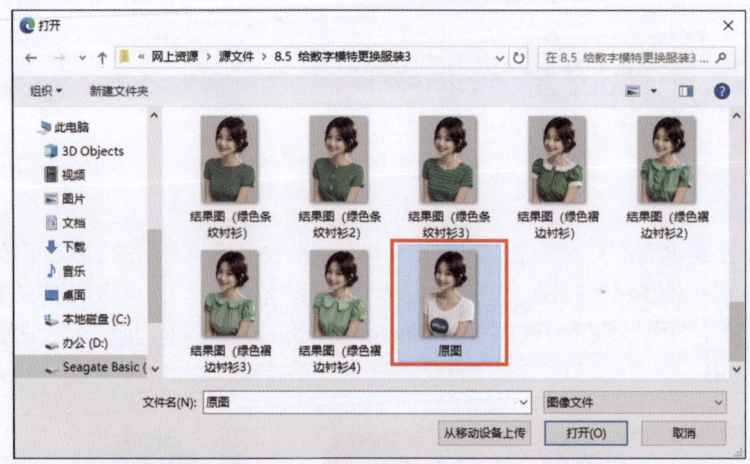

图 8-43 选择"原图.png"文件

03 单击"运行 Segment Anything"按钮，此时在右侧可以看到"原图.png"中的不同区域被分成不同色块进行显示，如图8-44所示。

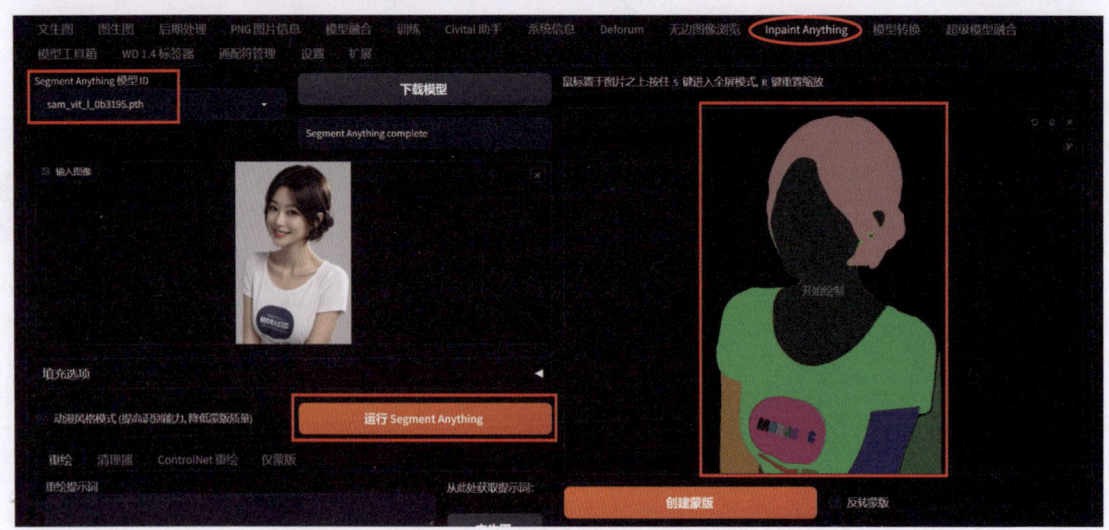

图 8-44 "原图.png"中的不同区域被分成不同色块进行显示

- 152 -

第 8 章 给数字模特更换服装

04 利用 ![笔] （使用画笔）工具在要更换衬衫的色块上分别进行拖动，然后单击"创建蒙版"按钮，如图 8-45 所示，此时在下方软件会根据拖动区域的色块创建一个衬衫的白色蒙版。

05 为了使蒙版与画面更好地融合，下面将"拓展蒙版迭代数"加大为"1"，然后单击"展开蒙版区域"按钮，如图 8-46 所示，此时蒙版区域就被扩大了。

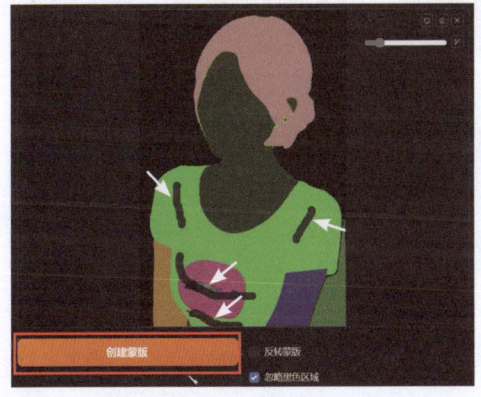

图 8-45 单击"创建蒙版"按钮

图 8-46 单击"展开蒙版区域"按钮

06 进入"重绘"选项卡，然后将"重绘提示词"文本框中输入"gray sweater"（灰色毛衣），接着展开"高级选项"，将"采样方法"设置为"Euler a"，"迭代步数"设置为"20"，再将"重绘模型 ID"设置为"Uminosachi/realisticVisionV51_v51VAE-inpainting"，最后单击"运行重绘"按钮，如图 8-47 所示，在软件计算完成后，就可以看到数字模特身上的白色 T 恤衫被更换为灰色毛衣了，如图 8-48 所示。

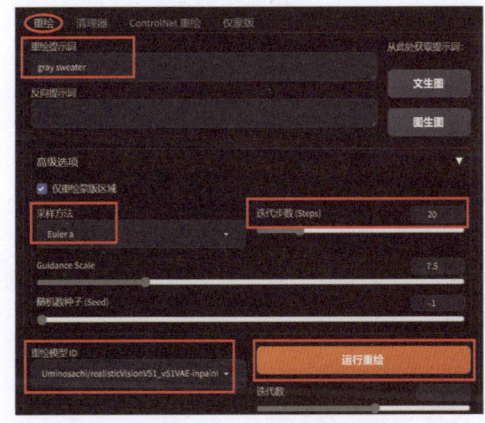

图 8-47 单击"运行重绘"按钮

图 8-48 生成的灰色毛衣效果

07 将"重绘提示词"中的"gray sweater"（灰色毛衣）分别更改为"blue sweater"（蓝色毛衣）、"green sweater"（绿色毛衣）和"orange sweater"（橙色毛衣），然后单击"运行重绘"按钮，生成的效果如图 8-49 所示。

- 153 -

图 8-49　生成不同颜色的毛衣效果

2. 将数字模特身上的毛衣更改为不同样式的T恤衫和花边衬衫

（1）将数字模特身上的毛衣更改为白色大领口 T 恤衫

将"重绘提示词"中的提示词更改为"white shirt"（白色衬衫），然后单击"运行重绘"按钮，生成的效果如图 8-50 所示。

（2）将数字模特身上的毛衣更改为白色小领口 T 恤衫

01 调整蒙版大小。方法：利用 ✎（使用画笔）工具在要添加蒙版的位置进行拖动，然后单击"根据草图添加蒙版"按钮，如图 8-51 所示，此时整个蒙版如图 8-52 所示。

02 单击"运行重绘"按钮，在软件计算完成后，就可以看到数字模特身上的白色大领口 T 恤衫就被更换为白色小领口 T 恤衫了，如图 8-53 所示。

图 8-50　生成白色大领口的 T 恤衫效果

图 8-51　单击"根据草图添加蒙版"按钮　　　　图 8-52　整个蒙版

（3）将数字模特身上的白色小领口 T 恤衫更改为不同颜色的条纹 T 恤衫

将"重绘提示词"中的提示词分别更改为"red striped_shirt"（红色条纹衬衫）和"green striped_shirt"（绿色条纹衬衫），然后单击"运行重绘"按钮，生成的效果如图 8-54 所示。

图 8-53　生成白色小领口的 T 恤衫效果　　　　图 8-54　生成不同颜色的条纹 T 恤衫

（4）将数字模特身上的服装更改为不同颜色的褶边衬衫。

01 将"重绘提示词"中的提示词分别更改为"red-frilled shirt"（红色褶边衬衫）、"blue-frilled shirt"（蓝色褶边衬衫）、"green-striped_shirt"（绿色褶边衬衫）和"pink-striped_shirt"（粉色褶边衬衫），然后单击"运行重绘"按钮，生成的效果如图 8-55 所示。

图 8-55　生成不同颜色的褶边衬衫

02 至此，整个案例制作完毕。

8.6　课后练习

将一位数字模特的上衣更换为不同颜色的毛衣、T 恤衫和褶边衬衫。

第9章　人物图像处理

本章重点

利用 Stable Diffusion 可以十分轻松地进行人物图像的各种处理（如将模糊照片变清晰、给黑白动漫线稿图上色、给人物换脸、根据一张人物图片生成一组类似姿态的图片等）。通过本章的学习，读者应掌握利用 Stable Diffusion 进行人物图像处理的方法。

9.1　模糊图片变清晰

 要点：

本节将对两张 AI 生成的模糊人物进行高清修复处理，如图 9-1 所示。通过本节的学习，读者应掌握通过设置大模型来确定图像风格的方法，以及 ControlNet 中的 "Tiled（分块）" 控制器和 "预设样式" 的应用。

扫码看视频

　　　a)　　　　　　　　b)　　　　　　　　c)　　　　　　　　d)

图 9-1　模糊图片变清晰的效果
a) 原图 1　b) 结果图 1　c) 原图 2　d) 结果图 2

 操作步骤：

1. 模糊人物图片变清晰 1

（1）对模糊人物图片进行初步清晰处理

01 启动 Stable Diffusion，然后选择写实类的 "majicMIX realistic 麦橘写实.safetensors" 大模型，接着将 "外挂 VAE 模型" 设置为 "vae-ft-mse-840000-ema-pruned.safetensors"。

02 根据图片反推出正向提示词。方法：进入 "WD1.4 标签器" 选项卡，然后单击 "点击上传"，接着在弹出的 "打开" 对话框中选择本书配套网盘中的 "源文件\9.1　将模糊人物图片变清晰效果\原图 1.png" 文件，如图 9-2 所示，单击 "打开" 按钮，此时软件会根据这张图片反推出正向提示词，如图 9-3 所示。

03 单击 "发送到文生图" 按钮，从而将反推出的提示词添加到 "文生图" 的正向提示词文本框中，如图 9-4 所示。

第 9 章 人物图像处理

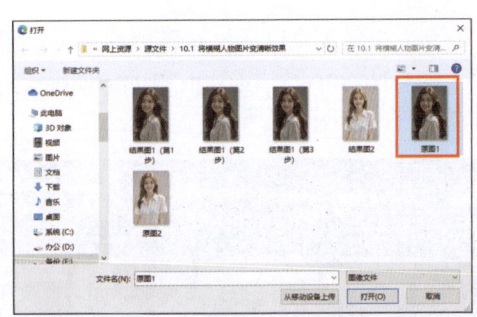

图 9-2 选择"原图 1.png"

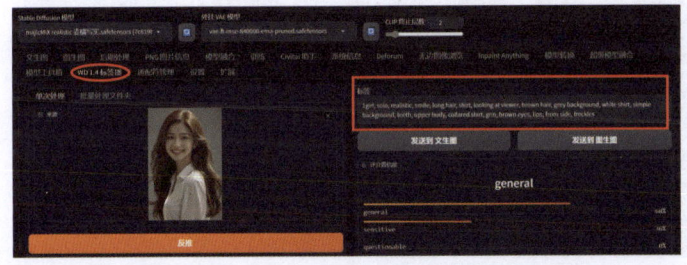

图 9-3 反推出"原图 1.png"的正向提示词

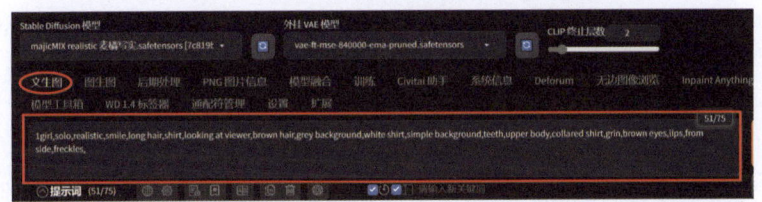

图 9-4 将反推出的提示词添加到"文生图"的正向提示词文本框中

04 修改正向提示词。方法：单击正向提示词文本框下方"提示词"左侧的 ⌃ 按钮，显示出正向提示词中的关键词，此时"freckles"（雀斑）关键词是多余的，单击"freckles"（雀斑）关键词右侧的 × 按钮，如图 9-5 所示，从而在正向提示词中删除这个关键词，如图 9-6 所示。

图 9-5 单击"freckles"（雀斑）关键词右侧的 × 按钮

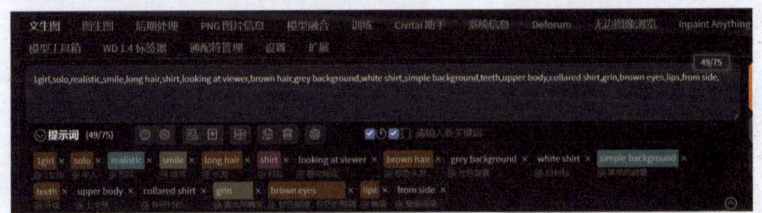

图 9-6 修改后的正向提示词

- 157 -

05 添加反向提示词。方法：将鼠标定位在反向提示词文本框中，然后进入"嵌入式"选项卡，从中选择"badhandv4""EasyNegative"和"ng_deepnegative_v1_75t"，此时选择的嵌入式就被添加到反向提示词文本框中了，如图9-7所示。

图9-7 将选择的嵌入式添加到反向提示词文本框中

06 添加"Tile（分块）"控制器。方法：进入"生成"选项卡，然后展开ControlNet参数，单击"点击上传"，从弹出的"打开"对话框中同样选择本书配套网盘中的"源文件\9.1 将模糊人物图片变清晰效果\原图1.png"文件，单击"打开"按钮，再选中"启用""完美像素模式"和"允许预览"3个复选框，接着将"控制类型"设置为"Tile（分块）"，再将"预处理器"设置为"tile_resample"、将"模型"设置为"control_v11f1e_sd15_tile_fp16"，最后单击 💥 （预处理）按钮，此时就可以看到预处理的效果了，如图9-8所示。

07 设置其他生成参数。方法：单击 ↪ （将当前图片尺寸信息发送到生成设置）按钮，此时在"生成"选项卡中就可以看到"宽度"和"高度"同步为"原图1.png"的尺寸了。然后将"采样方法"设置为"DPM++2M"，"迭代步数"加大为"25"，接着将"总批次数"设置为"1"，如图9-9所示。

图9-8 设置ControlNet参数

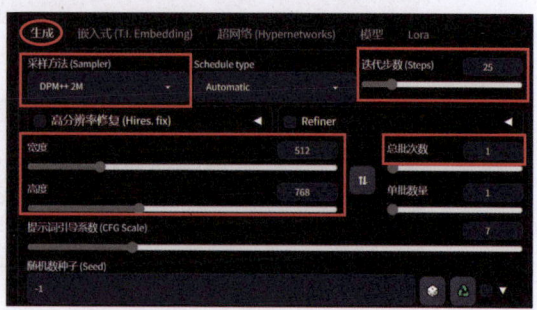

图9-9 设置其他生成参数

《《《 第9章 人物图像处理

08 单击"生成"按钮，此时软件会根据提供的提示词和生成参数开始进行计算，当计算完成后，就可以看到模糊的人物图片变清晰的效果了，如图 9-10 所示。

（2）对生成的图像进行再次高清修复处理

01 在"生成"选项卡中选中"高分辨率修复"复选框，然后展开其参数，将"放大算法"设置为写实类的"R-ESRGAN 4x+"，"放大倍数"设置为"2"，此时要生成的图片尺寸就由原来的 512×768 像素放大了一倍，变为了 1024×1536 像素，接着将"高分迭代步数"设置为"10"，"重绘幅度"设置为"0.5"，如图 9-11 所示，从而使高分辨率修复后的图像更接近于原图。

02 选中"启用 After Detailer"复选框，启用脸部修复，如图 9-12 所示。然后选中"Tiled Diffusion"复选框，从而将图像分割成若干块，分别进行计算，再重新组合。接着选中"Tiled VAE"复选框，如图 9-13 所示，这样可以避免因为显存不足而无法生成图像的错误。

03 单击"生成"按钮，当计算完成后，就可以看到对人物高清修复的效果了，如图 9-14 所示。

图 9-10 模糊的人物图片变清晰的效果

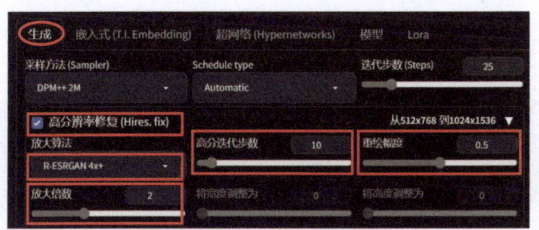

图 9-11 设置"高分辨率修复"参数

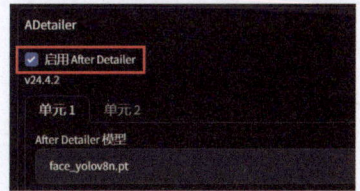

图 9-12 选中"启用 After Detailer"复选框

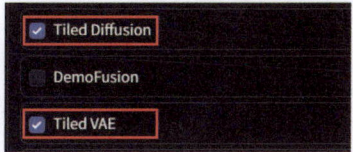

图 9-13 选中"Tiled VAE"复选框

图 9-14 对人物高清修复的效果

- 159 -

AIGC 绘画创作——Midjourney 和 Stable Diffusion 生成创意图像

> **提 示：** 将高清修复前、后的图像都放大为500%，可以清楚地看到高清修复前的图像明显变模糊了，而高清修复后的图像依然很清晰，如图9-15所示。
>
>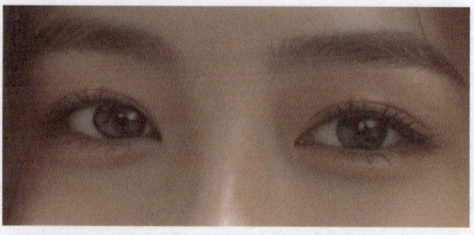
>
> a) b)
> 图 9-15　高清修复前、后的效果对比
> a）高清修复前　b）高清修复后

（3）增强人物的脸部细节和光影效果

01 在"预设样式"下拉列表中选择"真实系"预设样式，如图 9-16 所示，然后单击 ■（将所有选择的预设样式添加到提示词中）按钮，如图 9-17 所示，即可将选择样式的提示词添加到"文生图"的正向和反向提示词文本框中，如图 9-18 所示。

图 9-16　选择"真实系"预设样式

图 9-17　单击 ■ 按钮

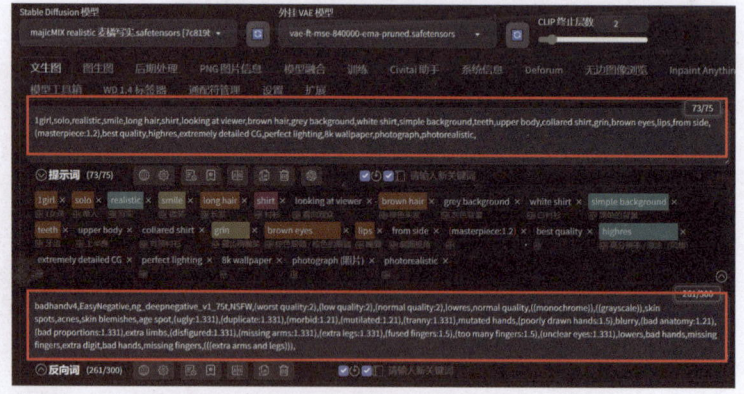

图 9-18　将选择样式的提示词添加到"文生图"的正向和反向提示词文本框中

02 单击"生成"按钮，当计算完成后，就可以看到人物的脸部细节明显增强了，而且产生了真实的光影效果，如图 9-19 所示。

> **提 示：** 将高清修复前、后的图像都放大为300%，可以清楚地看到高清修复前的图像明显变模糊了，而高清修复后的图像依然很清晰，如图9-20所示。

第 9 章　人物图像处理

图 9-19　添加"真实系"预设样式的效果

　　　　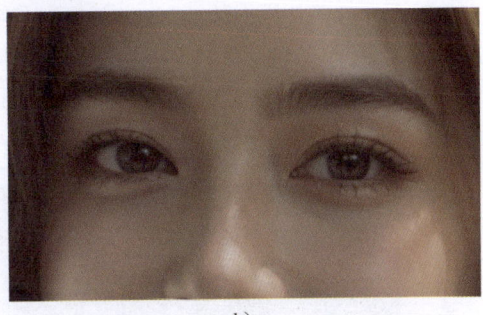

　　　　　　a）　　　　　　　　　　　　　　　　b）

图 9-20　添加"真实系"预设样式前后的效果对比
a）添加预设样式前　b）添加预设样式后

2. 模糊人物图片变清晰2

01 在"文生图"选项卡的正向提示词文本框中选择"原图 1.png"的相关描述词，如图 9-21 所示，然后按〈Delete〉键进行删除，如图 9-22 所示。

图 9-21　在正向提示词文本框中选择"原图 1.png"的相关描述词

图 9-22　删除"原图 1.png"的相关描述词

- 161 -

AIGC 绘画创作——Midjourney 和 Stable Diffusion 生成创意图像

02 根据"原图 2.png"反推出正向提示词。方法：进入"WD1.4 标签器"选项卡，然后关闭"原图 1.png"，再单击"点击上传"，接着在弹出的"打开"对话框中选择本书配套网盘中的"源文件\9.1　将模糊人物图片变清晰效果\原图 2.png"文件，单击"打开"按钮，此时软件会根据这张图片反推出正向提示词，如图 9-23 所示。

图 9-23　根据"原图 2.png"反推出正向提示词

03 选择反推出的"原图 2.png"的提示词，按快捷键〈Ctrl+C〉进行复制，然后回到"文生图"选项卡，再将鼠标定位在正向提示词文本框中，接着按快捷键〈Ctrl+V〉粘贴复制好的提示词。

04 修改正向提示词。方法：此时"freckles"（雀斑）关键词是多余的，单击"freckles"（雀斑）关键词右侧的×按钮，如图 9-24 所示，从正向提示词中删除这个关键词。

图 9-24　单击"freckles"（雀斑）关键词右侧的×按钮

05 修改 ControlNet 参数。方法：关闭"原图 1.png"，然后单击"点击上传"，从弹出的"打开"对话框中选择本书配套网盘中的"源文件\9.1　将模糊人物图片变清晰效果\原图 2.png"文件，如图 9-25 所示，单击"打开"按钮，接着单击💥（预处理）按钮，此时就可以看到预处理的效果了，如图 9-26 所示。最后单击📎（将当前图片尺寸信息发送到生成设置）按钮，从而使"宽度"和"高度"同步为"原图 2.png"的尺寸。

06 单击"生成"按钮，当计算完成后，就可以看到对"原图 2.png"进行高清修复的效果了，如图 9-27 所示。

> **提　示**：将高清修复前、后的图像都放大为300%，可以清楚地看到高清修复前的图像明显变模糊了，而高清修复后的图像依然很清晰，如图9-28所示。

07 至此，整个案例制作完毕。

第 9 章 人物图像处理

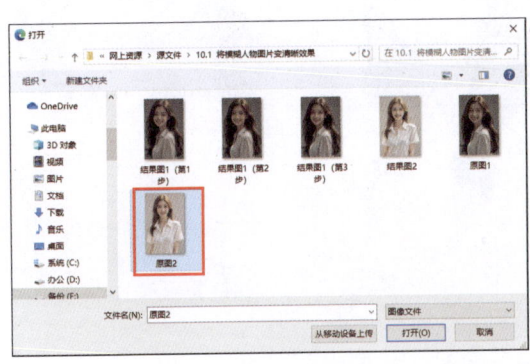

图 9-25 选择"原图 2.png"

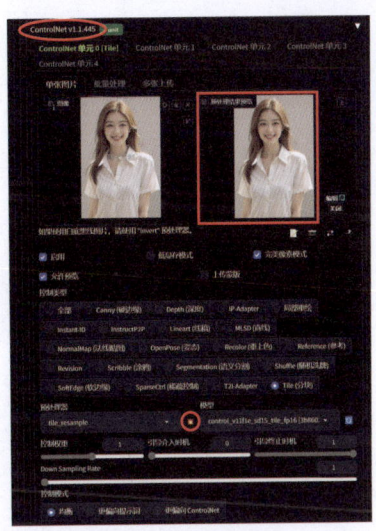

图 9-26 预处理效果

图 9-27 对"原图 2.png"进行高清修复的效果

图 9-28 对"原图 2.png"进行高清修复前、后的效果对比
a)修复前 b)修复后

9.2 给黑白动漫线稿图上色

要点：
　　本节将给一张黑白动漫角色线稿图进行上色处理，分别呈现写实和二次元两种风格的上色效果，如图 9-29 所示。通过本节的学习，读者应掌握大模型、ControlNet 中的"Lineart（线稿）"控制器和提示词的应用。

扫码看视频

- 163 -

 AIGC 绘画创作——Midjourney 和 Stable Diffusion 生成创意图像

a)　　　　　　　　　　　　　　b)　　　　　　　　　　　　　　c)

图 9-29　给黑白动漫线稿图上色

a）线稿　b）写实风格的上色效果　c）二次元风格的上色效果

 操作步骤：

1. 生成写实风格的效果

01　启动 Stable Diffusion，然后选择写实类的"majicMIX realistic 麦橘写实.safetensors"大模型，接着将"外挂 VAE 模型"设置为"vae-ft-mse-840000-ema-pruned.safetensors"。

02　根据图片反推出正向提示词。方法：进入"WD1.4 标签器"选项卡，然后单击"点击上传"，接着在弹出的"打开"对话框中选择本书配套网盘中的"源文件 \9.2　给黑白动漫线稿图上色 \ 线稿 .png"文件，如图 9-30 所示，单击"打开"按钮，此时软件会根据这张图片反推出正向提示词，如图 9-31 所示。

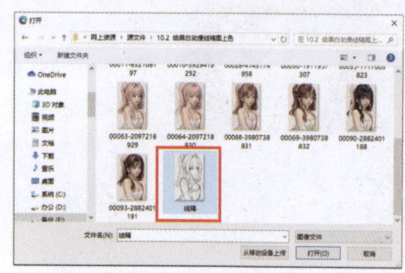
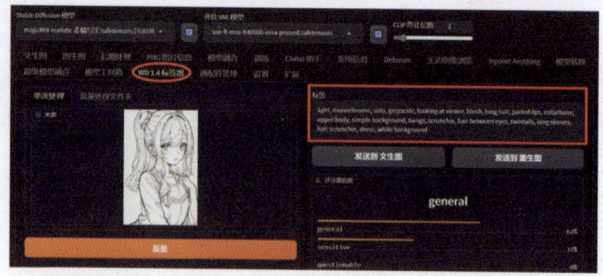

图 9-30　选择"线稿.png"　　　　　　　　　图 9-31　根据"线稿.png"反推出正向提示词

03　单击"发送到文生图"按钮，将反推出的提示词添加到"文生图"的正向提示词文本框中。

04　修改正向提示词。方法：单击正向提示词文本框下方"提示词"左侧的 按钮，显示出正向提示词中的关键词，此时"monochrome"（单色图片 / 单色）和"greyscale"（灰度）关键词是多余的，接下来单击"monochrome"（单色图片 / 单色）和"greyscale"（灰度）关键词右侧的 按钮，如图 9-32 所示，从而在正向提示词中删除这两个关键词，如图 9-33 所示。

- 164 -

第9章 人物图像处理

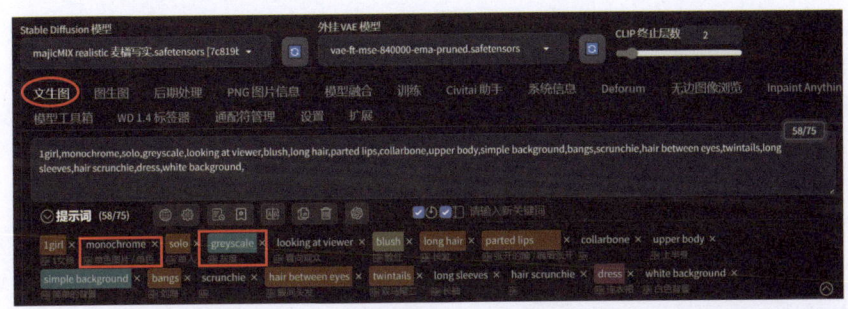

图 9-32 单击"monochrome"（单色图片/单色）和"greyscale"（灰度）关键词右侧的 × 按钮

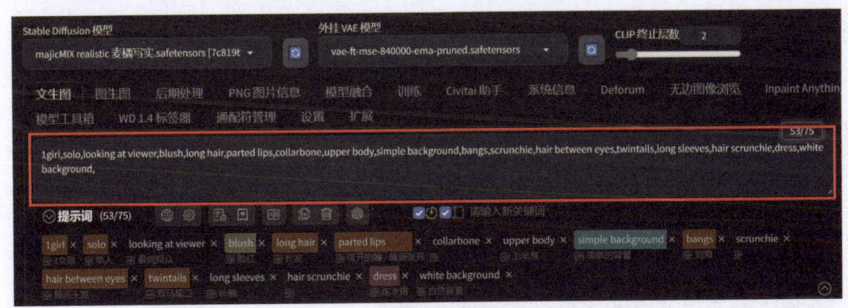

图 9-33 修改后的正向提示词

05 添加反向提示词。方法：在反向提示词文本框中输入已删除的正向提示词 "monochrome" 和 "greyscale"，如图 9-34 所示。

06 添加 "Lineart（线稿）" 控制器。方法：进入"生成"选项卡，然后展开 ControlNet 参数，单击"点击上传"，从弹出的"打开"对话框中选择本书配套网盘中的"源文件\9.2 给黑白动漫线稿图上色\线稿.png"文件，单击"打开"按钮，再选中"启用""完美像素模式"和"允许预览"3个复选框，接着将"控制类型"设置为"Lineart（线稿）"、将"预处理器"设置为"lineart_standard (from white bg & black line)"、将"模型"设置为"control_v11p_sd15_lineart_fp16 [5c23b17d]"，最后单击 ✹（预处理）按钮，此时就可以看到预处理的效果了，如图 9-35 所示。

图 9-34 添加反向提示词

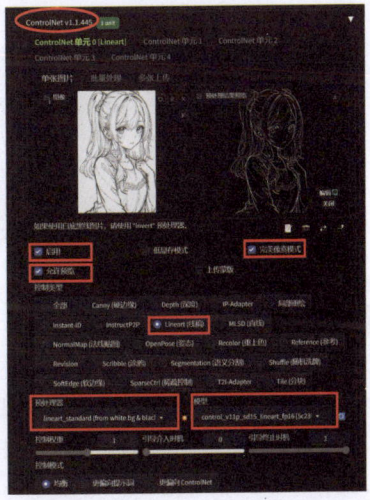

图 9-35 设置 ControlNet 参数

- 165 -

AIGC 绘画创作——Midjourney 和 Stable Diffusion 生成创意图像

07 设置其他生成参数。方法：单击 ↗（将当前图片尺寸信息发送到生成设置）按钮，此时在"生成"选项卡中就可以看到"宽度"和"高度"同步为"线稿.png"的尺寸了。然后将"采样方法"设置为"Euler a"，"迭代步数"加大为"25"，接着选中"高分辨率修复"复选框，展开其参数，将"放大算法"设置为写实类的"R-ESRGAN 4x+"，"高分迭代步数"设置为"10"，最后将"提示词引导系数"设置为"7"，"总批次数"设置为"1"，如图 9-36 所示。

08 选中"启用 After Detailer"复选框，启用脸部修复。然后选中"启用 Tiled Diffusion"复选框，从而将图像分割成若干块，分别进行计算，再重新组合。接着选中"启用 Tiled VAE"复选框，这样可以避免因为显存不足而无法生成图像的错误。

09 单击"生成"按钮，当计算完成后，就可以看到根据黑白动漫线稿图上色生成的写实风格的效果了，如图 9-37 所示。

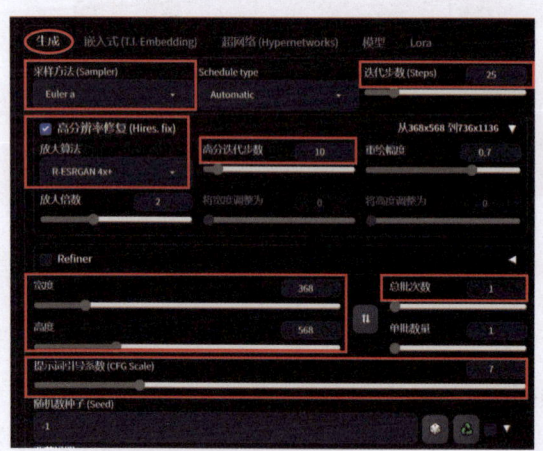

图 9-36　设置其他生成参数　　　　图 9-37　生成的写实风格的人物效果

10 将生成的人物头发颜色更改黑色。方法：在"文生图"的正向提示词文本框中添加"black hair"，如图 9-38 所示，然后单击"生成"按钮，当计算完成后，就可以看到人物的头发变成黑色了，如图 9-39 所示。

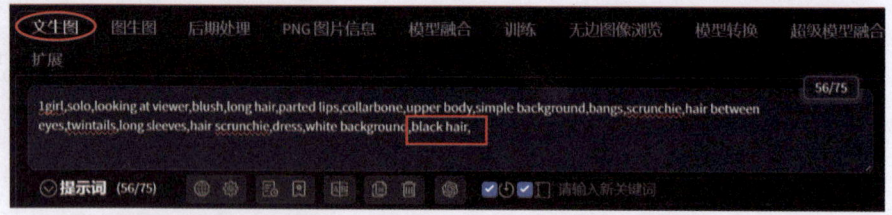

图 9-38　在"文生图"的正向提示词文本框中添加"black hair"

11 在正向提示词中添加两个 Lora 模型。方法：将鼠标定位在正向提示词文本框中，然后进入"lora"选项卡，选择"blindbox 盲盒_blindbox_v1_mix"和"CGcutegirlsasw_V1"两个 Lora 模型，如图 9-40 所示，此时选择的 Lora 模型就被添加到正向提示词文本框中了，如图 9-41 所示。接着为了防止两个 Lora 模型互相干扰，再将"blindbox 盲盒_blindbox_v1_mix" Lora 模型的权重由 1 减小为 0.6，"CGcutegirlsasw_V1" Lora 模型的权重由 1 减小为 0.8，如图 9-42 所示。

12 单击"生成"按钮，当计算完成后，就可以看到添加 Lora 模型后的效果了，如图 9-43 所示。

第 9 章 人物图像处理

图 9-39　人物的头发变成黑色　　　　　图 9-40　选择 Lora 模型

图 9-41　选择的 Lora 模型被添加到正向提示词文本框中

图 9-42　修改 Lora 模型的权重

图 9-43　添加 Lora 模型后的效果

2. 生成二次元风格的效果

01 选择二次元类的"墨幽二次元 _v2.safetensors"大模型，如图 9-44 所示，然后单击"生成"按钮，当计算完成后，就可以看到二次元风格的效果了，如图 9-45 所示。

- 167 -

提 示：通过这个案例可以看到在提示词及其他生成参数不变的情况下，选择不同的大模型会生成完全不同的效果。

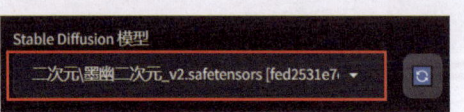

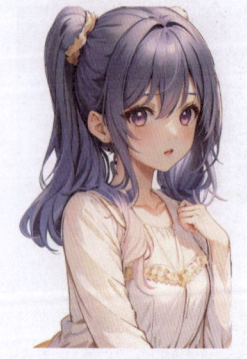

图 9-44　选择“墨幽二次元 _v2.safetensors”大模型

图 9-45　二次元风格的效果

02 至此，整个案例制作完毕。

9.3 卡通角色转真人

要点：

扫码看视频

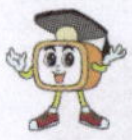

本节将通过 3 个案例来讲解将卡通人物转真人的方法，效果如图 9-46 所示。通过本节的学习，读者应掌握大模型、图生图、根据图片反推出提示词和生成参数的应用。

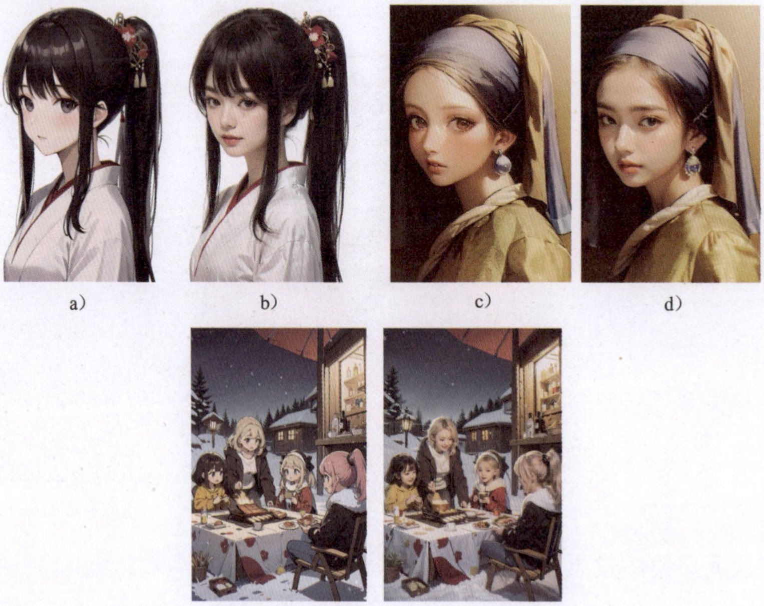

a)　b)　c)　d)　e)　f)

图 9-46　卡通角色转真人效果

a) 原图 1　b) 结果图 1　c) 原图 2　d) 结果图 2　e) 原图 3　f) 结果图 3

》》》第 9 章 人物图像处理

 **操作步骤：**

1. 卡通角色转真人 1

01 启动 Stable Diffusion，然后选择"majicMIX realistic 麦橘写实 _v7.safetensors"大模型，接着将"外挂 VAE 模型"设置为"vae-ft-mse-840000-ema-pruned.safetensors"，再进入"图生图"选项卡，如图 9-47 所示。

02 导入卡通图片。方法：单击"生成"→"图生图"→"点击上传"命令，如图 9-48 所示，在弹出的"打开"对话框中选择本书配套网盘中的"源文件 \9.3　卡通角色转真人效果 \ 原图 1.jpg"文件，如图 9-49 所示，单击"打开"按钮，从而将"原图 1.jpg"导入到 Stable Diffusion 中，如图 9-50 所示。

> **提　示：** 直接拖动图片也可以将图片导入。

图 9-47　选择"majicMIX realistic 麦橘写实 _v7.safetensors"大模型，再进入"图生图"选项卡　　　　图 9-48　单击"点击上传"

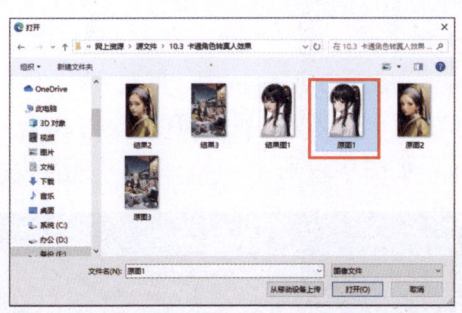

图 9-49　选择"原图 1.jpg"　　　　　　图 9-50　导入"原图 1.jpg"

03 根据"原图 1.jpg"图片反推出提示词。方法：进入"WD1.4 标签器"选项卡，然后单击"点击上传"，如图 9-51 所示，导入本书配套网盘中的"源文件 \9.3　卡通角色转真人效果 \ 原图 1.jpg"文件，此时软件会根据导入的"原图 1.jpg"反推出提示词，如图 9-52 所示。

- 169 -

AIGC 绘画创作——Midjourney 和 Stable Diffusion 生成创意图像

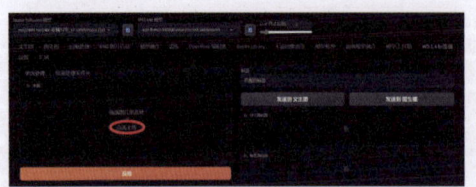
图 9-51　单击"点击上传"

图 9-52　根据"原图 1.jpg"反推出提示词

04 单击"发送到图生图"按钮，如图 9-53 所示，生成的提示词被发送到"图生图"选项卡的正向提示词文本框中，如图 9-54 所示。此时可以通过单击"提示词"左侧的 按钮，来查看提示词中的相关关键词，如图 9-55 所示。

> **提 示：** 通过复制生成的提示词，然后在"图生图"选项卡的正向提示词文本框中粘贴的方式也可以得到同样的效果。

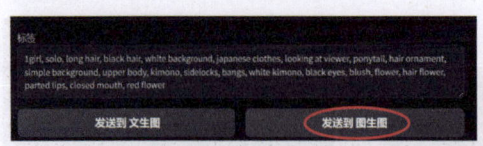
图 9-53　单击"发送到图生图"按钮

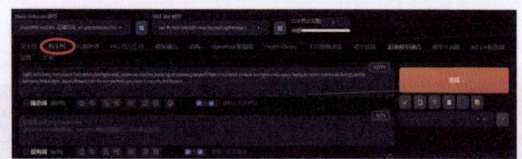
图 9-54　发送到正向提示词文本框中的提示词

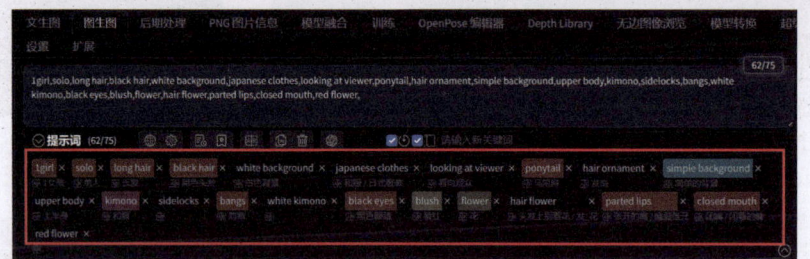
图 9-55　查看提示词中的相关关键词

05 仅靠正向提示词来生成图片是不够的，还需要反向提示词。下面打开本书配套网盘中的"源文件\9.3　卡通角色转真人效果\卡通转真人提示词.word"文件，然后选择反向提示词，如图 9-56 所示，按快捷键〈Ctrl+C〉复制，接着回到 Stable Diffusion 中，再在"图生图"选项卡的反向提示词文本框中按快捷键〈Ctrl+V〉粘贴，如图 9-57 所示。此时可以通过单击"反向词"左侧的 按钮，来查看反向提示词中的相关关键词，如图 9-58 所示。

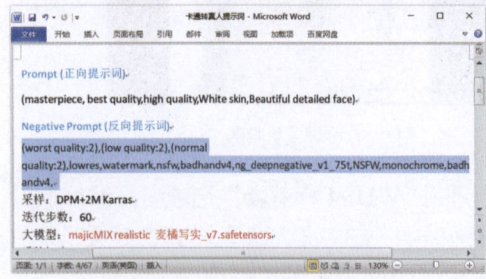
图 9-56　选择反向提示词

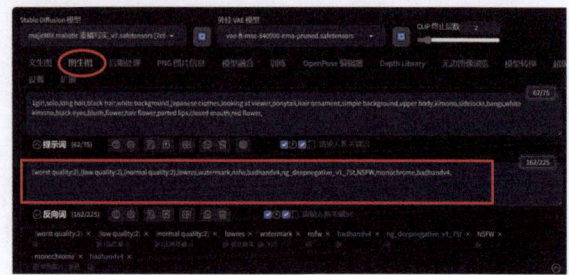
图 9-57　在"图生图"选项卡的反向提示词文本框中粘贴反向提示词

第9章 人物图像处理

图9-58 查看反向提示词中的相关关键词

06 设置生成参数。方法：将"采样方法"设置为"DPM++2M"，将"迭代步数"加大为"60"，从而使生成的图像更加细致，然后单击 ![] （从图生图自动检测图像尺寸）按钮，将要生成的图像尺寸设置为与"原图1.jpg"一致，再将"重绘幅度"减小为"0.45"，如图9-59所示，从而使要生成的图片更接近原图，"总批次数"设置为"1"，也就是只生成一张结果图。

07 选中"启用After Detailer"复选框，从而启用人物脸部修复，如图9-60所示。然后选中"启用Tiled Diffusion"复选框，如图9-61所示，从而将图像分割成若干块，分别进行计算，再重新组合。接着选中"启用Tiled VAE"复选框，如图9-62所示，这样可以避免因为显存不足而无法生成图像的错误。

图9-60 选中"启用After Detailer"复选框

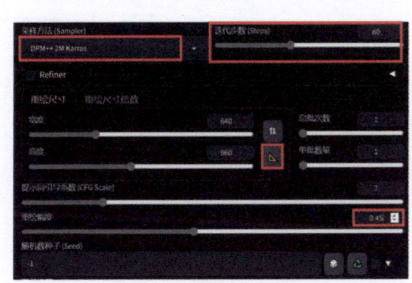

图9-61 选中"启用Tiled Diffusion"复选框

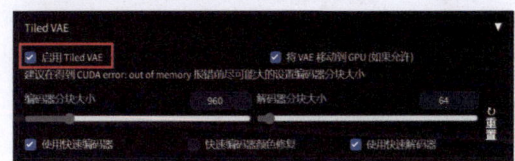

图9-59 设置生成参数　　　　图9-62 选中"启用Tiled VAE"复选框

08 单击"生成"按钮，软件会根据提供的"原图1.jpg"和提示词开始进行计算，当计算完成后，就可以看到根据卡通角色转为真人的效果了，此时在生成图片的下方会显示出生成图片的相关参数信息，如图9-63所示。

2.卡通角色转真人2

01 导入卡通图片。方法：在"生成→图生图"选项卡中单击 ![] 按钮，如图9-64所示，关闭"原图1.jpg"。然后单击"生成→图生图"选项卡中的"点击上传"，如图9-65所示，再在弹出的"打开"对话框中选择本书配套网盘中的"源文件\9.3　卡通角色转真人效果\原图2.jpg"文件，如图9-66所示，单击"打开"按钮，从而将"原图2.jpg"导入到Stable Diffusion中，如图9-67所示。

- 171 -

AIGC 绘画创作——Midjourney 和 Stable Diffusion 生成创意图像

图 9-63　生成的真人图片

 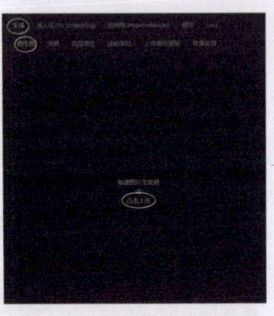 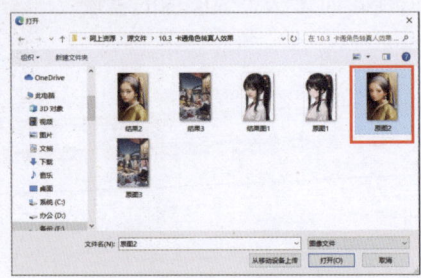

图 9-64　关闭"原图 1.jpg"　　图 9-65　单击"点击上传"　　图 9-66　选择"原图 2.jpg"

02 根据"原图 2.jpg"图片反推出提示词。方法：进入"WD1.4 标签器"选项卡，然后关闭"原图 1.jpg"，再单击"点击上传"，导入本书配套网盘中的"源文件 \9.3　卡通角色转真人效果 \ 原图 2.jpg"图片，此时软件会根据导入的"原图 2.jpg"反推出提示词，如图 9-68 所示。

 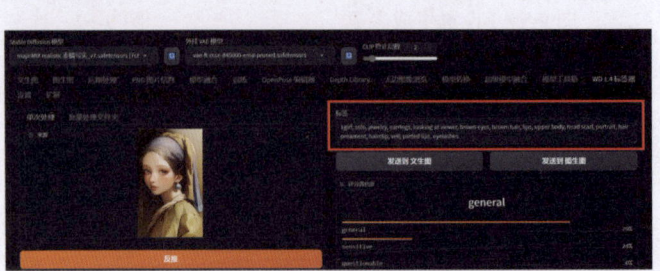

图 9-67　导入"原图 2.jpg"　　　　图 9-68　根据"原图 2.jpg"反推出提示词

03 选择生成的提示词，按快捷键〈Ctrl+C〉复制，然后进入"图生图"选项卡，再在正向提示词文本框中按快捷键〈Ctrl+V〉，进行粘贴，如图 9-69 所示。

第 9 章 人物图像处理

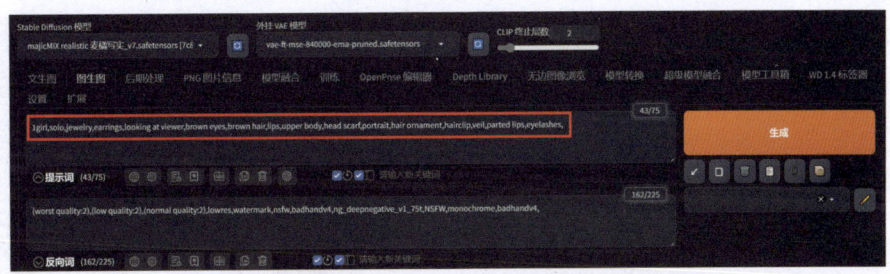

图 9-69 在正向提示词文本框中粘贴提示词

04 这个案例的输出参数和上一个案例是相同的,只需单击 ◪（从图生图自动检测图像尺寸）按钮,将要生成的图像尺寸设置为与"原图 2.jpg"一致。然后单击"生成"按钮,软件就会根据"原图 2.jpg"和提示词生成一张真人图片,此时在生成图片的下方会显示出生成图片的相关参数信息,如图 9-70 所示。

图 9-70 生成的真人图片

3.将包含多个卡通角色的场景转为真人场景

01 导入卡通图片。方法:在"生成"→"图生图"选项卡中单击 × 按钮,关闭"原图 2.jpg"。然后单击"生成"→"图生图"→"点击上传"命令,再在弹出的"打开"对话框中选择本书配套网盘中的"源文件\9.3　卡通角色转真人效果\原图 3.jpg"文件,如图 9-71 所示,单击"打开"按钮,从而将"原图 3.jpg"导入到 Stable Diffusion 中,如图 9-72 所示。

02 根据"原图 3.jpg"图片反推出提示词。方法：进入"WD1.4 标签器"选项卡,然后关闭"原图 2.jpg",再单击"点击上传",导入本书配套网盘中的"源文件\9.3　卡通角色转真人效果\原图 3.jpg"文件,此时软件会根据导入的"原图 3.jpg"反推出提示词,如图 9-73 所示。

AIGC 绘画创作——Midjourney 和 Stable Diffusion 生成创意图像

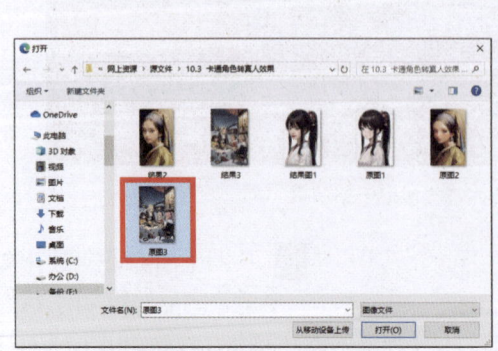

图 9-71　选择"原图 3.jpg"

图 9-72　导入"原图 3.jpg"

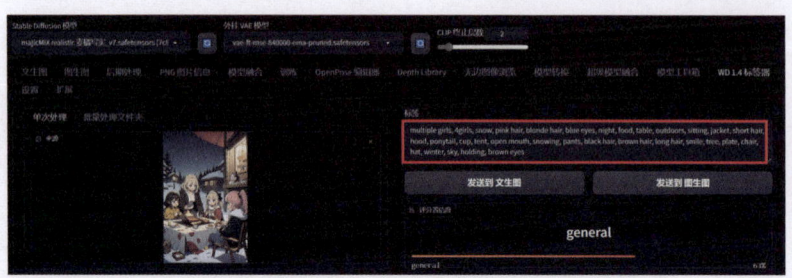

图 9-73　根据"原图 3.jpg"反推出提示词

03 选择生成的提示词，按快捷键〈Ctrl+C〉复制，然后进入"图生图"选项卡，再在正向提示词文本框中按快捷键〈Ctrl+V〉，进行粘贴，如图 9-74 所示。

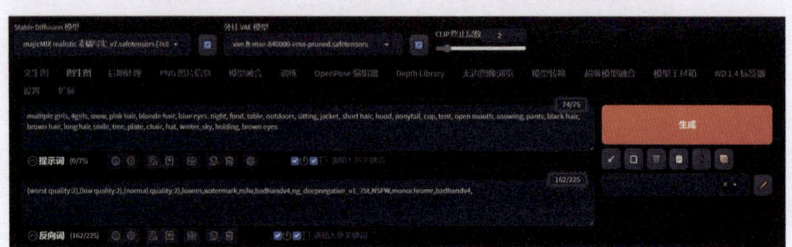

图 9-74　在正向提示词文本框中粘贴提示词

04 单击 ■（从图生图自动检测图像尺寸）按钮，将要生成的图像尺寸设置为与"原图 3.jpg"一致。然后为了使生成的结果更接近于原图，再将"重绘幅度"参数值减小为"0.4"。接着为了生成多个结果以供选择，再将"总批次数"加大为"4"，也就是生成 4 个结果，如图 9-75 所示，最后单击"生成"按钮，软件就会根据"原图 3.jpg"和提示词生成 4 张效果图和 1 张缩略图，如图 9-76 所示。

05 单击图片可以将其最大化显示，然后从生成的 4 个结果中可以选择一个满意的效果，如图 9-77 所示，至此整个案例制作完毕。

- 174 -

《《《 第9章 人物图像处理

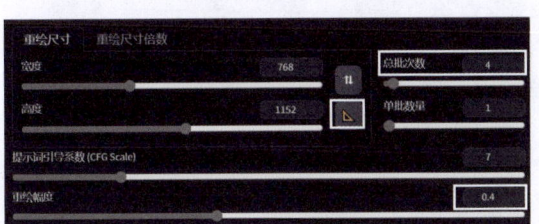

图 9-75 设置输出参数　　　　　　图 9-76 生成的 4 张效果图和 1 张缩略图

> **提示：** 这里需要说明的是Stable Diffusion图生图生成的图片会自动保存在安装目录下"sd-webui-aki-v4.7\outputs\img2img-images\2024-04-03"（当前日期）文件夹中，如图9-78所示。

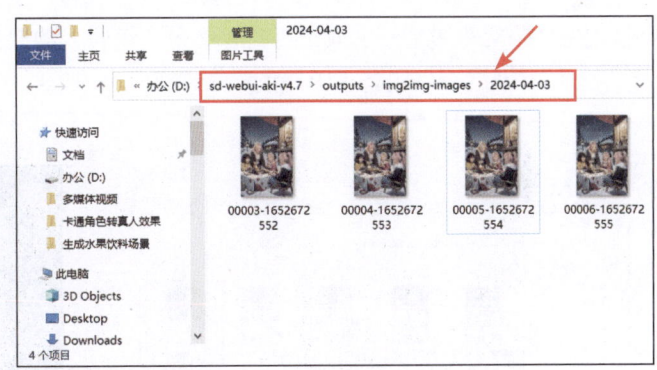

图 9-77 选择一个满意的真实场景　　　　图 9-78 图生图生成的图片保存的位置

9.4　生成中年变壮年再变年轻人的效果

要点：

本节将把一位 AI 生成的 30 岁左右的男子处理为 50 岁左右的效果，再将其处理为 20 岁左右的效果，如图 9-79 所示。通过本节的学习，读者应掌握大模型、ControlNet 中的"InstructP2P"控制器、图生图的提示词和生成参数的应用。

扫码看视频

- 175 -

AIGC 绘画创作——Midjourney 和 Stable Diffusion 生成创意图像

a)　　　　　　　　　　　　　b)　　　　　　　　　　　　　c)

图 9-79　生成中年变壮年再变年轻人的效果
a）原图　b）50 岁左右的效果　c）20 岁左右的效果

 操作步骤：

1. 生成 50 岁左右的人物

`01` 启动 Stable Diffusion，然后选择写实类的"AnythingQingMix-Realistic- 亚洲男性影像 _v1.0.safetensors"大模型，接着将"外挂 VAE 模型"设置为"vae-ft-mse-840000-ema-pruned.safetensors"，再进入"图生图"选项卡。

`02` 单击"生成"→"图生图"→"点击上传"命令，从弹出的"打开"对话框中选择本书配套网盘中的"源文件 \9.4　生成中年变壮年再变年轻人的效果 \ 原图 .png"文件，如图 9-80 所示，单击"打开"按钮，从而将"原图 .png"添加到"图生图"选项卡，效果如图 9-81 所示。

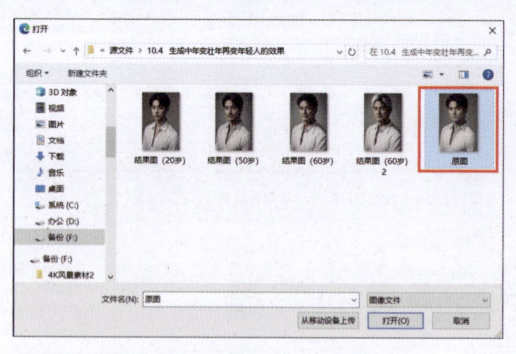

图 9-80　选择"原图 .png"文件　　　　图 9-81　将"原图 .png"添加到"图生图"选项卡

`03` 添加"InstructP2P"控制器。方法：进入"生成"选项卡，然后展开 ControlNet 参数，然后选中"启用"和"完美像素模式"两个复选框，接着将"控制类型"设置为"InstructP2P"，如图 9-82 所示。

第 9 章 人物图像处理

04 添加正向提示词。方法：在"图生图"选项卡的正向提示词文本框中输入"Turn him into 50 years old"，如图 9-83 所示。

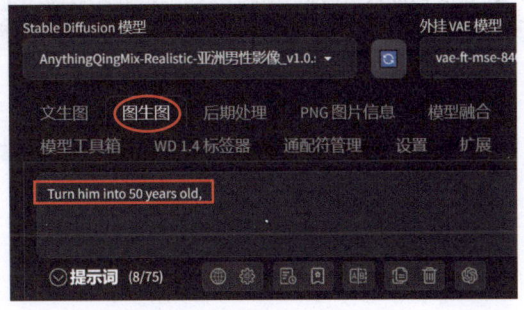

图 9-82　设置 ControlNet 参数　　　　　　　图 9-83　添加正向提示词

05 添加反向提示词。方法：将鼠标定位在反向提示词文本框中，然后进入"嵌入式"选项卡，从中选择"badhandv4""EasyNegative"和"ng_deepnegative_v1_75t"，此时选择的嵌入式就被添加到反向提示词文本框中了。

06 设置生成参数。方法：将"采样方法"设置为"DPM++2M"，将"迭代步数"加大为"25"，从而使生成的图像更加细致，然后单击 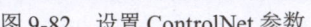（从图生图自动检测图像尺寸）按钮，将要生成的图像尺寸设置为与"原图 .png"一致，接着将"提示词引导系数"加大为"12"，从而使要生成的结果更接近于提示词，再将"重绘幅度"减小为"0.6"，"总批次数"设置为"1"，也就是只生成一张结果图，如图 9-84 所示。

07 选中"启用 After Detailer"复选框，从而启用人物脸部修复，如图 9-85 所示。

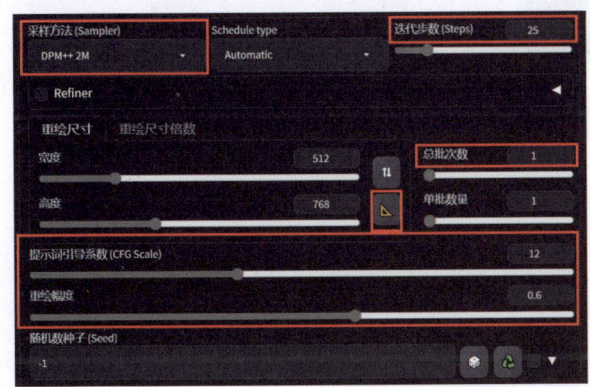

图 9-84　设置生成参数　　　　　　　图 9-85　选中"启用 After Detailer"复选框

08 单击"生成"按钮，当计算完成后，就可以看到根据"原图 .png"生成的 50 岁左右的人物效果了，如图 9-86 所示。

AIGC 绘画创作——Midjourney 和 Stable Diffusion 生成创意图像

图 9-86　生成的 50 岁左右的人物效果

2. 生成20岁左右的人物

01 在"图生图"选项卡的正向提示词文本框中修改提示词为"Turn him into 20 years old"，如图 9-87 所示，然后单击"生成"按钮，当计算完成后，就可以看到生成的 20 岁左右的人物效果了，如图 9-88 所示。

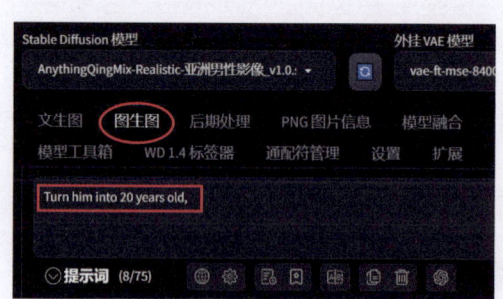

图 9-87　修改提示词

图 9-88　生成的 20 岁左右的人物效果

02 至此，整个案例制作完毕。

9.5　将黑白模糊老照片进行彩色清晰化处理

要点：

本节将把一张黑白模糊老照片处理为高清彩色照片，如图 9-89 所示。通过本节的学习，读者应掌握 Phtoshop、Stable Diffusion 大模型、"文生图"的提示词、ControlNet 中"Tile（分块）""Linear（线稿）""Recolor（重上色）"控制器、生成参数和预设样式的应用。

扫码看视频

- 178 -

《《《 第 9 章 人物图像处理

a)　　　　　　　　　　　　　　b)

图 9-89　将黑白模糊老照片进行彩色清晰化处理

a）原图　b）结果图

操作步骤：

1. 将老照片的背景处理为白色

01 启动 Photoshop，然后执行列表框中的"文件 | 打开"命令，打开本书配套网盘中的"源文件 \9.5　将黑白模糊老照片进行彩色清晰化处理 \ 原图 .jpg"文件，如图 9-90 所示。

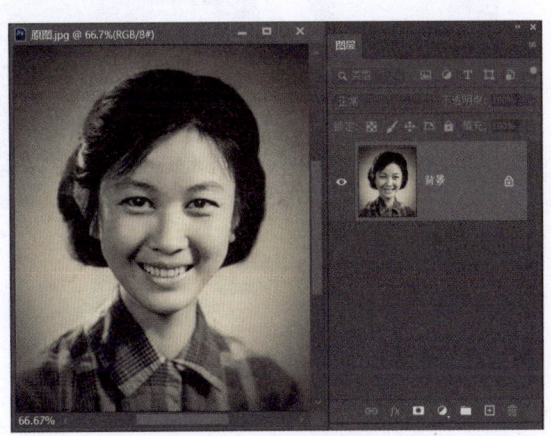

图 9-90　打开"原图 .jpg"文件

02 在图层面板中将"背景"图层拖到下方的 ◻ （创建新图层）按钮上，从而复制出一个"背景 拷贝"图层。然后利用工具箱中的 ◻ （对象选择工具）按钮创建出人物选区，如图 9-91 所示，接着单击图层面板下方的 ◻ （图层蒙版）按钮，创建出一个人物蒙版，如图 9-92 所示。

03 将前景色设置为白色，RGB 参考数值为（255，255，255），然后选择"背景"图层，按〈Alt+Delete〉键，用前景色的白色填充背景图层，效果如图 9-93 所示。

- 179 -

图 9-91　创建出人物选区

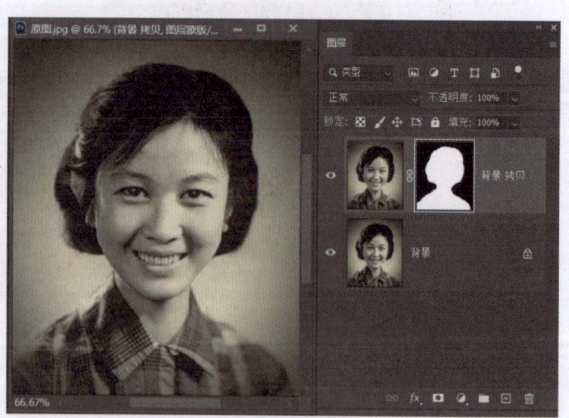

图 9-92　创建出一个人物蒙版

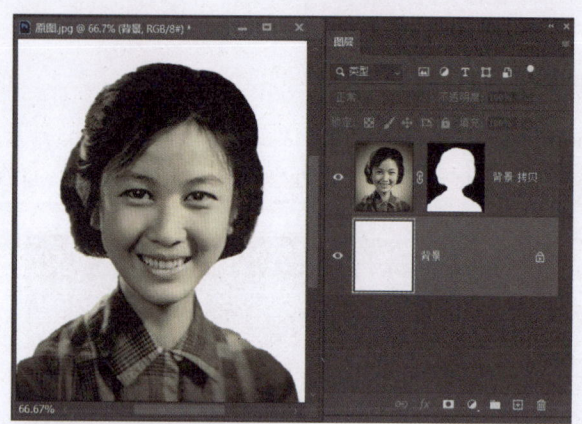

图 9-93　用前景色的白色填充背景图层

04 执行列表框中的"文件"→"导出"→"导出为"命令，将处理后的图像导出为"初步处理.jpg"。

2. 将模糊老照片处理为高清效果

01 启动 Stable Diffusion，然后选择"majicMIX realistic 麦橘写实_v7.safetensors"大模型，接着将"外挂 VAE 模型"设置为"vae-ft-mse-840000-ema-pruned.safetensors"。

02 根据"初步处理.jpg"图片反推出提示词。方法：进入"WD1.4 标签器"选项卡，然后单击"点击上传"，导入本书配套网盘中的"源文件\9.5　将黑白模糊老照片进行彩色清晰化处理\初步处理.jpg"图片，此时软件会根据导入的"初步处理.jpg"反推出提示词，如图 9-94 所示。

03 单击"发送到文生图"按钮，将生成的提示词发送到"文生图"选项卡的正向提示词文本框中。

04 修改正向提示词。方法：单击正向提示词文本框下方"提示词"左侧的 按钮，显示出正向提示词中的关键词，此时"monochrome"（单色图片\单色）、"male focus"（男性焦点）和"greyscale"（灰度）关键词是多余的，下面分别单击这 3 个关键词右侧的 按钮，如图 9-95 所示，从而在正向提示词中删除这个关键词，如图 9-96 所示。

第 9 章 人物图像处理

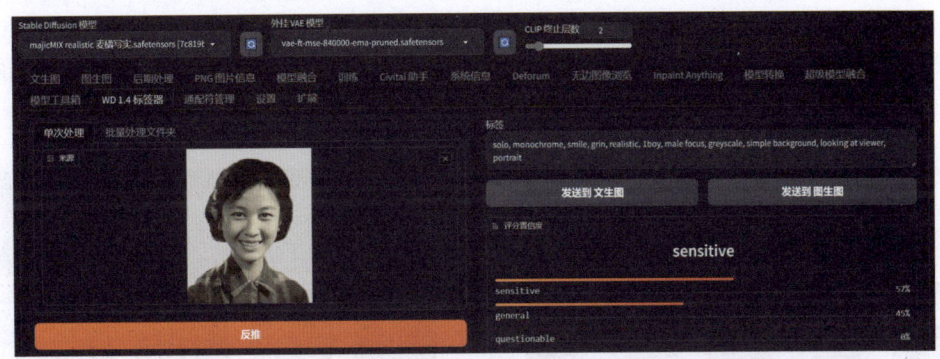

图 9-94　根据"初步处理 .jpg"反推出提示词

图 9-95　分别单击这 3 个关键词右侧的 × 按钮

图 9-96　修改后的正向提示词

05 添加反向提示词。方法：将鼠标定位在反向提示词文本框中，然后进入"嵌入式"选项卡，从中选择"badhandv4""EasyNegative"和"ng_deepnegative_v1_75t"，此时选择的嵌入式就被添加到反向提示词文本框中了。

06 添加"Tile（分块）"控制器将老照片中的噪点进行模糊处理。方法：进入"生成"选项卡，然后展开 ControlNet 参数，单击"点击上传"，从弹出的"打开"对话框中选择本书配套网盘中的"源文件\9.5　将黑白模糊老照片进行彩色清晰化处理\初步处理 .jpg"文件，单击"打开"按钮，再选中"启用""完美像素模式"和"允许预览"3 个复选框，接着将"控制类型"设置为"Tile（分块）"，再将"预处理器"设置为"tile_resample"、将"模型"设置为"control_v11f1e_sd15_tile_fp16 [3b860298]"，最后将"Down Sampling Rate"设置为"2.35"，"控制权重"设置为"0.9"，再单击 💥（预处理）按钮，此时就可以看到预处理的效果了，如图 9-97 所示。

07 添加"Linear（线稿）"控制器来提取线稿。方法：进入一个新的"ControlNet 单元 1"选项卡，单击"点击上传"，从弹出的"打开"对话框中选择本书配套网盘中的"源文件\9.5　将黑白模糊老照片进行彩色清晰化处理\初步处理 .jpg"图片，单击"打开"按钮，再选中"启用""完美像素模式"和"允许预览"3个复选框,接着将"控制类型"设置为"Lineart(线稿)",再将"预处理器"设置为"lineart_realistic"、将"模型"设置为"control_v11p_sd15_lineart_fp16 [5c23b17d]",最后单击 (预处理)按钮,此时就可以看到预处理的效果了,如图9-98所示。

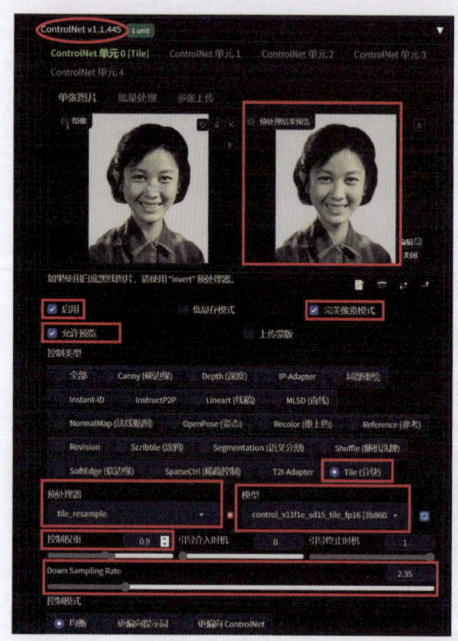

图9-97 设置"Tile(分块)"控制器参数

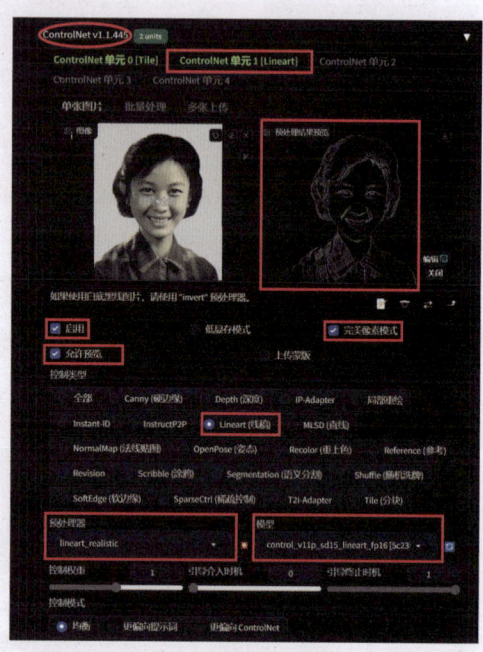

图9-98 设置"Linear(线稿)"控制器参数

08 设置其他生成参数。方法:单击 (将当前图片尺寸信息发送到生成设置)按钮,此时在"生成"选项卡中就可以看到"宽度"和"高度"同步为"线稿.png"的尺寸了。然后将"采样方法"设置为"DPM++ 2M","迭代步数"加大为"30",接着将"提示词引导系数"设置为"7","总批次数"设置为"1","单批数量"设置为"2",如图9-99所示。

09 单击"生成"按钮,当计算完成后,就会生成一张缩略图、两个结果、一张"Tile(分块)"处理图和一张线稿图,此时从生成的结果中选择一个满意的效果,如图9-100所示。

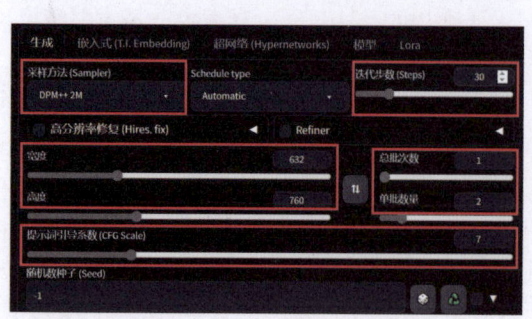

图9-99 设置其他生成参数

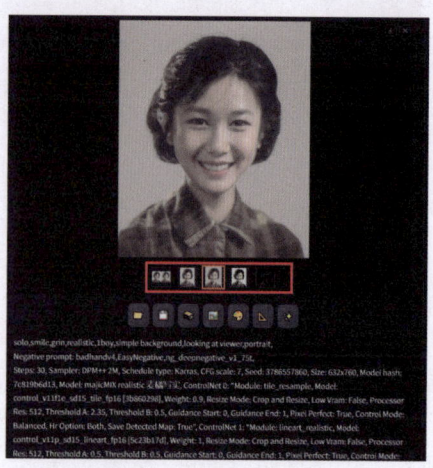

图9-100 生成结果

第 9 章 人物图像处理

10 此时生成的人物效果不是很真实，接下来给生成的人物添加一个预设样式来解决这个问题。方法：在"预设样式"下拉列表中选择"真实系"预设样式，如图 9-101 所示，然后单击 ![btn]（将所有当前选择的预设样式添加到提示词中）按钮，如图 9-102 所示，即可将选择样式的提示词添加到"文生图"的提示词文本框中，如图 9-103 所示。

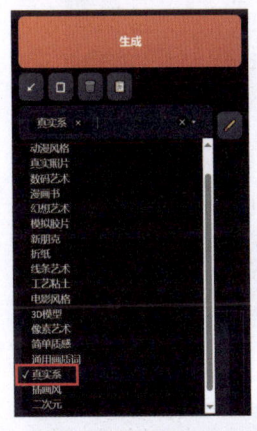

图 9-101 选择"真实系"预设样式

图 9-102 单击 ![btn] 按钮　　　　图 9-103 将选择样式的提示词添加到"文生图"的提示词文本框中

11 单击"生成"按钮，当计算完成后，就可以看到生成的人物照片了，如图 9-104 所示。然后在生成的图片上右击，从弹出的快捷菜单中选择"图像另存为"命令，将当前文件保存为"上色前.jpg"。

3. 给老照片进行上色处理

01 进入"生成"选项卡，然后展开 ControlNet 参数，再分别取消选中"ControlNet 单元 0"和"ControlNet 单元 1"的"启用"复选框，接着选择"ControlNet 单元 2"，单击"点击上传"，从弹出的"打开"对话框中选择刚才保存的"上色前.jpg"图片，单击"打开"按钮，再选中"启用""完美像素模式"和"允许预览"3 个复选框，再将"控制类型"设置为"Recolor（重上色）"、将"预处理器"设置为"recolor_luminance"、将"模型"设置为"ioclab_sd15_recolor [6641f3c6]"，最后单击 ![btn]（预处理）按钮，此时就可以看到预处理的效果了，如图 9-105 所示。

02 修改正向提示词。方法：在"文生图"的正向提示词文本框中添加提示词"blue shirt,black hair"，如图 9-106 所示。

03 单击"生成"按钮，当计算完成后，就可以看到给老照片上色的效果了，如图 9-107 所示。

> **提　示：** 这里需要说明的是 Stable Diffusion 文生图生成的图片会自动保存在安装目录下"sd-webui-aki-v4.7\outputs\txt2img-images\2024-07-23"（当前日期）文件夹中。

- 183 -

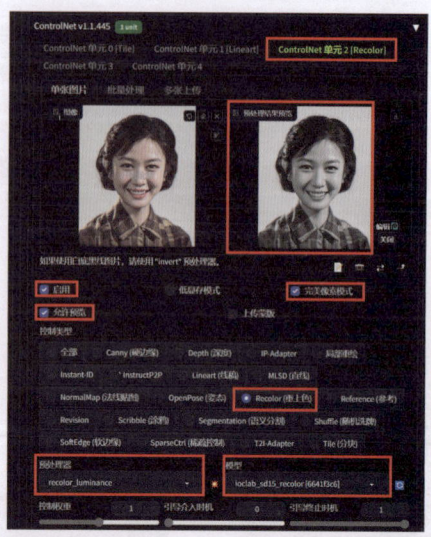

图 9-104　重新生成的人物图片　　　　图 9-105　设置"Recolor（重上色）"控制器参数

图 9-106　添加提示词"blue shirt,black hair"

图 9-107　最终效果

04 至此，整个案例制作完毕。

第 9 章 人物图像处理

9.6 人物换脸

要点：

本节将把两个 AI 生成的人脸分别替换到另一个 AI 人物的脸上，然后对其进行高清放大处理，如图 9-108 所示。通过本节的学习，读者应掌握大模型、ReActor 和生成参数的应用。

扫码看视频

a)   b)   c)   d)   e)

图 9-108   人物换脸

a）原图 1   b）原图 2   c）结果图 1   d）原图 3   e）结果图 2

操作步骤：

1. 人物换脸 1

（1）人物换脸

01 启动 Stable Diffusion，然后选择写实类的"AnythingQingMix-Realistic- 亚洲男性影像 _v1.0.safetensors"大模型，接着将"外挂 VAE 模型"设置为"vae-ft-mse-840000-ema-pruned.safetensors"，再进入"图生图"选项卡。

02 单击"生成"→"图生图"→"点击上传"命令，从弹出的"打开"对话框中选择本书配套网盘中的"源文件 \9.6   人物换脸 \ 原图 1.jpg"文件，单击"打开"按钮，从而将其添加到"图生图"选项卡，效果如图 9-109 所示。

03 选中"ReActor"复选框，然后展开其参数，再在"主菜单"选项卡的 Select Source 选项组中选择"image(s)"，如图 9-110 所示。接着单击左侧的"点击上传"，从弹出的"打开"对话框中选择本书配套网盘中的"源文件 \9.6   人物换脸 \ 原图 2.jpg"文件，如图 9-111 所示，单击"打开"按钮。接着将"面部修复"类型设置为"CodeFormer"（面部重组），将"Restore Face Visibility"（恢复面部可视性）的数值设置为"1"，将"CodeFormer Weight（Fidelity）"（面部重组权重）的数值设置为"0.6"，如图 9-112 所示。

> 提示："CodeFormer Weight（Fidelity）"（面部重组权重）的数值越小，则生成的结果与"原图 2.jpg"差别越大；数值越大，则生成的结果越接近于"原图 2.jpg"。

04 设置生成参数。方法：在"生成"选项卡中将"采样方法"设置为"DPM++2M"，将

- 185 -

"迭代步数"设置为"20",然后单击 （从图生图自动检测图像尺寸）按钮,从而使要生成的图像尺寸与"原图1.jpg"一致,接着将"提示词引导系数"设置为"7","重绘幅度"减小为"0.75","总批次数"设置为"6",也就是只生成6张结果图,如图9-113所示。

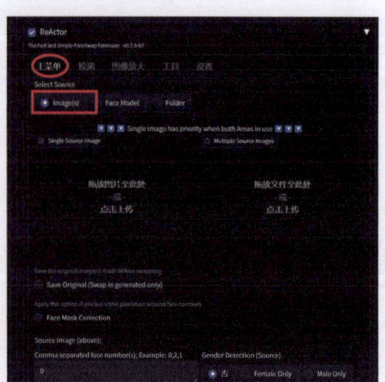

图9-109　将"原图1.jpg"添加到"图生图"选项卡　　　图9-110　选择"image(s)"

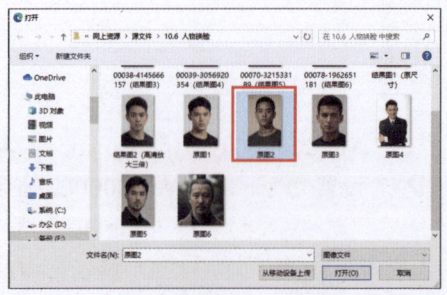
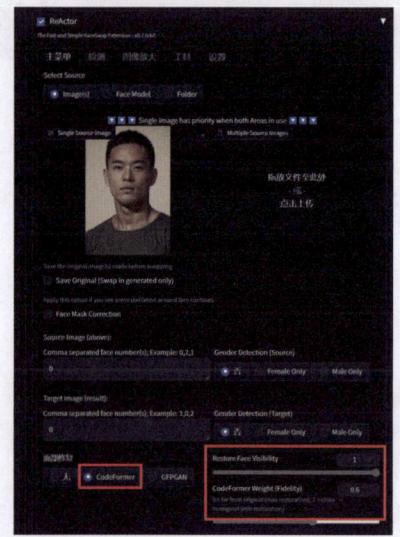

图9-111　选择"原图2.jpg"　　　图9-112　设置"ReActor"参数

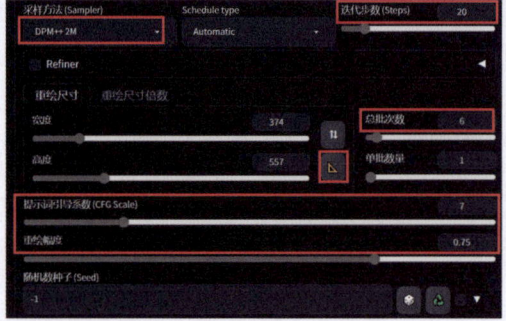

图9-113　设置生成参数

第 9 章 人物图像处理

05 单击"生成"按钮，当计算完成后，就会生成 1 张缩略图和 6 张结果图，如图 9-114 所示，此时从生成的结果中选择一个满意的效果，如图 9-115 所示。

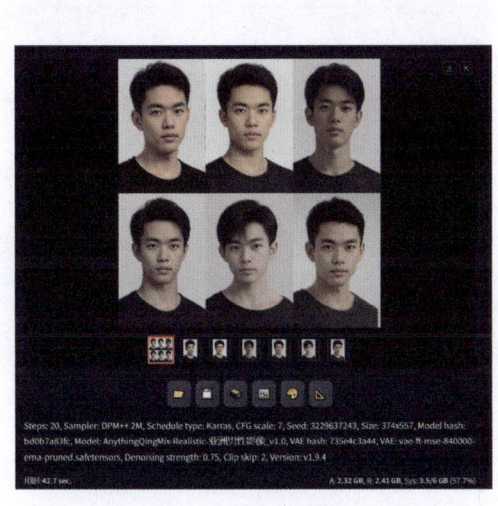

图 9-114　生成 1 张缩略图和 6 张结果图　　　　图 9-115　选择满意的效果

（2）进行高清修复

01 单击 ♻（使用上一次生成所用的随机数种子）按钮，用于复现效果，从而锁定所选图片的种子数，如图 9-116 所示。

02 在"ReActor"的"图像放大"选项卡中，将"放大算法"设置为写实类的"R-ESRGAN 4x+"，"缩放倍数"设置为"3"，如图 9-117 所示。

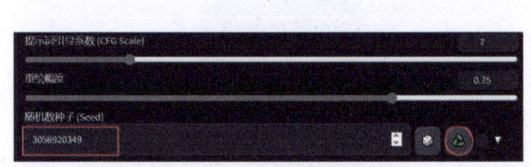
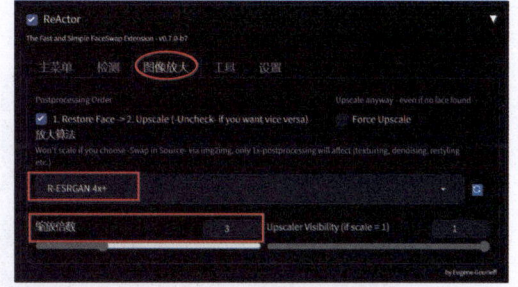

图 9-116　锁定所选图片的种子数　　　　图 9-117　设置"图像放大"参数

03 在"生成"选项卡中将"总批次数"设置为"1"，然后单击"生成"按钮，在计算完成后就会生成一个高清放大 3 倍的效果了，如图 9-118 所示。

> 提示：此时将高清修复前后的图像都放大为500%，可以清楚地看到高清修复前的图像明显变模糊了，而高清修复后的图像依然很清晰，如图9-119所示。

- 187 -

图 9-118　高清放大 3 倍的效果

a）

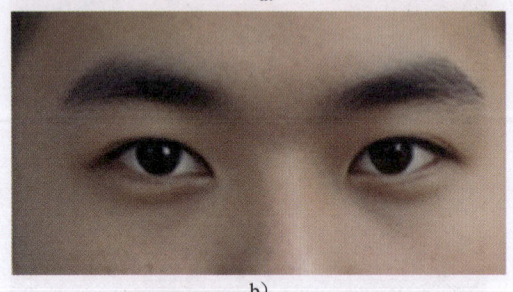

b）

图 9-119　高清修复前后的效果对比

a）高清修复前　b）高清修复后

2. 人物换脸2

01 在"ReActor"的"主菜单"选项卡中单击 ✕ 按钮，关闭"原图 2.jpg"。然后单击左侧的"点击上传"，从弹出的"打开"对话框中选择本书配套网盘中的"源文件\9.6　人物换脸\原图 3.jpg"文件，单击"打开"按钮，效果如图 9-120 所示。

02 单击"生成"按钮，在计算完成后就会生成一个换脸后高清放大 3 倍的效果了，如图 9-121 所示。

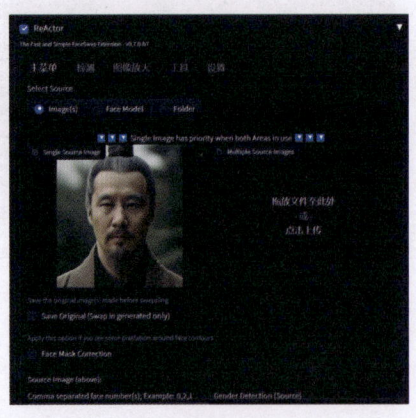

图 9-120　上传要更换的人脸

图 9-121　更换人脸后的效果

03 至此，整个案例制作完毕。

9.7 参考一张人物图片生成一组类似姿态的图片

 要点：

本节将根据两个 AI 生成的人物，生成两组保持类似姿态的图片，如图 9-122 所示。通过本节的学习，读者应掌握大模型、ControlNet 中的"Reference（参考）"控制器和生成参数的应用。

扫码看视频

图 9-122　参考人物图片生成一组类似姿态的图片
a）原图 1　b）生成参考图 1　c）生成参考图 2　d）原图 2　e）生成参考图 3　f）生成参考图 4

操作步骤：

1. 参考一张人物图片生成一组类似姿态的图片 1

01 启动 Stable Diffusion，然后选择写实类的"majicMIX realistic 麦橘写实.safetensors"大模型，接着将"外挂 VAE 模型"设置为"vae-ft-mse-840000-ema-pruned.safetensors"。

02 根据"原图 1.png"图片反推出提示词。方法:进入"WD1.4 标签器"选项卡,然后单击"点击上传"，导入本书配套网盘中的"源文件 \9.7　参考一张人物图片生成一组类似姿态的效果 \1\ 原图 1.png"图片，此时软件会根据导入的"原图 1.png"反推出提示词，如图 9-123 所示。

- 189 -

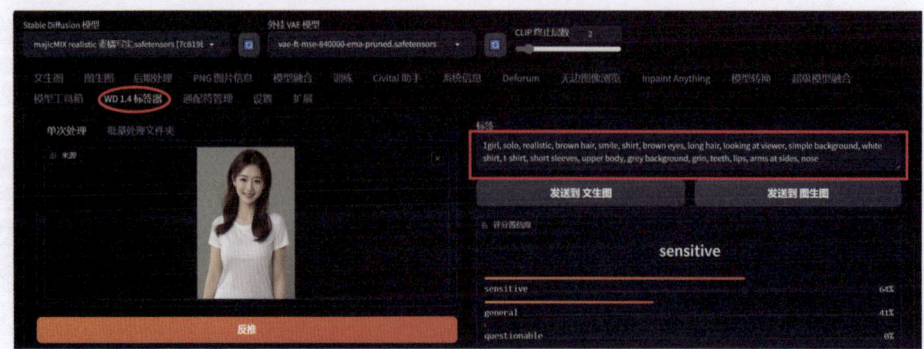

图 9-123　根据"原图 1.png"反推出提示词

03 单击"发送到文生图"按钮,将生成的提示词发送到"文生图"选项卡的正向提示词文本框中,此时可以通过单击"提示词"左侧的 ■ 按钮,来查看提示词中的相关关键词,如图 9-124 所示。

图 9-124　查看提示词中的相关关键词

04 添加反向提示词。方法：将鼠标定位在反向提示词文本框中,然后进入"嵌入式"选项卡,从中选择"badhandv4""EasyNegative"和"ng_deepnegative_v1_75t",此时选择的嵌入式就被添加到反向提示词文本框中。接着在反向提示词文本框中继续添加"(low quality:2),(normal quality:2),(worst quality:2)",如图 9-125 所示。

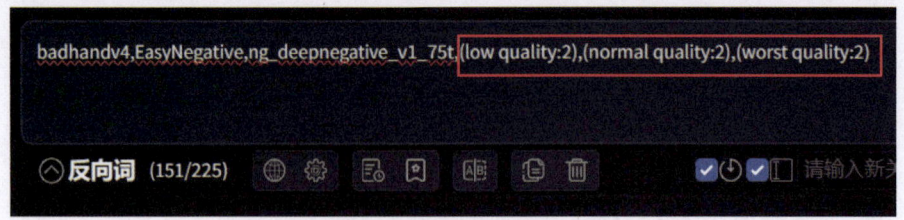

图 9-125　继续添加反向提示词

05 进入"生成"选项卡,然后展开"ControlNet",单击"点击上传",从弹出的"打开"对话框中选择本书配套网盘中的"源文件\9.7　参考一张人物图片生成一组类似姿态的效果\1\ 原图 1.png"文件,单击"打开"按钮,再选中"启用""完美像素模式"和"允许预览"3 个复选框,接着将"控制类型"设置为"Reference（参考）"、将"预处理器"设置为"reference_only"、将"Style

第9章 人物图像处理

Fidelity（风格保真度）"设置为"1"，从而使生成的结果更接近于原图，再单击 ■（预处理）按钮，此时就可以看到预处理的效果了，如图9-126所示。

> **提示：** "Reference（参考）"控制器只有"预处理器"，而没有模型。

06 设置其他生成参数。方法：单击 ■（将当前图片尺寸信息发送到生成设置）按钮，此时在"生成"选项卡中就可以看到"宽度"和"高度"同步为"原图1.png"的尺寸了。然后将"采样方法"设置为"Euler a"，"迭代步数"加大为"25"，接着选中"高分辨率修复"复选框，再展开其参数，将"放大算法"设置为写实类的"R-ESRGAN 4x+"，"放大倍数"设置为"2"，此时要生成的图片尺寸就由原来的512×768像素放大了一倍，变为了1024×1536像素，再接着将"高分迭代步数"设置为"10"，"重绘幅度"设置为"0.5"，从而使高分辨率修复后的图像更接近于原图。最后将"提示词引导系数"设置为"7"，"总批次数"设置为"8"，如图9-127所示，也就是生成8张结果图。

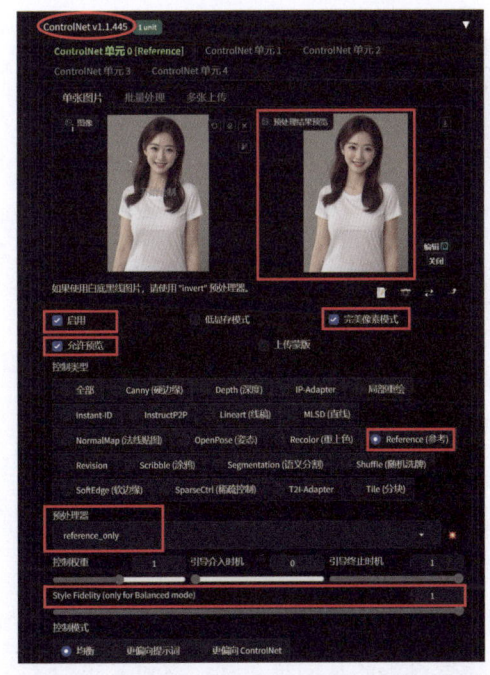

图9-126 设置"Reference（参考）"控制器参数

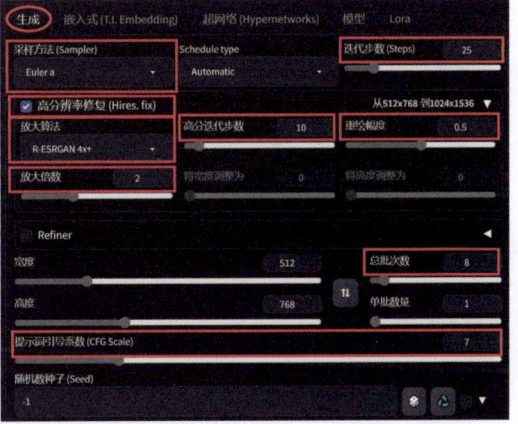

图9-127 设置其他生成参数

07 单击"生成"按钮，当计算完成后，就会生成1张缩略图和8张结果图，如图9-128所示，此时可以从生成的结果中选择两个满意的效果，如图9-129所示。

2. 参考一张人物图片生成一组类似姿态的图片2

01 根据"原图2.png"图片反推出提示词。方法：进入"WD1.4 标签器"选项卡，然后单击 ■ 按钮，关闭"原图1.png"，再单击"点击上传"，导入本书配套网盘中的"源文件\9.7 参考一张人物图片生成一组类似姿态的效果\2\ 原图2.png"文件，此时软件会根据导入的"原图2.png"反推出提示词，如图9-130所示。

- 191 -

AIGC 绘画创作——Midjourney 和 Stable Diffusion 生成创意图像

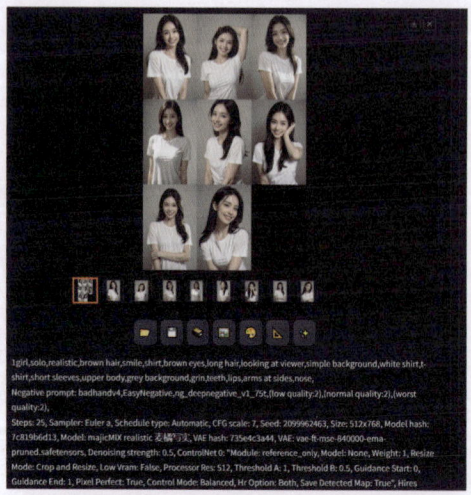

图 9-128　生成 1 张缩略图和 8 张结果图

图 9-129　从生成的结果中选择两个满意的效果

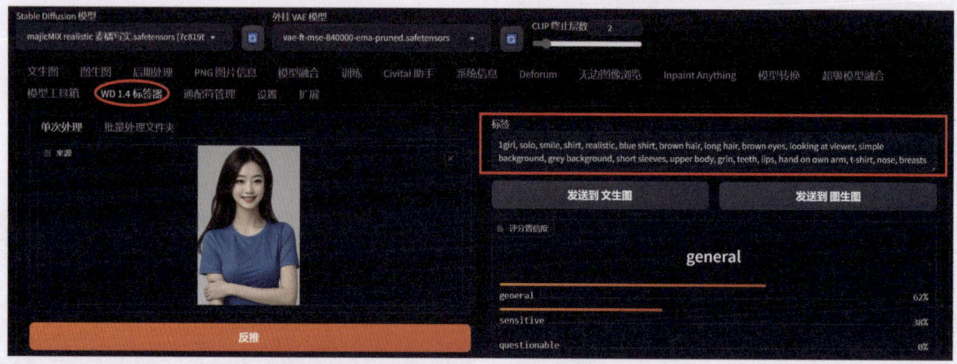

图 9-130　根据"原图 2.png"反推出提示词

02 选择根据"原图 2.png"反推出的提示词,按快捷键〈Ctrl+C〉进行复制,然后回到"文生图"选项卡,再在正向提示词文本框中按〈Del〉键删除原来的提示词,接着按快捷键〈Ctrl+V〉粘贴刚才复制的提示词,如图 9-131 所示。

> **提示：** 单击"发送到文生图"按钮,将反推出的提示词添加到"文生图"的正向提示词文本框,同时会删除原来的反向提示词,为了保留原来的反向提示词,此时采用的是复制和粘贴反推出提示词的方法来添加文生图的正向提示词。

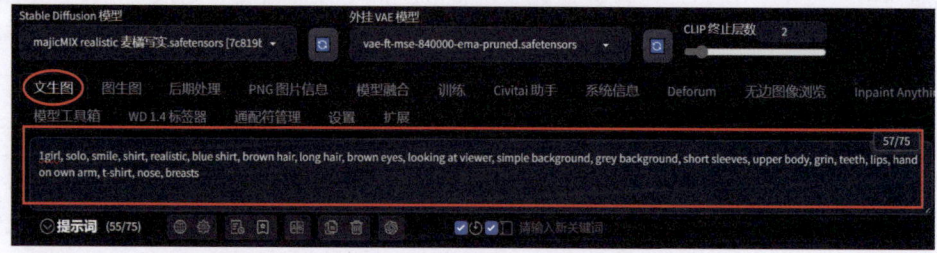

图 9-131　复制和粘贴"原图 2.png"反推出的提示词

- 192 -

第 9 章 人物图像处理

03 进入"生成"选项卡的"ControlNet",单击×按钮,关闭"原图1.png",然后单击左侧的"点击上传",从弹出的"打开"对话框中选择本书配套网盘中的"源文件\9.7 参考一张人物图片生成一组类似姿态的效果\2\原图2.png"文件,单击"打开"按钮,接着单击 (预处理)按钮,此时就可以看到预处理的效果了,如图9-132所示。

04 单击 (将当前图片尺寸信息发送到生成设置)按钮,将"生成"选项卡中的"宽度"和"高度"同步为"原图2.png"的尺寸。

05 单击"生成"按钮,当计算完成后,就会生成1张缩略图和8张结果图,此时可以从生成的结果中选择两个满意的效果,如图9-133所示。

图 9-132 预处理的效果

图 9-133 从生成的结果中选择两个满意的效果

06 至此,整个案例制作完毕。

9.8 改变人物的姿势

 要点:

本节将让 AI 生成的"原图1"中的人物摆出"原图2"中人物的姿态,然后让"原图1"中的人物在摆出"原图2"中人物的姿态的同时参考"原图3"服饰,并给她添加牛仔帽。接着让"原图1"中的人物在摆出"原图4"中人物的姿态的同时参考"原图3"服饰,如图9-134所示。通过本节的学习,读者应掌握大模型、ControlNet 中的"IP-Adapter"和"OpenPose(姿态)"控制器及生成参数的应用。

扫码看视频

- 193 -

AIGC 绘画创作——Midjourney 和 Stable Diffusion 生成创意图像

图 9-134　改变人物的姿态
a）原图 1　b）原图 2　c）结果图 1　d）原图 3　e）结果图 2　f）原图 4　g）结果图 3

操作步骤：

1. 让AI生成的"原图1"中的人物摆出"原图2"中人物的姿态

01 启动 Stable Diffusion，然后选择写实类的"majicMIX realistic 麦橘写实.safetensors"大模型，接着将"外挂 VAE 模型"设置为"vae-ft-mse-840000-ema-pruned.safetensors"。

02 根据"原图 1.png"图片反推出提示词。方法：进入"WD1.4 标签器"选项卡，然后单击"点击上传"，导入本书配套网盘中的"源文件\9.8　改变人物的姿势\原图 1.png"文件，此时软件会根据导入的"原图 1.png"反推出提示词，如图 9-135 所示。

03 单击"发送到文生图"按钮，将生成的提示词发送到"文生图"选项卡的正向提示词文本框中，此时可以通过单击"提示词"左侧的 ▲ 按钮，来查看提示词中的相关关键词，如图 9-136 所示。

04 添加反向提示词。方法：将鼠标定位在反向提示词文本框中，然后进入"嵌入式"选项卡，从中选择"badhandv4""EasyNegative"和"ng_deepnegative_v1_75t"，此时选择的嵌入式就被添加到反向提示词文本框中了。

第 9 章 人物图像处理

图 9-135　根据"原图 1.png"反推出提示词

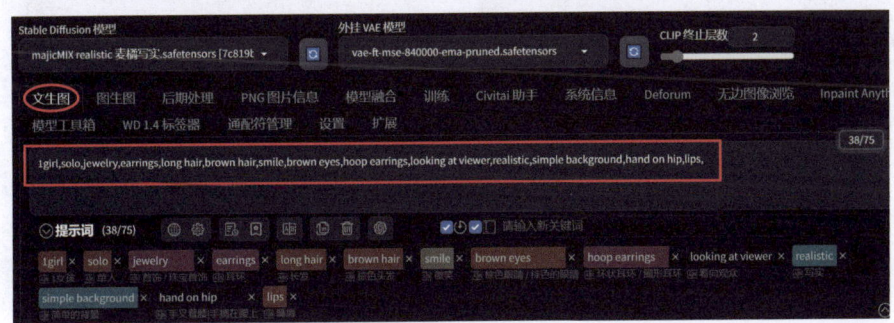

图 9-136　查看提示词中的相关关键词

05 添加"IP-Adapter"。方法：进入"生成"选项卡，然后展开 ControlNet 参数，单击"点击上传"，从弹出的"打开"对话框中选择本书配套网盘中的"源文件\9.8　改变人物的姿势\原图 1.png"图片，单击"打开"按钮，再选中"启用""完美像素模式"和"允许预览"3 个复选框，接着将"控制类型"设置为"IP-Adapter"、将"预处理器"设置为"ip-adapter-auto"、"模型"设置为"ip-adapter_sd15_plus [32cd8f7f]"，最后将"控制权重"设置为"1.15"，使产生的结果更接近于"原图 1.png"，再单击 💥（预处理）按钮，此时就可以看到预处理的效果了，如图 9-137 所示。

06 添加"OpenPose（姿态）"控制器来提取"原图 2"中的人物姿态。方法：进入"ControlNet 单元 1"，单击"点击上传"，从弹出的"打开"对话框中选择本书配套网盘中的"源文件\9.8　改变人物的姿势\原图 2.png"文件，单击"打开"按钮，再选中"启用""完美像素模式"和"允许预览"3 个复选框，接着将"控制类型"设置为"OpenPose（姿态）"、将"预处理器"设置为"openpose_full"、将"模型"设置为"control_v11p_sd15_openpose_fp16 [73c2b67d]"，最后单击 💥（预处理）按钮，此时就可以看到预处理的效果了，如图 9-138 所示。

07 设置其他生成参数。方法：单击 ↪（将当前图片尺寸信息发送到生成设置）按钮，此时在"生成"选项卡中就可以看到"宽度"和"高度"同步为"原图 2.png"的尺寸了。然后将"采样方法"设置为"DPM++ 2M"，"迭代步数"加大为"25"，接着将"提示词引导系数"设置为"7"，"总批次数"设置为"1"，"单批数量"设置为"2"，如图 9-139 所示。

08 选中"启用 After Detailer"复选框，从而启用人物脸部修复。然后选中"启用 Tiled Diffusion"复选框，从而将图像分割成若干块，分别进行计算，再重新组合。接着选中"启用

- 195 -

Tiled VAE"复选框，这样可以避免因为显存不足而无法生成图像的错误。

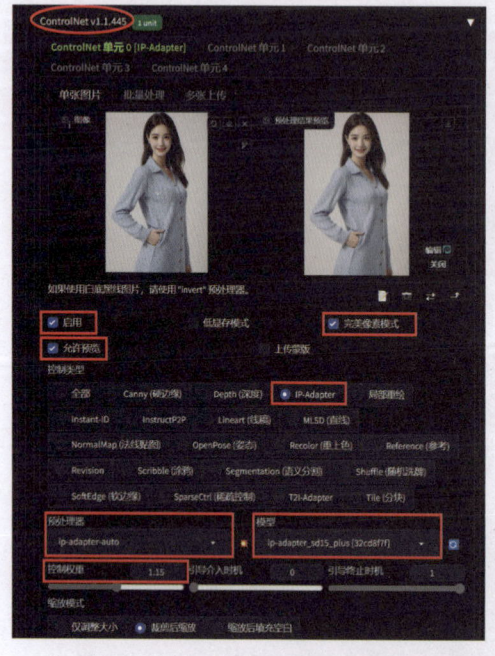
图 9-137　设置"IP-Adapter"控制器参数

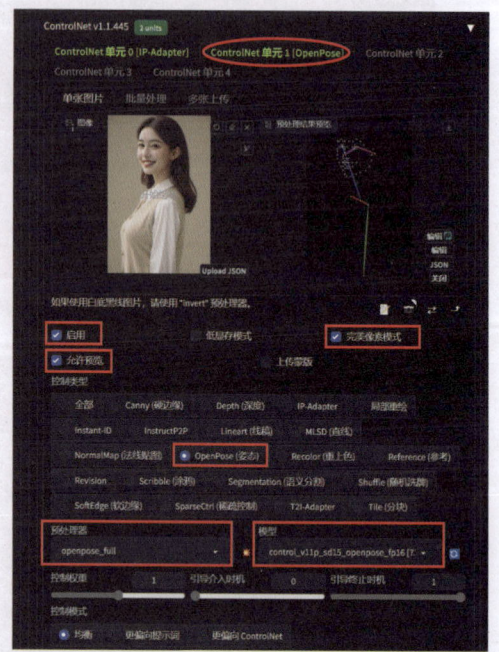
图 9-138　设置"OpenPose（姿态）"控制器参数

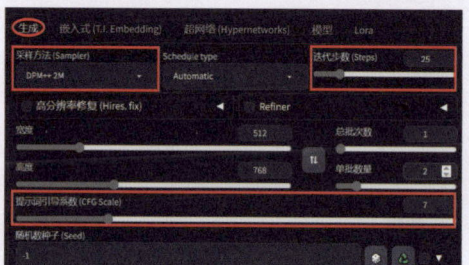
图 9-139　设置其他生成参数

09 单击"生成"按钮，当计算完成后，就会生成一张缩略图、两张结果图和两张 ControlNet 的预览图，此时从生成的结果中选择一个满意的效果，如图 9-140 所示。

10 此时生成的人物效果不够真实，接下来给生成的人物添加一个预设样式来解决这个问题。方法：单击 ![icon] （使用上一次生成所用的随机种子数）按钮，用于复现效果，从而锁定所选图片的种子数，如图 9-141 所示。然后将"单批数量"和"总批次数"均设置为"1"，接着在"预设样式"下拉列表中选择"真实系"预设样式，如图 9-142 所示，再单击 ![icon] （将所有当前选择的预设样式添加到提示词中）按钮，如图 9-143 所示，即可将选择样式的提示词添加到"文生图"的提示词文本框中，如图 9-144 所示。

11 单击"生成"按钮，当计算完成后，就可以看到生成的人物照片就很真实了。如图 9-145 所示为添加"真实系"预设样式前、后的效果比较。

《《《 第 9 章　人物图像处理

图 9-140　选择一个满意的效果

图 9-141　锁定所选图片的种子数

图 9-142　选择"真实系"预设样式

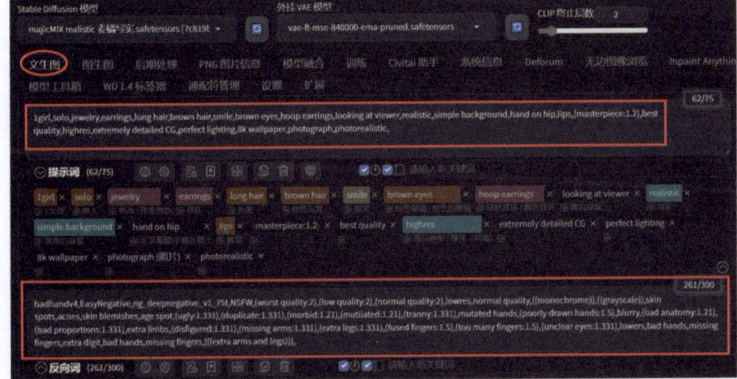

图 9-144　将选择样式的提示词添加到"文生图"的提示词文本框中　　图 9-143　单击 按钮

2. 让"原图1"中的人物摆出"原图2"中人物的姿态，参考"原图3"服饰，并给她添加牛仔帽

01 在"文生图"的正向提示词文本框中选择"原图1"的描述词，如图 9-146 所示，按〈Delete〉键进行删除，如图 9-147 所示。

- 197 -

图 9-145　添加"真实系"预设样式前、后的效果比较

图 9-146　选择"原图 1"的描述词

图 9-147　删除"原图 1"的描述词

02 根据"原图 3.png"反推出提示词。方法：进入"WD1.4 标签器"选项卡，然后单击 × 按钮，关闭"原图 1.png"，再单击"点击上传"，导入本书配套网盘中的"源文件\9.8　改变人物的姿势\原图 3.png"文件，此时软件会根据导入的"原图 3.png"反推出提示词，如图 9-148 所示。

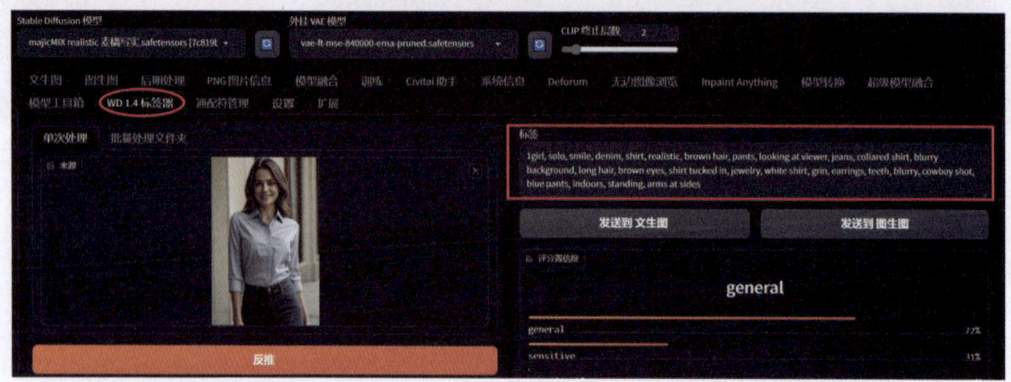

图 9-148　根据"原图 3.png"反推出提示词

第9章 人物图像处理

03 选择反推出的提示词，按快捷键〈Ctrl+C〉进行复制，然后在"文生图"的正向提示词文本框中按快捷键〈Ctrl+V〉进行粘贴，此时可以通过单击"提示词"左侧的 按钮，来查看提示词中的相关关键词，如图9-149所示。

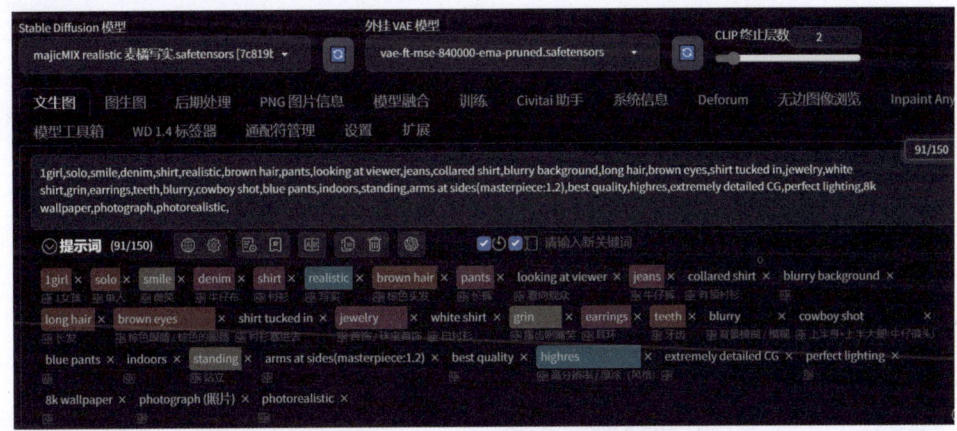

图9-149 查看提示词中的相关关键词

04 在"文生图"的正向提示词文本框中添加"cowboy_hat"（牛仔帽）和"simple background"（简单背景）两个关键词，如图9-150所示。

图9-150 添加"cowboy_hat"（牛仔帽）和"simple background"（简单背景）两个关键词

05 单击"生成"按钮，当计算完成后，就会生成一个根据"原图1"中的人物摆出"原图2"中人物的姿态，而参考"原图3"服饰，并给她添加牛仔帽的效果，如图9-151所示。

图9-151 生成效果

- 199 -

3. 让"原图1"中的人物摆出"原图4"中人物的姿态，参考"原图3"服饰

01 进入"ControlNet 单元 1"，然后单击 ✕ 按钮，关闭"原图 2.png"，再单击"点击上传"，从弹出的"打开"对话框中选择本书配套网盘中的"源文件 \9.8　改变人物的姿势 \ 原图 4.png"图片，单击"打开"按钮，接着单击 💥（预处理）按钮，此时就可以看到预处理的效果了，如图 9-152 所示。

02 单击"生成"按钮，当计算完成后，就会生成一个根据"原图 1"中的人物摆出"原图 4"中人物的姿态，并参考"原图 3"服饰的效果了，如图 9-153 所示。

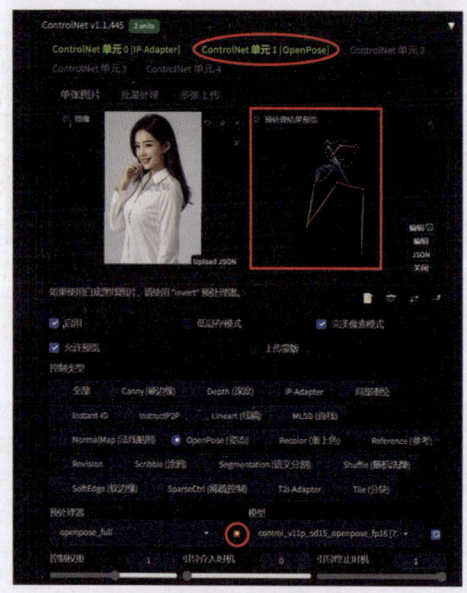
图 9-152　预处理的效果

图 9-153　生成效果

03 至此，整个案例制作完毕。

9.9　课后练习

1）给一张黑白动漫线稿图进行上色处理。
2）将一张黑白模糊老照片进行彩色清晰化处理。
3）将一张中年人的照片处理为壮年，再处理为年轻人。

第10章 动漫设计

本章重点

利用 Stable Diffusion 进行动漫设计是一个非常有趣且具有创作性的过程，Stable Diffusion 可以帮助设计师快速生成动漫中的角色、场景等元素。通过本章的学习，读者应掌握利用 Stable Diffusion 生成动漫角色的方法。

10.1 生成真人转卡通效果

要点：

本节将生成两个真人转卡通效果，如图 10-1 所示。通过本节的学习，读者应掌握通过设置大模型确定图像的风格、利用"WD 标签器"反推出图片的提示词，以及在"图生图"中生成新图片的方法。

扫码看视频

a)　　　　　　　b)　　　　　　　c)　　　　　　　d)

图 10-1　真人转卡通效果

a) 原图 1　b) 结果图 1　c) 原图 2　d) 结果图 2

操作步骤：

1. 真人转卡通效果 1

01 启动 Stable Diffusion，然后选择"墨幽二次元 _v2.safetensors"大模型，接着将"外挂 VAE 模型"设置为"vae-ft-mse-840000-ema-pruned.safetensors"。

02 进入"图生图"选项卡，然后单击"点击上传"，从弹出的"打开"对话框中选择本书配套网盘中的"源文件\10.1　生成真人转卡通效果\原图 1.png"文件，如图 10-2 所示，单击"打开"按钮，从而将"原图 1.png"添加到"图生图"选项卡，效果如图 10-3 所示。

03 根据图片反推出提示词。方法：进入"WD1.4 标签器"选项卡，然后单击"点击上传"，如图 10-4 所示，接着在弹出的"打开"对话框中同样选择本书配套网盘中的"源文件\10.1　生成真人转卡通效果\原图 1.png"文件，单击"打开"按钮，此时软件会根据这张图片反推出提示词，如图 10-5 所示。

- 201 -

AIGC 绘画创作——Midjourney 和 Stable Diffusion 生成创意图像

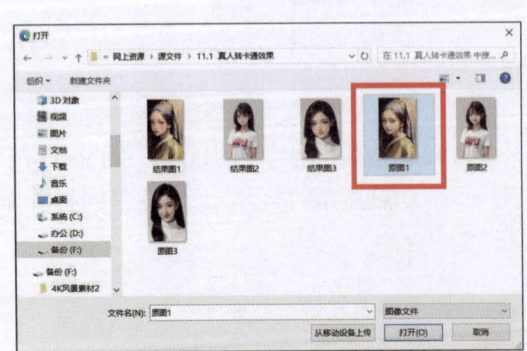

图 10-2　选择"原图 1.png"文件　　　　图 10-3　将图片添加到"图生图"选项卡

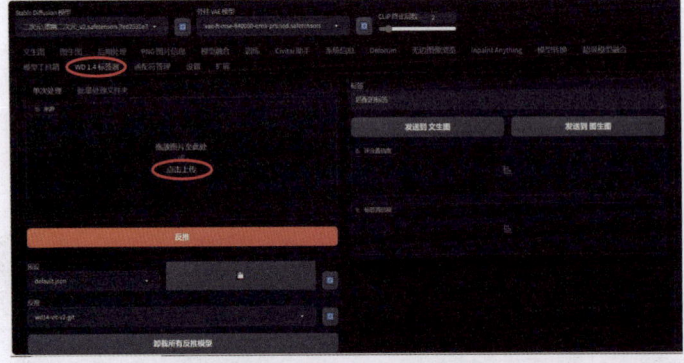

图 10-4　单击"点击上传"

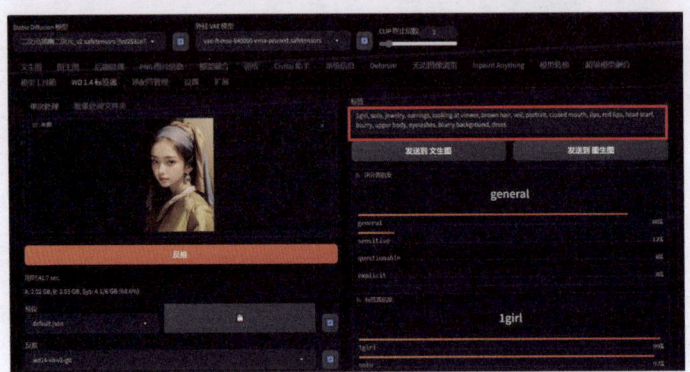

图 10-5　根据图片反推出提示词

04 单击"发送到图生图"按钮，将反推出的提示词添加到"图生图"的正向提示词文本框中，如图 10-6 所示。

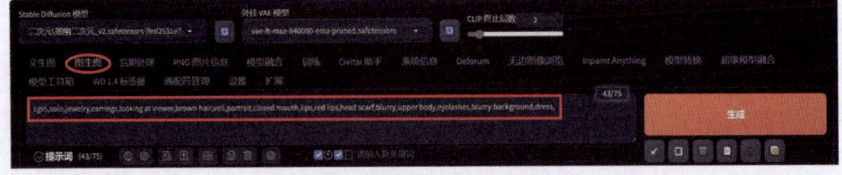

图 10-6　将反推出的提示词添加到"图生图"的正向提示词文本框中

- 202 -

第 10 章 动漫设计

05 添加反向提示词。方法：打开本书配套网盘中的"源文件\10.1　生成真人转卡通效果\提示词.word"文件，然后选择反向提示词"(worst quality:2),(low quality:2),(normal quality:2),lowres,watermark,nsfw,badhandv4,ng_deepnegative_v1_75t,NSFW,monochrome,badhandv4,"，如图 10-7 所示，按快捷键〈Ctrl+C〉进行复制，接着回到 Stable Diffusion 中，再在"图生图"的反向提示词文本框中按快捷键〈Ctrl+V〉粘贴，如图 10-8 所示。

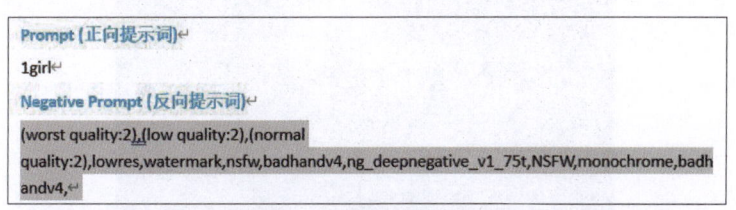

图 10-7　选择反向提示词

图 10-8　粘贴反向提示词

06 设置生成参数。方法：进入"生成"选项卡，将"采样方式"设置为"DPM++2M"，"迭代步数"加大为"60"，然后单击 ![] （从图生图自动检测图像尺寸）按钮，将要生成的图像尺寸设置为与"原图 1.png"一致，接着将"提示词引导系数"设置为"7"，"重绘幅度"减小为"0.45"，从而使要生成的图像更接近于原图，最后将"总批次数"设置为"1"，如图 10-9 所示。

07 选中"启用 After Detailer"复选框，启用脸部修复，如图 10-10 所示。

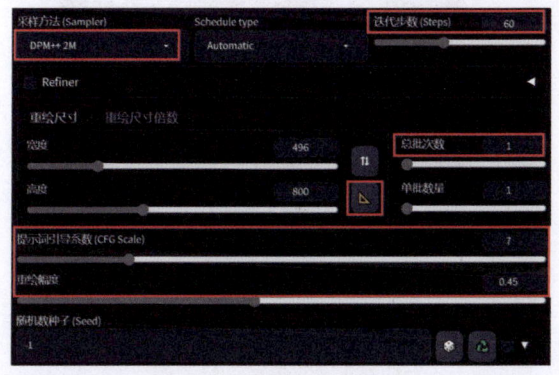

图 10-9　设置生成参数

图 10-10　选中"启用 After Detailer"复选框

08 单击"生成"按钮，此时软件会根据提供的提示词和生成参数开始进行计算，当计算完成后，就可以看到根据设置的参数生成的卡通人物的效果了，此时在生成图片的下方会显示生成图片的相关参数信息，如图 10-11 所示。

- 203 -

AIGC 绘画创作——Midjourney 和 Stable Diffusion 生成创意图像

图 10-11　生成的卡通人物

2. 真人转卡通效果2

01 在"图生图"选项卡中关闭"原图 1.png",然后单击"点击上传",从弹出的"打开"对话框中选择本书配套网盘中的"源文件\10.1　生成真人转卡通效果\原图 2.png"文件,如图 10-12 所示,单击"打开"按钮,从而将"原图 2.png 添加到"图生图"选项卡,效果如图 10-13 所示。

图 10-12　选择"原图 2.png"文件

图 10-13　将图片添加到"图生图"选项卡

02 根据图片反推出提示词。方法：进入"WD1.4 标签器"选项卡,关闭"原图 1.png",然后单击"点击上传",从弹出的"打开"对话框中同样选择本书配套网盘中的"源文件\10.1　生成真人转卡通效果\原图 2.png"文件,单击"打开"按钮,此时软件会根据这张图片反推出提示词,如图 10-14 所示。

第10章 动漫设计

图 10-14 根据图片反推出提示词

03 选择根据图片反推出的提示词，按快捷键〈Ctrl+C〉进行复制，然后回到"图生图"选项卡，再在正向提示词文本框中按〈Delete〉键删除原来的提示词，接着按快捷键〈Ctrl+V〉粘贴刚才复制的提示词，如图 10-15 所示。

> **提 示：** 单击"发送到图生图"按钮，将反推出的提示词添加到"图生图"的正向提示词文本框的同时会删除原来的反向提示词，为了保留原来的反向提示词，此时采用的是复制和粘贴反推出提示词的方法来添加图生图的正向提示词。

04 单击"生成"按钮，此时软件会根据提供的提示词和生成参数开始进行计算，当计算完成后，就可以看到根据设置的参数生成的卡通人物的效果了，此时在生成图片的下方会显示生成图片的相关参数信息，如图 10-16 所示。

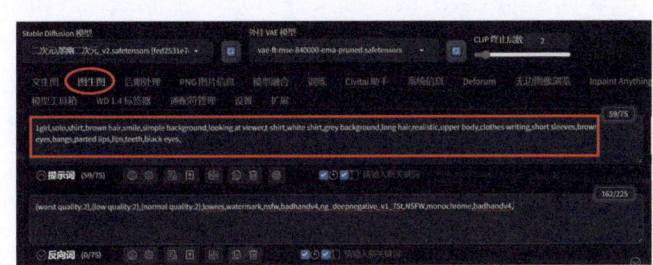

图 10-15 粘贴正向提示词

图 10-16 生成的卡通人物

05 至此，整个案例制作完毕。

10.2 生成三维卡通角色

要点：
本节将生成一个卡通小女孩的三维效果，如图 10-17 所示。通过本节的学习，读者应掌握如何设置大模型以确定图像的风格，如何应用"文生图"的正反提示词，如

扫码看视频

- 205 -

 AIGC 绘画创作——Midjourney 和 Stable Diffusion 生成创意图像 》》》

何在正向提示词中添加相关 Lora 模型，以及如何设置生成参数。

a)　　　　　　　　　　　　　b)

图 10-17　生成三维卡通角色

a）没有添加 Lora 模型　b）添加 Lora 模型并设置权重

 操作步骤：

1. 不添加Lora模型生成三维卡通角色

`01` 启动 Stable Diffusion，然后选择"IP DESIGN _ 3D 可爱化模型 _V4.0.safetensors"大模型，接着将"外挂 VAE 模型"设置为"vae-ft-mse-840000-ema-pruned.safetensors"，再进入"文生图"选项卡。

`02` 添加正向提示词。方法：打开本书配套网盘中的"源文件\10.2　生成三维卡通角色\提示词.word"文件，然后选择正向提示词"1girl, hair bun, leaf, black hair, food, double bun, painting (medium), traditional media, watercolor (medium), skirt, autumn leaves, blue skirt, ribbon, solo, long sleeves, hair ribbon, holding, red ribbon, cat, standing, blush, child, animal, (masterpiece:1.2), best quality, highres,extremely detailed CG,perfect lighting,8k wallpaper"，如图 10-18 所示，按快捷键〈Ctrl+C〉进行复制，接着回到 Stable Diffusion 中，再在"文生图"的正向提示词文本框中按快捷键〈Ctrl+V〉进行粘贴，如图 10-19 所示。

图 10-18　选择正向提示词

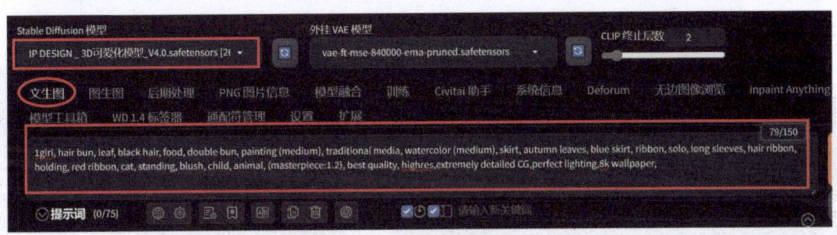

图 10-19　粘贴正向提示词

03 添加反向提示词。方法：打开本书配套网盘中的“源文件 \10.2　生成三维卡通角色 \提示词.word”文件，然后选择反向提示词，如图 10-20 所示，按快捷键〈Ctrl+C〉进行复制，接着回到 Stable Diffusion 中，再在“文生图”的反向提示词文本框中按快捷键〈Ctrl+V〉粘贴，如图 10-21 所示。

反向提示词
(worst quality:2), (low quality:2), (normal quality:2), lowres, bad anatomy, bad hands, normal quality, ((monochrome)), ((grayscale),nsfw,bad-artist bad-hands-5 bad-image-v2-39000 bad_prompt_version2 badhandv4 easynegative negative_hand-neg ng_deepnegative_v1_75t verybadimagenegative_v1.3,nsfw Diffusion_badhandv4 (EasyNegativeV2_V2.0:0.5), NSFW, (worst quality:2), (low quality:2), (normal quality:2), lowres, normal quality, ((monochrome)),((grayscale)), skin spots, acnes, skin blemishes, age spot, (ugly:1.331), (duplicate:1.331), (morbid:1.21), (mutilated:1.21), (tranny:1.331), mutated hands, (poorly drawn hands:1.5), blurry, (bad anatomy:1.21), (bad proportions:1.331), extra limbs, (disfigured:1.331), (missing arms:1.331), (extra legs:1.331), (fused fingers:1.5), (too many fingers:1.5), (unclear eyes:1.331), lowers, bad hands, missing fingers, extra digit,bad hands, missing fingers, (((extra arms and legs))),

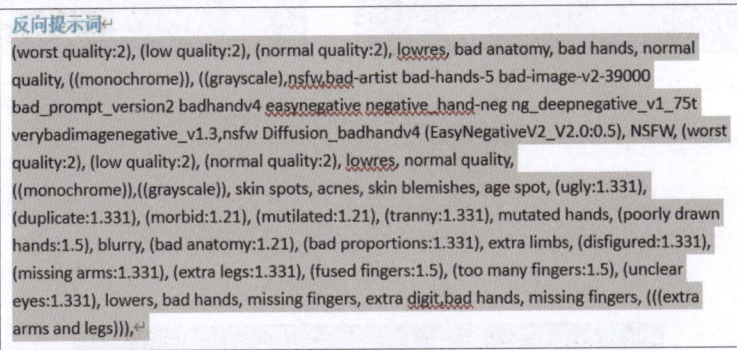

图 10-20　选择反向提示词

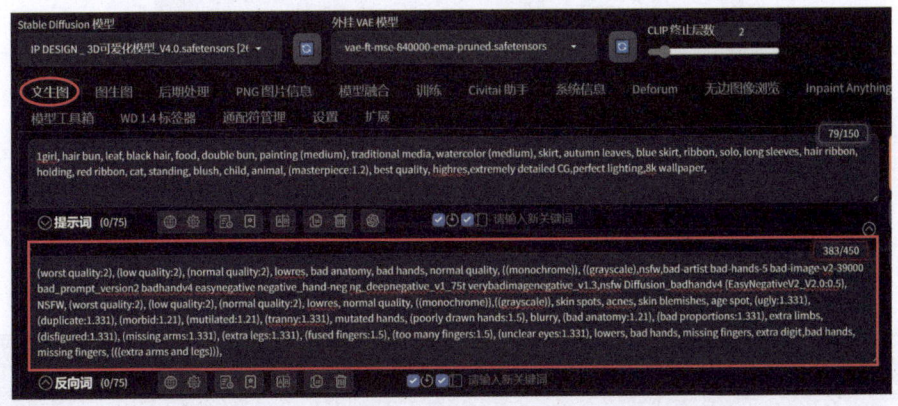

图 10-21　粘贴反向提示词

04 设置生成参数。方法：进入“生成”选项卡，将“采样方法”设置为“Euler a”，“迭代步数”加大为“25”，然后将“宽度”设置为“512”，“高度”设置为“768”，再选中“高分辨率修复”复选框，并将“放大算法”设置为卡通类的“R-ESRGAN 4x+ Anime6B”，接着将“提示词引导系数”设置为“7”，“随机数种子”设置为“3800306866”，“总批次数”设置为“1”，如图 10-22 所示。

05 单击“生成”按钮，此时软件会根据提供的提示词和生成参数开始进行计算，当计算完成后，就可以看到根据设置的参数生成的卡通人物的效果了，此时在生成图片的下方会显示

生成图片的相关参数信息，如图10-23所示。

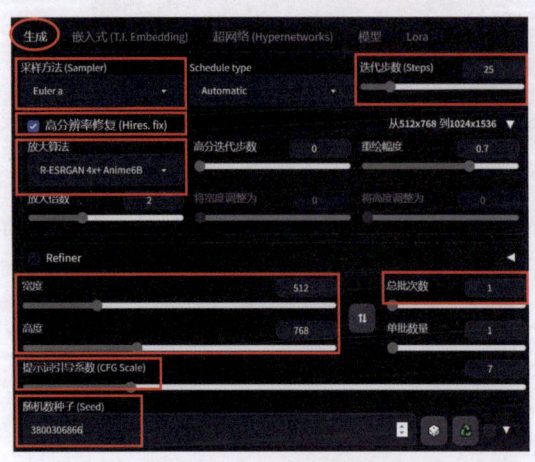

图10-22　设置生成参数

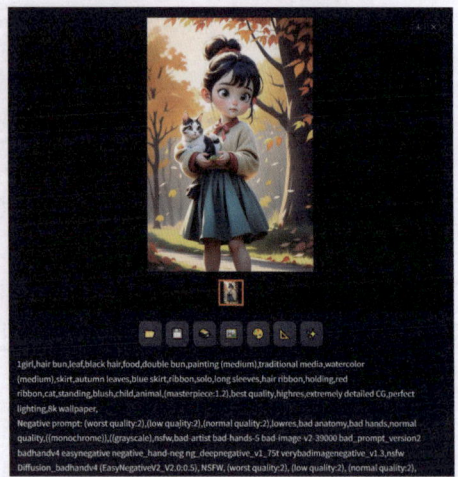

图10-23　生成效果

2. 添加Lora模型生成三维卡通角色

01 将鼠标放置到正向提示词文本框，然后进入"Lora"选项卡，从中选择"三维IP古风潮玩v1.0"，如图10-24所示，此时选择的Lora模型就被添加到正向提示词文本框中了，如图10-25所示。接着将Lora模型的权重由1减小为0.8，如图10-26所示。

图10-24　选择"三维IP古风潮玩v1.0"

图10-25　选择的Lora模型被添加到正向提示词文本框

图10-26　将Lora模型的权重由1减小为0.8

第 10 章 动漫设计

02 单击"生成"按钮,此时软件会根据提供的正反提示词和生成参数开始进行计算,当计算完成后,就可以看到生成的卡通人物的效果了,如图 10-27 所示。

图 10-27 生成效果

如图 10-28 所示为设置不同随机数种子生成的效果。

随机数种子:1584131454　　　　随机数种子:1584131447　　　　随机数种子:1584131449

图 10-28 设置不同随机数种子生成的效果

03 至此,整个案例制作完毕。

10.3 生成卡通动物形象三视图

 要点:

本节将分别生成鹿、虎和猪的卡通动物形象三视图,如图 10-29 所示。通过本节的学习,读者应掌握如何设置大模型以确定图像的风格,如何应用"文生图"的提示词,如何在正向提示词中添加相关 Lora 模型,以及如何设置生成参数。

扫码看视频

- 209 -

a)

b)

c)

图 10-29　生成卡通动物形象三视图

a）鹿的卡通形象三视图　b）虎的卡通形象三视图　c）猪的卡通形象三视图

操作步骤：

1. 生成鹿的卡通形象三视图

01 启动 Stable Diffusion，然后选择"X 潮玩 _V1.safetensors"大模型，接着将"外挂 VAE 模型"设置为"vae-ft-mse-840000-ema-pruned.safetensors"，再进入"文生图"选项卡。

02 添加正向提示词。方法：打开本书配套网盘中的"源文件\10.3　生成三视图卡通动物形象\提示词.word"文件，然后选择正向提示词"masterpiece,best quality,three views,deer,character design"，如图 10-30 所示，按快捷键〈Ctrl+C〉进行复制，接着回到 Stable Diffusion 中，再在"文生图"的正向提示词文本框中按快捷键〈Ctrl+V〉粘贴，如图 10-31 所示。

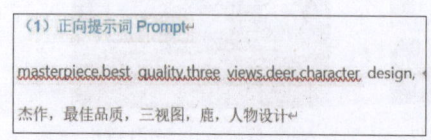

图 10-30　选择正向提示词

图 10-31　粘贴正向提示词

03 在正向提示词中添加相关 Lora 模型。方法：进入"Lora"选项卡，然后选择"真 -IP 设计 _ 动物版"，如图 10-32 所示，此时选择的 Lora 模型就被添加到正向提示词文本框中了，如图 10-33 所示。

图 10-32　选择"真 -IP 设计 _ 动物版"

图 10-33　选择的 Lora 模型被添加到正向提示词文本框

04 添加反向提示词。方法：将鼠标定位在反向提示词文本框中，然后进入"嵌入式"选项卡，从中选择"EasyNegative"，此时选择的嵌入式就被添加到反向提示词文本框中了，如图10-34所示。

图10-34 将选择的嵌入式添加到反向提示词文本框中

05 设置生成参数。方法：进入"生成"选项卡，将"采样方法"设置为"Euler a"，"迭代步数"设置为"20"，然后将"宽度"设置为"768"，"高度"设置为"512"，再选中"高分辨率修复"复选框，并将"放大算法"设置为"R-ESRGAN 4x+"，将"重绘幅度"减小为"0.5"，从而使要生成的图像更接近于原图，接着将"提示词引导系数"设置为"7"，"随机数种子"设置为"734761252"，"总批次数"设置为"1"，如图10-35所示。

06 选中"启用 Tiled Diffusion"复选框，从而将图像分割成若干块，分别进行计算，再重新组合。然后选中"启用 Tiled VAE"复选框，避免因为显存不足而无法生成图像的错误。

07 单击"生成"按钮，此时软件会根据提供的提示词和生成参数开始进行计算，当计算完成后，就可以看到根据设置的参数生成的卡通人物的效果了，此时在生成图片的下方会显示生成图片的相关参数信息，如图10-36所示。

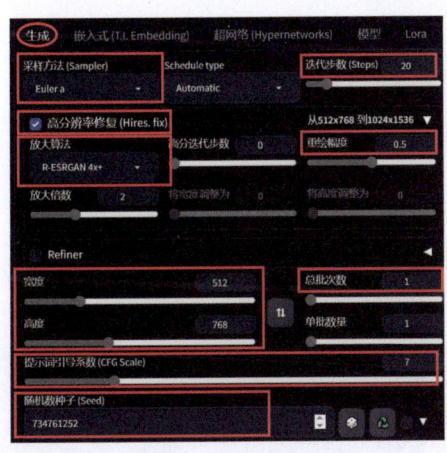

图10-35 设置生成参数

图10-36 生成效果

2. 生成虎的卡通形象三视图

将正向提示词中的"deer"更改为"tiger",如图10-37所示,然后将"随机数种子"参数值设置为"166580870",如图10-38所示,接着保持其他参数不变,单击"生成"按钮,当计算完成后,就可以看到根据设置的参数生成的虎的卡通形象三视图的效果了,如图10-39所示。

图10-37 将"deer"更改为"tiger"

图10-38 将"随机数种子"设置为"166580870"

图10-39 生成虎的卡通形象三视图

3. 生成猪的卡通形象三视图

01 将正向提示词中的"tiger"更改为"pig",然后将"随机数种子"参数值设置为"545277761",接着保持其他参数不变,单击"生成"按钮,当计算完成后,就可以看到生成的猪的卡通形象三视图的效果了,如图10-40所示。

图10-40 生成猪的卡通形象三视图

02 至此,整个案例制作完毕。

第 10 章 动漫设计

10.4 生成卡通人物形象三视图

扫码看视频

要点：

本节将生成卡通人物形象三视图，如图 10-41 所示。通过本节的学习，读者应掌握在保持大模型、"文生图"的提示词及其他生成参数不变的情况下，只修改"采样方法"来生成不同图像的方法。

a)

b)

图 10-41 生成卡通人物形象三视图

a)"采样方式"为"DPM++ 2M" b)"采样方式"为"Euler a"

操作步骤

01 启动 Stable Diffusion，然后选择"X 潮玩 _V1.safetensors"大模型，接着将"外挂 VAE 模型"设置为"vae-ft-mse-840000-ema-pruned.safetensors"，再进入"文生图"选项卡。

02 添加正向提示词。方法：打开本书配套网盘中的"源文件\10.4 生成三视图卡通人物形象\提示词.word"文件，然后选择正向提示词"masterpiece,best quality,blue eyes,white background,short hair,three views,wearing vr glasses,1boy,yellow footwear"，如图 10-42 所示，按快捷键〈Ctrl+C〉进行复制，接着回到 Stable Diffusion 中，再在"文生图"的正向提示词文本框中按快捷键〈Ctrl+V〉进行粘贴，如图 10-43 所示。

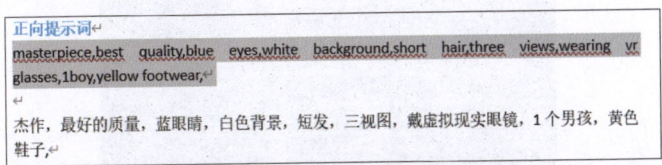

图 10-42 选择正向提示词

图 10-43 粘贴正向提示词

AIGC 绘画创作——Midjourney 和 Stable Diffusion 生成创意图像 》》》

03 添加反向提示词。方法：将鼠标定位在反向提示词文本框中，然后进入"嵌入式"选项卡，从中选择"EasyNegative""badhandv4"和"ng_deepnegative_v1_75t"，此时选择的嵌入式就被添加到反向提示词文本框中了。

04 设置生成参数。方法：进入"生成"选项卡，将"采样方法"设置为"DPM++ 2M"，"迭代步数"设置为"25"，然后将"宽度"设置为"768"，"高度"设置为"512"，接着将"提示词引导系数"设置为"7"，"随机数种子"设置为"3642009637"，最后为了能够从多个结果中进行选择，再将"总批次数"设置为"6"（也就是生成6个结果），如图10-44所示。

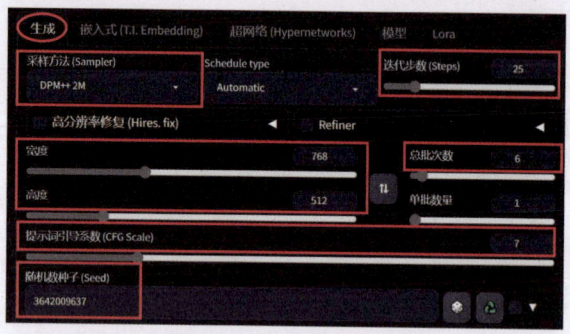

图 10-44　设置生成参数

05 单击"生成"按钮，此时软件会根据提供的提示词和生成参数开始进行计算，当计算完成后，就会生成1张缩略图和6张结果图，此时可以从生成的结果中选择一个满意的结果，如图10-45所示。

图 10-45　从生成的结果中选择一个满意的结果

06 修改采样方法后重新生成图像。方法：将"采样方式"设置为"Euler a"，然后保持其他参数不变，单击"生成"按钮，此时软件会重新生成1张缩略图和6张结果图，此时可以从生成的结果中选择一个满意的结果，如图10-46所示。

> **提示：** 通过这个案例可以看到在保持大模型、提示词及其他生成参数不变的情况下，只修改"采样方法"会生成完全不同的效果。

- 214 -

第 10 章 动漫设计

图 10-46 从生成的结果中选择一个满意的结果

如图 10-47 所示为设置不同随机数种子生成的效果。

随机数种子:2295453284

随机数种子:3642009640

随机数种子:2295453298

图 10-47 设置不同随机数种子生成的效果

07 至此，整个案例制作完毕。

10.5 课后练习

1）将一张真人图片转为卡通效果。
2）分别生成一张卡通动物形象三视图和一张卡通人物形象三视图。

第11章 游戏设计

本章重点

利用 Stable Diffusion 不仅可以轻松地生成游戏中的各种场景、道具和角色,而且可以根据客户要求提供多种方案供客户选择。通过本章的学习,读者应掌握利用 Stable Diffusion 生成游戏中场景、道具和角色的方法。

11.1 生成欧美二次元游戏场景效果图

要点:

本节将生成一个欧美二次元风格的游戏场景效果,如图11-1所示。通过本节的学习,读者应掌握设置大模型确定图像的风格、设置"文生图"的提示词、在正向提示词中添加相关Lora模型和设置生成参数的方法。

扫码看视频

图 11-1　生成欧美二次元游戏场景效果图

操作步骤:

01 启动 Stable Diffusion,然后选择"revAnimated_v122.safetensors"大模型,接着将"外挂 VAE 模型"设置为"vae-ft-mse-840000-ema-pruned.safetensors",再进入"文生图"选项卡。

02 添加正向提示词。方法:打开本书配套网盘中的"源文件\11.1　生成欧美二次元游戏场景效果图\提示词.word"文件,然后选择正向提示词"simple_background, no_humans, grass, green_background, door, house, food_focus, still_life, wood",如图11-2所示,按快捷键〈Ctrl+C〉进行复制,接着回到 Stable Diffusion 中,再在"文生图"的正向提示词文本框中按快捷键〈Ctrl+V〉粘贴,如图11-3所示。

- 216 -

第 11 章 游戏设计

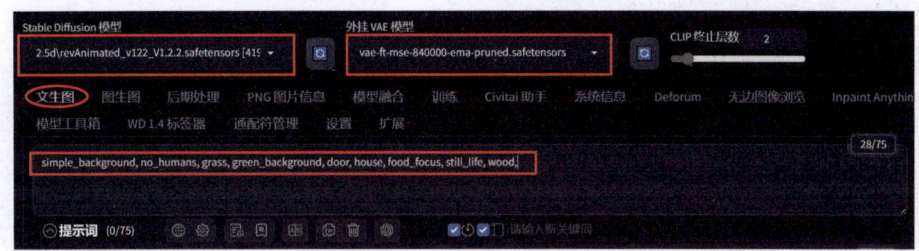

图 11-2 选择正向提示词

图 11-3 粘贴正向提示词

03 添加反向提示词。方法：回到"提示词.word"文件，然后选择反向提示词"lowres,worst quality,low quality,normal quality,blurry"，如图 11-4 所示，按快捷键〈Ctrl+C〉进行复制，接着回到 Stable Diffusion 中，再在"文生图"的反向提示词文本框中按快捷键〈Ctrl+V〉粘贴，如图 11-5 所示。

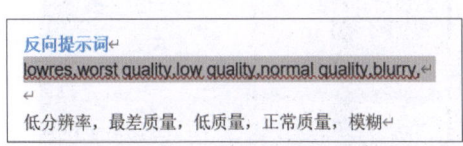

图 11-4 选择反向提示词

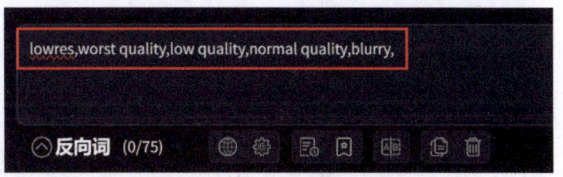

图 11-5 粘贴反向提示词

04 设置生成参数。方法：进入"生成"选项卡，将"采样方法"设置为"DPM++ 2M"，"迭代步数"设置为"20"，然后将"宽度"设置为"768"，"高度"设置为"512"，接着选中"高分辨率修复"复选框，再展开其参数，将"放大算法"设置为"Latent"，"放大倍数"设置为"2"，此时要生成的图片尺寸就由原来的 512×768 像素放大了一倍，变为了 1024×1536 像素，再接着将"高分迭代步数"设置为"15"，"重绘幅度"设置为"0.7"，从而使高分辨率修复后的图像更接近于原图，最后将"提示词引导系数"设置为"7"，"随机数种子"设置为"1251777372"，将"总批次数"设置为"1"，如图 11-6 所示。

05 单击"生成"按钮，当软件计算完成后，就会根据设置好的参数生成一个场景，如图 11-7 所示。

06 此时生成的场景并不是二次元的游戏场景，接下来通过添加 Lora 模型来生成二次元的游戏场景。方法：将鼠标定位在正向提示词文本框中，然后进入"Lora"选项卡，从中选择"单体建筑设计【欧美风格】_1.0"，如图 11-8 所示，此时选择的 Lora 模型就被添加到正向提示词文本框中了，如图 11-9 所示。

- 217 -

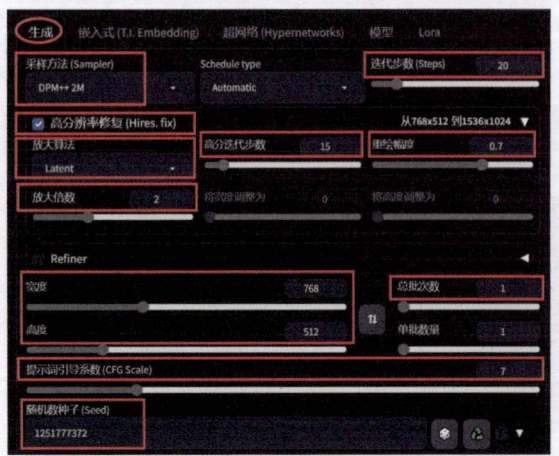

图 11-6　设置生成参数

图 11-7　生成效果

图 11-8　选择"单体建筑设计【欧美风格】_1.0"

图 11-9　选择的 Lora 模型被添加到正向提示词文本框

07 单击"生成"按钮，当软件计算完成后，就会根据设置好的参数生成一个欧美二次元的游戏场景，如图 11-10 所示。如图 11-11 所示为设置不同随机数种子生成的效果。

第 11 章 游戏设计

图 11-10 生成的欧美二次元的游戏场景

随机数种子：1251777375　　　　随机数种子：1251777368　　　　随机数种子：1251777373

图 11-11 设置不同随机数种子生成的效果

08 至此，整个案例制作完毕。

11.2 生成中式游戏场景效果图

要点：

本节将生成一个中式古典建筑群的游戏场景效果，然后在此基础上生成一个下雪的效果，如图11-12所示。通过本节的学习，读者应掌握设置大模型确定图像的风格、设置"文生图"的提示词、在正向提示词中添加相关Lora模型、将"文生图"生成的图像发送到"图生图"后添加新的提示词和设置生成参数的方法。

扫码看视频

a）　　　　　　　　　　　　　　　　b）

图 11-12 生成中式游戏场景

a）中式古典建筑群的游戏场景　b）雪中的中式古典建筑群的游戏场景

 AIGC 绘画创作——Midjourney 和 Stable Diffusion 生成创意图像 》》》

 **操作步骤：**

1. 生成一个中式古典建筑群的游戏场景原画

01 启动 Stable Diffusion，然后选择"AWPainting_v1.3.safetensors"大模型，接着将"外挂 VAE 模型"设置为"vae-ft-mse-840000-ema-pruned.safetensors"，再进入"文生图"选项卡。

02 添加正向提示词。方法：打开本书配套网盘中的"源文件\11.2 生成中式游戏场景原画\提示词.word"文件，然后选择正向提示词"masterpiece,high quality,detailed,mountain, house, architecture,castle,bridge,tower,no_humans,city,scenery,east_asian_architecture"，如图 11-13 所示，按快捷键〈Ctrl+C〉进行复制，接着回到 Stable Diffusion 中，再在"文生图"的正向提示词文本框中按快捷键〈Ctrl+V〉粘贴，如图 11-14 所示。

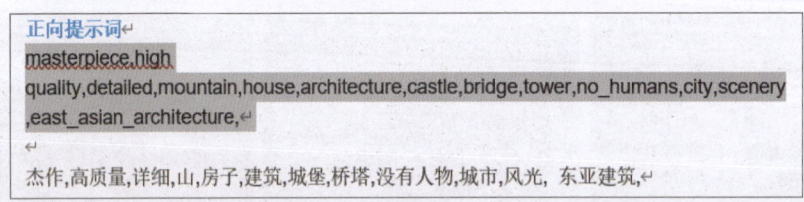

图 11-13　选择正向提示词

图 11-14　粘贴正向提示词

03 在正向提示词中添加 Lora 模型。方法：将鼠标定位在正向提示词文本框中，然后进入"Lora"选项卡，从中选择"古风建筑"，如图 11-15 所示，此时选择的 Lora 模型就被添加到正向提示词文本框中了，接着将添加的 Lora 模型权重减小为 0.9，如图 11-16 所示。

图 11-15　选择"古风建筑"

- 220 -

第11章 游戏设计

图 11-16 将添加的 Lora 模型权重减小为 0.9

04 添加反向提示词。方法：回到"提示词 .word"文件，然后选择反向提示词"bad quality,watermark"，如图 11-17 所示，按快捷键〈Ctrl+C〉进行复制，接着回到 Stable Diffusion 中，再在"文生图"的反向提示词文本框中按快捷键〈Ctrl+V〉粘贴，如图 11-18 所示。

图 11-17 选择反向提示词

图 11-18 粘贴反向提示词

05 设置生成参数。方法：进入"生成"选项卡，将"采样方法"设置为"DPM++2M SDE"，"迭代步数"设置为"30"，然后将"宽度"设置为"768"，"高度"设置为"512"，接着选中"高分辨率修复"复选框，再展开其参数，将"放大算法"设置为"Latent"，"放大倍数"设置为"2"，此时要生成的图片尺寸就由原来的 512×768 像素放大了一倍，变为了 1024×1536 像素，最后将"提示词引导系数"设置为"7"，"随机数种子"参数值设置为"2295197646"，将"总批次数"设置为"5"（也就是生成 5 个结果），如图 11-19 所示。

06 单击"生成"按钮，此时软件会根据设置的参数开始进行计算，当计算完成后，就会生成 1 张缩略图和 5 张结果图，此时可以从生成的结果中选择一个满意的结果，如图 11-20 所示。

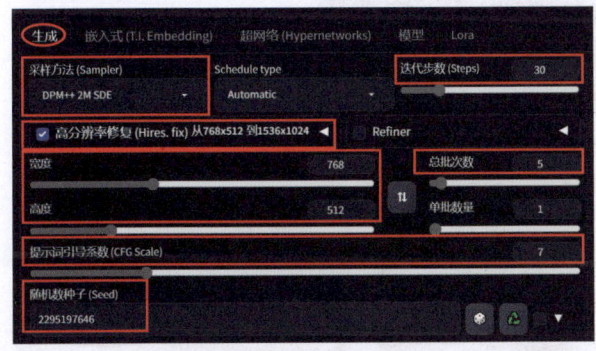

图 11-19 设置生成参数

图 11-20 生成效果

2. 给场景添加下雪效果

01 在选择的图像下方单击 ![btn] （发送图像和生成参数到"图生图"选项卡）按钮，从而将

- 221 -

该图像发送到"图生图"选项卡,如图 11-21 所示。

02 在"图生图"的正向提示词文本框中添加提示词"snow"(下雪),并将其权重加大为 2,此时新添加的提示词显示为"(snow:2)",如图 11-22 所示。

03 在"生成"选项卡中将"重绘幅度"设置为"0.5",如图 11-23 所示,从而使生成的结果更接近于原图。然后单击"生成"按钮,在软件计算完成后就会在原图基础上生成一个下雪效果,如图 11-24 所示。如图 11-25 所示为设置了不同随机数种子生成的下雪效果。

图 11-21 将该图像发送到"图生图"选项卡

图 11-22 新添加的提示词显示为"(snow:2)"

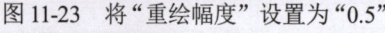

图 11-23 将"重绘幅度"设置为"0.5"

图 11-24 生成一个下雪效果

随机数种子:2295197643

随机数种子:2295197645

随机数种子:2295197644

图 11-25 设置不同随机数种子生成的效果

04 至此，整个案例制作完毕。

11.3 生成游戏道具效果图——发光宝剑

 要点：

本节将生成一种游戏中常见的发光宝剑道具的效果图，如图11-26所示。通过本节的学习，读者应掌握通过设置大模型确定图像的风格、设置"文生图"的提示词、在正向提示词中添加相关Lora模型和设置生成参数的方法。

扫码看视频

 操作步骤：

01 启动 Stable Diffusion，然后选择动漫类的 "anything-v5-PrtRE.safetensors"大模型，接着将"外挂VAE 模型"设置为"vae-ft-mse-840000-ema-pruned.safetensors"，再进入"文生图"选项卡。

02 添加正向提示词。方法：打开本书配套网盘中的"源文件\11.3 生成游戏道具效果图——发光宝剑\提示词.word"文件，然后选择正向提示词"(8K, best quality, masterpiece:1.2, beautiful and aesthetic:1.2),no humans, simple background,still life,glowing weapon,glowing sword"，

图11-26 生成游戏中发光宝剑道具效果图

如图 11-27 所示，按快捷键〈Ctrl+C〉进行复制，接着回到 Stable Diffusion 中，再在"文生图"的正向提示词文本框中按快捷键〈Ctrl+V〉粘贴，如图 11-28 所示。

图 11-27 选择正向提示词

图 11-28 粘贴正向提示词

03 在正向提示词中添加 Lora 模型。方法：将鼠标定位在正向提示词文本框中，然后进入"Lora"选项卡，从中选择"CGgameweaponicon glow_V1"，如图 11-29 所示，此时选择的 Lora

模型就被添加到正向提示词文本框中了，如图 11-30 所示。

图 11-29　选择"CGgameweaponicon glow_V1"

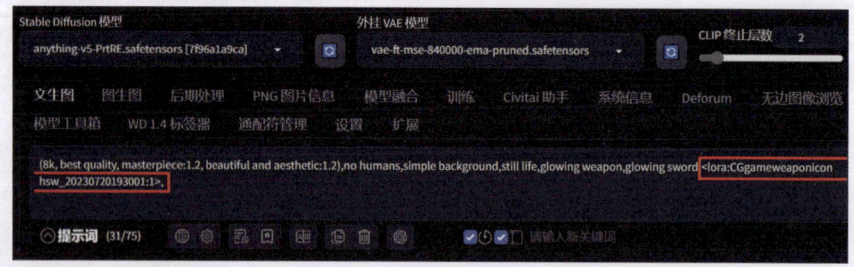

图 11-30　选择的 Lora 模型被添加到正向提示词文本框中

04 添加反向提示词。方法：将鼠标定位在反向提示词文本框中，然后进入"嵌入式"选项卡，从中选择"EasyNegative"和"ng_deepnegative_v1_75t"，此时选择的嵌入式就被添加到反向提示词文本框中了。

05 设置生成参数。方法：进入"生成"选项卡，将"采样方法"设置为"Euler a"，"迭代步数"设置为"25"，然后将"宽度"设置为"512"，"高度"设置为"768"，最后将"提示词引导系数"设置为"7"，"随机数种子"设置为"1317889643"，将"总批次数"设置为"5"（也就是生成 5 个结果），如图 11-31 所示。

06 单击"生成"按钮，此时软件会根据设置的参数开始进行计算，当计算完成后，就会生成 1 张缩略图和 5 张结果图，此时可以从生成的结果中选择一个满意的结果，如图 11-32 所示。

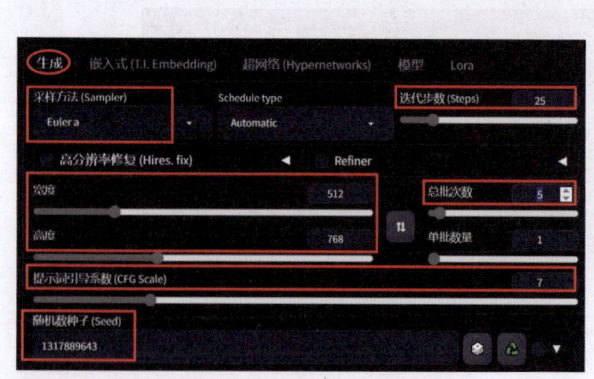

图 11-31　设置生成参数

图 11-32　从生成的结果中选择一个满意的结果

第 11 章 游戏设计

如图 11-33 所示为设置了不同随机数种子生成的游戏中发光宝剑道具的效果。

  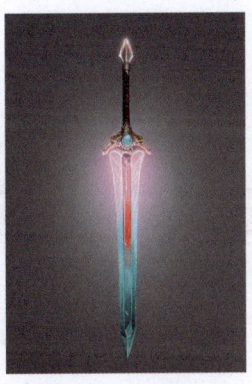 

随机数种子：4176056246　　随机数种子：4176056273　　随机数种子：1317889645　　随机数种子：1414144352

图 11-33　设置不同随机数种子生成的效果

07 至此，整个案例制作完毕。

11.4　生成游戏道具效果图——现代武器喷子

要点：

本节将生成一种游戏中常见的现代武器喷子道具的效果图，如图11-34所示。通过本节的学习，读者应掌握设置大模型确定图像的风格、设置"文生图"的提示词、在正向提示词中添加相关Lora模型和设置生成参数的方法。

扫码看视频

图 11-34　生成游戏中现代武器喷子道具

操作步骤：

01 启动 Stable Diffusion，然后选择 "revAnimated_v122.safetensors" 大模型，接着将 "外挂 VAE 模型" 设置为 "vae-ft-mse-840000-ema-pruned.safetensors"，再进入"文生图"选项卡。

02 添加正向提示词。方法：打开本书配套网盘中的 "源文件\11.4　生成游戏道具效果图——现代武器喷子\提示词.word" 文件，然后选择正向提示词 "weapon,science fiction,from side,mecha,gun,glowing",如图11-35所示,按快捷键〈Ctrl+C〉进行复制,接着回到Stable Diffusion中,再在"文生图"的正向提示词框中按快捷键〈Ctrl+V〉粘贴,如图11-36所示。

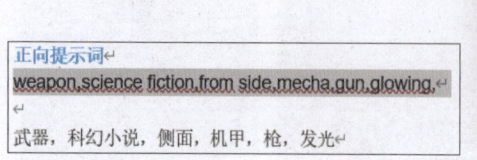

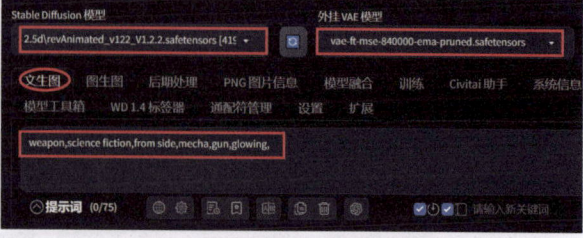

图11-35　选择正向提示词　　　　　　　图11-36　粘贴正向提示词

03 在正向提示词中添加Lora模型。方法:将鼠标定位在正向提示词文本框中,然后进入"Lora"选项卡,从中选择"CGgameguniconcsw_V1",如图11-37所示,此时选择的Lora模型就被添加到正向提示词文本框中了,如图11-38所示。

图11-37　选择"CGgameguniconcsw_V1"

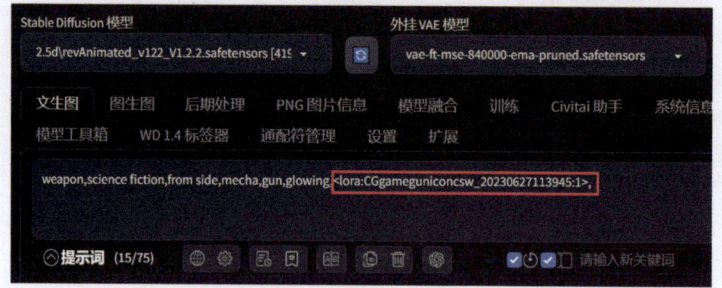

图11-38　选择的Lora模型被添加到正向提示词文本框中

04 添加反向提示词。方法:将鼠标定位在反向提示词文本框中,然后进入"嵌入式"选项卡,从中选择"EasyNegative",此时选择的嵌入式就被添加到反向提示词文本框中了,如图11-39所示。

第 11 章 游戏设计

图 11-39 将选择的嵌入式添加到反向提示词文本框

05 设置生成参数。方法：进入"生成"选项卡，将"采样方法"设置为"DPM++ 2M"，"迭代步数"设置为"30"，然后将"宽度"设置为"450"，"高度"设置为"250"，接着选中"高分辨率修复"复选框，再展开其参数，将"放大算法"设置为"Latent"，"高分迭代步数"设置为"15"，"重绘幅度"设置为"0.75"，"放大倍数"设置为"2"，此时要生成的图片尺寸就由原来的 450×250 像素放大了一倍，变为了 900×500 像素，最后将"提示词引导系数"设置为"7"，"随机数种子"参数值设置为"2233302895"，将"总批次数"设置为"1"，如图 11-40 所示。

图 11-40 设置生成参数

06 单击"生成"按钮，此时软件会根据设置的参数开始进行计算，当计算完成后，就会生成一个游戏中现代武器喷子道具的效果图，如图 11-34 所示。

如图 11-41 所示为设置了不同随机数种子生成的现代武器喷子的效果。

随机数种子:2233302888

随机数种子:4256866100

随机数种子:4256866098

随机数种子:2233302892

图 11-41　设置不同随机数种子生成的效果

07 至此，整个案例制作完毕。

11.5　生成女性游戏角色双视图

要点：

　　本节将生成一个日韩风格的女性游戏角色的双视图，如图11-42所示。通过本节的学习，读者应掌握通过设置大模型确定图像的风格、设置"文生图"的提示词、在正向提示词中添加相关Lora模型和设置生成参数的方法。

扫码看视频

图 11-42　生成游戏中女性角色双视图

 **操作步骤：**

01 启动 Stable Diffusion，然后选择"revAnimated_v122.safetensors"大模型，接着将"外挂 VAE 模型"设置为"vae-ft-mse-840000-ema-pruned.safetensors"，再进入"文生图"选项卡。

02 添加正向提示词。方法：打开本书配套网盘中的"源文件\11.5　生成游戏女角色双视图效果图\提示词.word"文件，然后选择正向提示词"Multi-view,front view,rear view, concept art,character standing painting,1girl,brown hair,armor,long hair,thighhighs,multiple views, gradient,gauntlets,gradient background,belt,shoulder armor,standing,arms at sides,greaves,full body"，如图 11-43 所示，按快捷键〈Ctrl+C〉进行复制，接着回到 Stable Diffusion 中，再在"文生图"的正向提示词文本框中按快捷键〈Ctrl+V〉粘贴，如图 11-44 所示。

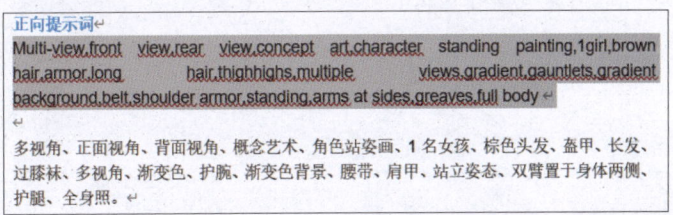

图 11-43　选择正向提示词

图 11-44　粘贴正向提示词

03 在正向提示词中添加 Lora 模型。方法：将鼠标定位在正向提示词文本框中，然后进入"Lora"选项卡，从中选择"游戏角色两视图（日韩）_v1.0"，如图 11-45 所示，此时选择的 Lora 模型就被添加到正向提示词文本框中了，如图 11-46 所示。

04 添加反向提示词。方法：回到"提示词.word"文件，然后选择通用的针对人物的反向提示词"(machinery:0.9),necklace,(depth of field, blur:1.2),(greyscale, monochrome:1.1),lowres, (worst quality:2),(low quality:2),(normal quality:2),(grayscale)),skin spots, skin blemishes, (ugly:1.331),mutated hands,(poor draw hands:1.5),blur,(bad anatomy:1.21), (bad proportions: disfigured), (missing arms:1.331),(extra legs:1.331),(fused fingers:1.61051),(too many fingers:1.61051),(unclear eyes:1.331),bad hands,missing fingers,extra digit,bad hands,(((extra arms and legs))),nsfw"，如图 11-47 所示，按快捷键〈Ctrl+C〉进行复制，接着回到 Stable Diffusion 中，再在"文生图"的反向提示词文本框中按快捷键〈Ctrl+V〉粘贴，如图 11-48 所示。

图 11-45 选择"游戏角色两视图(日韩)_v1.0"

图 11-46 选择的 Lora 模型被添加到正向提示词文本框中

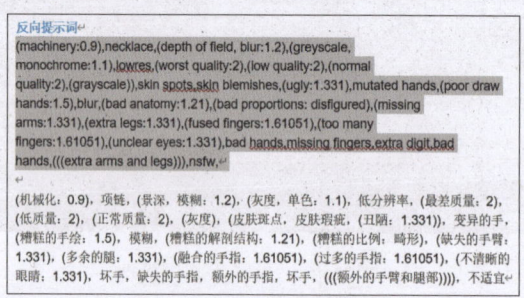

图 11-47 选择反向提示词

图 11-48 粘贴反向提示词

05 设置生成参数。方法:进入"生成"选项卡,将"采样方法"设置为"DPM++ 2M","迭代步数"设置为"30",然后将"宽度"设置为"680","高度"设置为"680",接着选中"高分辨率修复"复选框,再展开其参数,将"放大算法"设置为"R-ESRGAN 4x+","放大倍数"设置为"2",此时要生成的图片尺寸就由原来的 680×680 像素放大了一倍,变为了 1360×1360 像素,最后将"提示词引导系数"设置为"8","随机数种子"数值设置为"762222495","总批次数"设置为"10",如图 11-49 所示。

- 230 -

第 11 章 游戏设计

06 选中"启用 After Detailer"复选框，如图 11-50 所示，从而启动脸部修复。

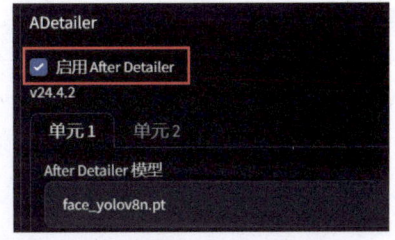

图 11-49　设置生成参数　　　　图 11-50　选中"启用 After Detailer"复选框

07 单击"生成"按钮，此时软件会根据设置的参数开始进行计算，当计算完成后，就会生成一个游戏中女性角色的效果图，如图 11-42 所示。图 11-51 为设置了不同随机数种子生成的游戏女性角色双视图的效果图。

随机数种子:762222475

随机数种子:762222488

随机数种子:762222496

随机数种子:309652315

图 11-51　设置不同随机数种子生成的效果

- 231 -

AIGC 绘画创作——Midjourney 和 Stable Diffusion 生成创意图像 》》》

08 至此，整个案例制作完毕。

11.6 生成男性游戏角色的效果图

要点：

本节将生成一个游戏中男性角色的效果图，如图11-52所示。通过本节的学习，读者应掌握设置大模型确定图像的风格、设置"文生图"的提示词、在正向提示词中添加相关Lora模型并设置其权重和设置生成参数的方法。

扫码看视频

操作步骤：

01 启动 Stable Diffusion，然后选择 "revAnimated_v122.safetensors" 大模型，接着将 "外挂 VAE 模型" 设置为 "vae-ft-mse-840000-ema-pruned.safetensors"，再进入 "文生图" 选项卡。

02 添加正向提示词。方法：打开本书配套网盘中

图11-52 生成男性游戏角色的效果图

的 "源文件\11.6 生成游戏男性角色的效果图\提示词.word" 文件，然后选择正向提示词 "boss,grey background,male focus, medium breasts,old man,shoulder armor,solo,standing,sword,weapon,white background"，如图 11-53 所示，按快捷键〈Ctrl+C〉进行复制，接着回到 Stable Diffusion 中，再在 "文生图" 的正向提示词文本框中按快捷键〈Ctrl+V〉粘贴，如图 11-54 所示。

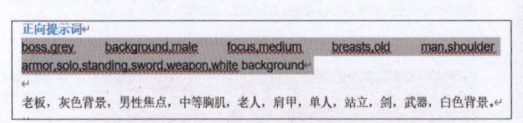

图 11-53 选择正向提示词

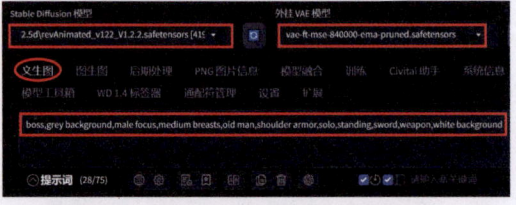

图 11-54 粘贴正向提示词

03 在正向提示词中添加 Lora 模型。方法：将鼠标定位在正向提示词文本框中，然后进入 "Lora" 选项卡，从中选择 "BOSS_v1.0"，如图 11-55 所示，此时选择的 Lora 模型就被添加到正向提示词文本框中了，接着将添加的 Lora 模型权重减小为 0.8，如图 11-56 所示。

04 添加反向提示词。方法：回到 "提示词.word" 文件，然后选择通用的针对人物的反向提示词 "(machinery:0.9),necklace,(depth of field, blur:1.2),(greyscale, monochrome:1.1),lowres, (worst quality:2),(low quality:2),(normal quality:2),(grayscale)),skin spots,skin blemishes,(ugly:1.331), mutated hands,(poor draw hands:1.5),blur,(bad anatomy:1.21),(bad proportions: disfigured),(missing arms:1.331),(extra legs:1.331),(fused fingers:1.61051),(too many fingers:1.61051),(unclear eyes:1.331),bad hands,missing fingers,extra digit,bad hands,(((extra arms and legs))),nsfw"，如图 11-57 所示，按快捷

键〈Ctrl+C〉进行复制，接着回到 Stable Diffusion 中，再在"文生图"的反向提示词文本框中按快捷键〈Ctrl+V〉粘贴，如图 11-58 所示。

图 11-55　选择"BOSS_v1.0"

图 11-56　将添加的 Lora 模型权重减小为 0.8

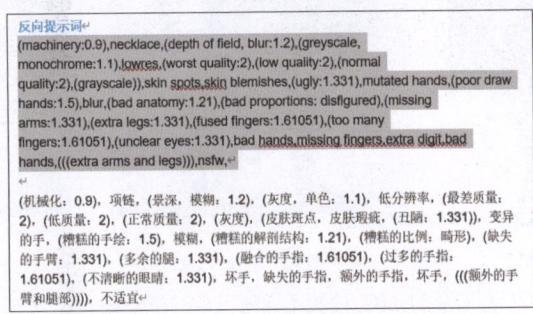

图 11-57　选择反向提示词

图 11-58　粘贴反向提示词

05　设置生成参数。方法：进入"生成"选项卡，将"采样方法"设置为"DPM++ 2M"，"迭代步数"设置为"20"，然后将"宽度"设置为"512"，"高度"设置为"768"，接着选中"高分辨率修复"复选框，此时要生成的图片尺寸就由原来的 512×768 像素放大了一倍，变为了 1024×1536 像素，最后将"提示词引导系数"设置为"7"，"随机数种子"设置为"990273636"，"总批次数"设置为"1"，如图 11-59 所示。

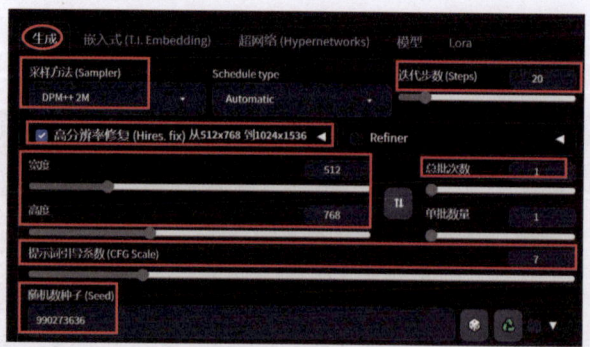

图 11-59 设置生成参数

06 单击"生成"按钮,此时软件会根据设置的参数开始进行计算,当计算完成后,就会生成一个游戏中男性角色的效果图,如图 11-52 所示。

如图 11-60 所示为设置了不同随机种子数生成的游戏中男性角色的效果图。

随机数种子:990273623

随机数种子:990273623

随机数种子:990273633

图 11-60 设置不同随机数种子生成的效果

07 至此,整个案例制作完毕。

11.7 课后练习

1) 生成一个游戏中的宝剑道具。
2) 生成一个男性游戏角色双视图。

第12章 小说推文

本章重点

利用 Stable Diffusion 可以生成与小说内容相关的图像，并能创造出符合小说风格和氛围的视觉元素。通过本章的学习，读者应掌握利用 Stable Diffusion 生成丰富、生动且适用于 AI 推文的图像的方法。

12.1 小说推文——生成人物

要点：

本节将生成两种二次元动漫都市风格的小说推文女主效果，如图 12-1 所示。通过本节的学习，读者应掌握设置大模型确定图像风格、设置"文生图"的提示词和设置生成参数的应用。

扫码看视频

a)   b)

图 12-1 二次元动漫都市风格的小说推文女主效果
a) 结果图 1 b) 结果图 2

操作步骤：

1. 生成第 1 种二次元动漫都市风格的小说推文女主效果

01 启动 Stable Diffusion，然后选择"推文大模型 V2.safetensors"大模型，接着将"外挂 VAE 模型"设置为"vae-ft-mse-840000-ema-pruned.safetensors"，再进入"文生图"选项卡。

02 添加正向提示词。方法：打开本书配套网盘中的"源文件\12.1 小说推文——生成人物\提示词.word"文件，然后选择正向提示词"(best quality),((masterpiece)),(highres),illustration,extremely detailed,1girl,solo,brown hair,jewelry,shorts,white background,blue

- 235 -

eyes,looking at viewer,earrings,simple background,shirt,long hair,off-shoulder shirt,bracelet,hand in pocket,bangs,red shirt,cowboy shot,blush, brown shorts,open mouth,shoulder bag, necklace,ultra wide shot, street view",如图 12-2 所示,按快捷键〈Ctrl+C〉进行复制,接着回到 Stable Diffusion 中,再在"文生图"的正向提示词文本框中按快捷键〈Ctrl+V〉粘贴,如图 12-3 所示。

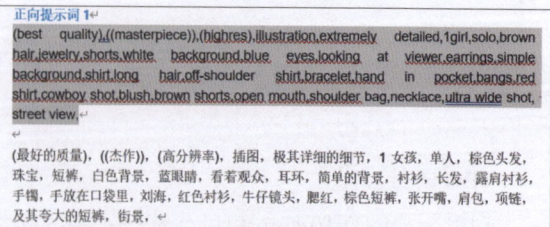

图 12-2 选择正向提示词

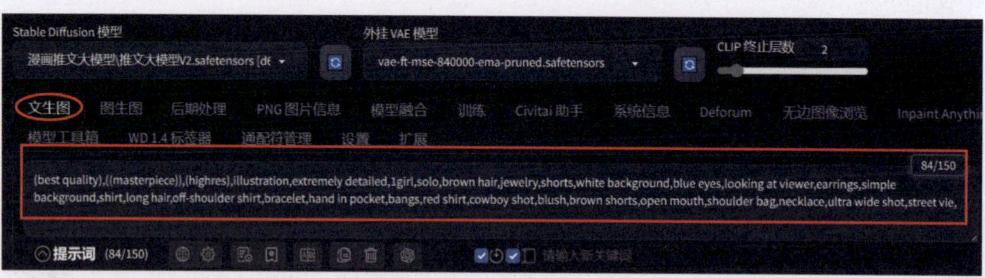

图 12-3 粘贴正向提示词

03 添加反向提示词。方法:回到"提示词.word"文件,然后选择针对人物的通用的反向提示词"(worst quality, low quality:1.4),(depth of field, blurry:1.2),(greyscale, monochrome:1.1),3D face,cropped,lowres,text,(nsfw:1.3),(worst quality:2),(low quality:2),(normal quality:2),normal quality,((grayscale)),skin spots,acnes,skin blemishes,age spot,(ugly:1.331),(duplicate:1.331),(morbid:1.21),(mutilated:1.21),(tranny:1.331),mutated hands,(poorly drawn hands:1.5),blurry,(bad anatomy:1.21),(bad proportions:1.331),extra limbs,(disfigured:1.331),(missing arms:1.331),(extra legs:1.331),(fused fingers:1.61051),(too many fingers:1.61051),(unclear eyes:1.331),lowers,bad hands,missing fingers,extra digit,bad hands,missing fingers,(((extra arms and legs)))",如图 12-4 所示,按快捷键〈Ctrl+C〉进行复制,接着回到 Stable Diffusion 中,再在"文生图"的反向提示词文本框中按快捷键〈Ctrl+V〉粘贴,如图 12-5 所示。

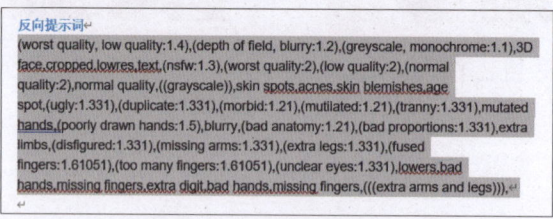

图 12-4 选择反向提示词

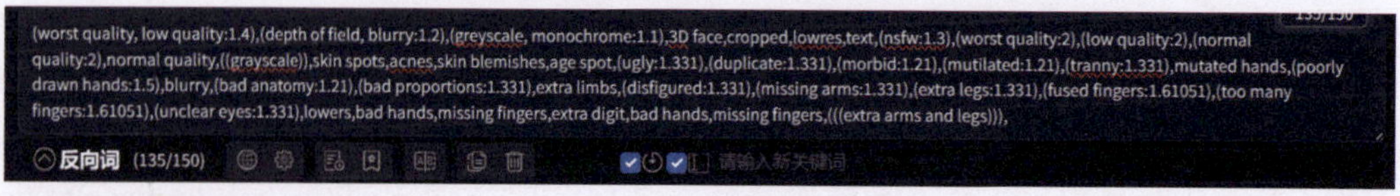

图 12-5 粘贴反向提示词

第 12 章　小说推文

04 设置生成参数。方法：进入"生成"选项卡，将"采样方法"设置为"DPM++ 2M"，"迭代步数"设置为"25"，然后将"宽度"设置为"512"，"高度"设置为"768"，接着选中"高分辨率修复"复选框，此时要生成的图片尺寸就由原来的 512×768 像素放大了一倍，变为了 1024×1536 像素，再将"提示词引导系数"设置为"7"，"随机数种子"设置为"1192694910"，最后为了能够从多个结果中进行选择，再将"总批次数"设置为"5"（也就是生成 5 个结果），如图 12-6 所示。

05 单击"生成"按钮，当软件计算完成后，就会生成 1 张缩略图和 5 张结果图了，如图 12-7 所示。此时可以从生成的结果中选择一个满意的效果。

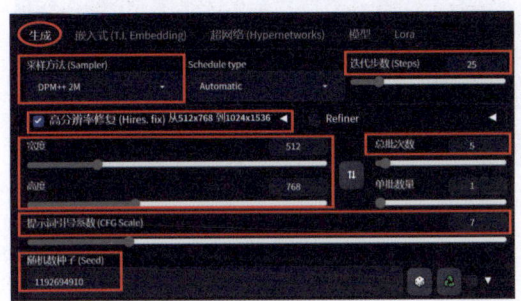

图 12-6　设置生成参数

图 12-7　生成效果

如图 12-8 所示为设置不同随机数种子生成的效果。

随机数种子：1192694910

随机数种子：1192694912

随机数种子：1192694913

随机数种子：464201208

图 12-8　设置不同随机数种子生成的效果

2. 生成第 2 种二次元动漫都市风格的小说推文女主效果

01 回到"提示词 .word"文件，然后选择正向提示词"1girls,bangs,hair_ornament,hairband,hairclip,long_hair,long_sleeves,open_mouth,pink_eyes,pink_hair,pink_neckerchief,school_

- 237 -

uniform,serafuku,shirt,upper_body,white_shirt,indoor,masterpiece,best quality",如图12-9所示,按快捷键〈Ctrl+C〉进行复制,接着回到Stable Diffusion中,再在"文生图"的正向提示词文本框中按〈Delete〉键删除原来的提示词,最后按快捷键〈Ctrl+V〉粘贴刚才复制的提示词,如图12-10所示。

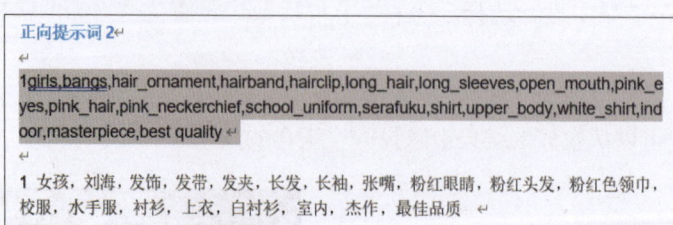

图12-9 选择正向提示词

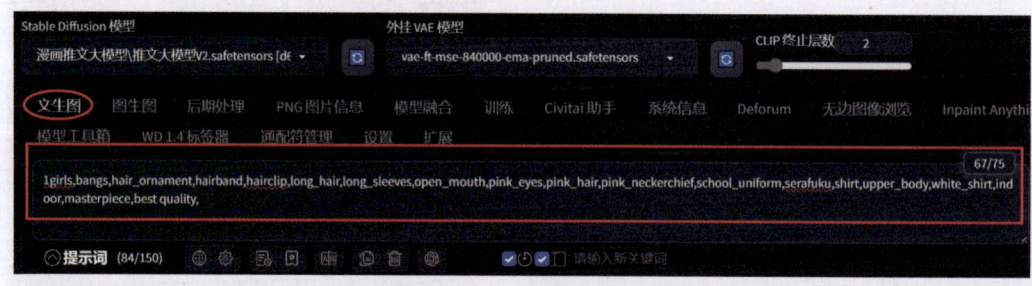

图12-10 粘贴正向提示词

02 在"生成"选项卡中将"随机数种子"参数值更改为"821946616",如图12-11所示,然后保持其他参数不变,单击"生成"按钮,当软件计算完成后,就会生成1张缩略图和5张结果图了,如图12-12所示。此时可以从生成的结果中选择一个满意的效果。

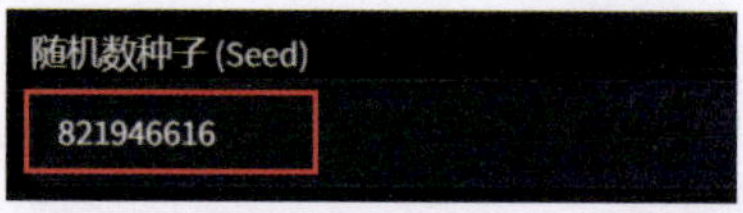

图12-11 更改"随机数种子"参数值　　　　图12-12 生成效果

如图12-13所示为设置不同随机数种子生成的效果。

第 12 章 小说推文

随机数种子 :821946616　　　随机数种子 :2847757832　　　随机数种子 :2847757797　　　随机数种子 :12847757830

图 12-13　设置不同随机数种子生成的效果

03　至此，整个案例制作完毕。

12.2　小说推文——生成带有魔法特效的场景

 要点：

扫码看视频

本节将生成 4 种带有特效的小说推文场景，如图 12-14 所示。通过本节的学习，读者应掌握设置大模型确定图像风格、设置"文生图"的提示词、在正向提示词中添加相关 Lora 模型和设置生成参数的方法。

a)　　　　　　　　　b)　　　　　　　　　c)　　　　　　　　　d)

图 12-14　带有魔法特效的场景
a)结果图 1　b)结果图 2　c)结果图 3　d)结果图 4

操作步骤：

1. 生成第1种带有魔法特效的小说推文场景

01　启动 Stable Diffusion，然后选择"AWPainting_v1.3.safetensors"大模型，接着将"外挂 VAE 模型"设置为"vae-ft-mse-840000-ema-pruned.safetensors"，再进入"文生图"选项卡。

- 239 -

02 添加正向提示词。方法：打开本书配套网盘中的"源文件\12.2 小说推文——生成带有魔法特效的场景\提示词.word"文件，然后选择正向提示词"1boy,male focus,magic,magic circle,solo,electricity,pants,outdoors,shirt,sky,from behind,night,tree,holding,red hair,fantasy,standing,outstretched arms,cloud,bird,legs apart,lightning,glowing,nature,weapon,grass,cloudy sky"，如图12-15所示，按快捷键〈Ctrl+C〉进行复制，接着回到Stable Diffusion中，再在"文生图"的正向提示词文本框中按快捷键〈Ctrl+V〉粘贴，如图12-16所示。

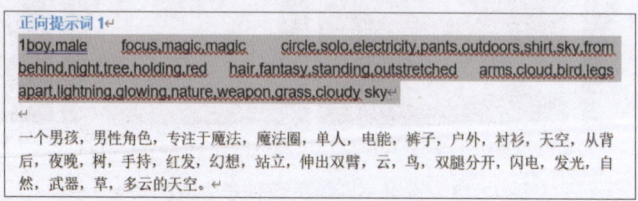

图 12-15 选择正向提示词

图 12-16 粘贴正向提示词

03 在正向提示词中添加相关Lora模型。方法：进入"Lora"选项卡，然后从中选择"小说推文-都市玄幻_V1"，如图12-17所示，此时选择的Lora模型就被添加到正向提示词文本框中了，如图12-18所示。

图 12-17 选择"小说推文-都市玄幻_V1"

图 12-18 选择的Lora模型被添加到正向提示词文本框

第12章 小说推文

04 添加反向提示词。方法：在反向提示词文本框中输入"nsfw"，如图12-19所示。

> 提示: "nsfw"是"no safe for work"的缩写，其含义是避免在公共场所出现不适合观看的内容，也就是不健康的内容。

05 设置生成参数。方法：进入"生成"选项卡，将"采样方法"设置为"Euler a"，"迭代步数"设置为"25"，然后将"宽度"设置为"512"，"高度"设置为"768"，接着选中"高分辨率修复"复选框，此时要生成的图片尺寸就由原来的512×768像素放大了一倍，变为了1024×1536像素，再将"提示词引导系数"设置为"7"，"随机数种子"设置为"1755753646"，最后将"总批次数"设置为"1"，如图12-20所示。

图12-19 反向提示词文本框中输入"nsfw"

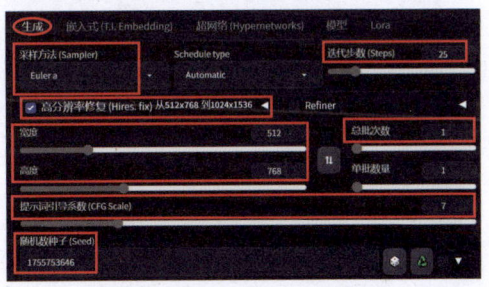

图12-20 设置生成参数

06 单击"生成"按钮，当软件计算完成后，就会根据设置好的参数生成第1种带有魔法特效的小说推文场景，如图12-21所示。如图12-22所示为设置不同随机数种子生成的效果。

随机数种子:1755753648　　随机数种子:1755753650

图12-21 生成第1种带有魔法特效的
小说推文场景

图12-22 设置不同随机数种子生成的效果

2. 生成第2种带有魔法特效的小说推文场景

01 回到"提示词.word"文件，然后选择正向提示词"black eyes,outdoors,tree,hood, unleash the magic,black hair,forest,nature,pants,male focus,short hair,magic,rock,jacket,1boy, closed mouth,night,hoodie"，如图12-23所示，按快捷键〈Ctrl+C〉进行复制，接着回到Stable Diffusion中，再在"文生图"的正向提示词文本框中选择除Lora外的提示词，按〈Delete〉键进行删除，最后按快捷键〈Ctrl+V〉粘贴刚才复制的提示词，如图12-24所示。

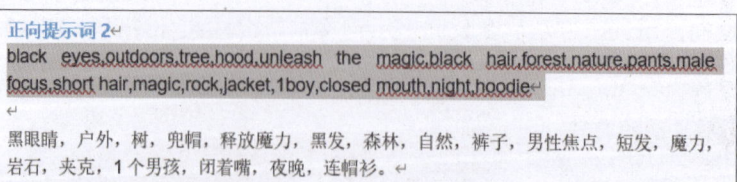

图 12-23 选择正向提示词

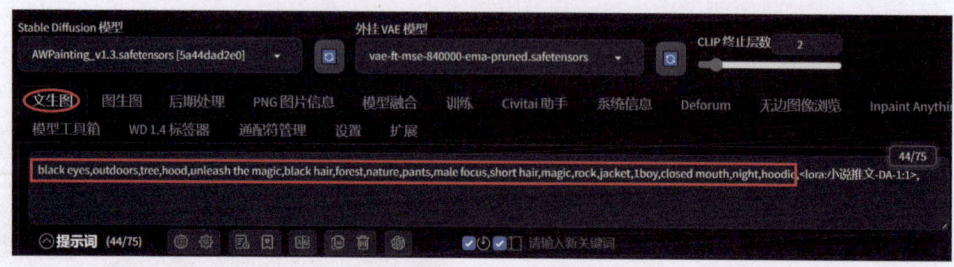

图 12-24 粘贴正向提示词

02 在"生成"选项卡中将"随机数种子"参数值更改为"2361602048",如图 12-25 所示,然后保持其他参数不变,单击"生成"按钮,当软件计算完成后,就会根据设置好的参数生成第 2 种带有魔法特效的小说推文场景,如图 12-26 所示。如图 12-27 所示为设置不同随机数种子生成的效果。

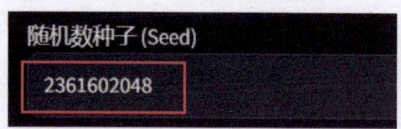

图 12-25 更改"随机数种子"参数值

图 12-26 生成第 2 种带有魔法特效的小说推文场景

随机数种子 :2626190015   随机数种子 :2361602049

图 12-27 设置不同随机数种子生成的效果

3. 生成第3种带有魔法特效的小说推文场景

01 回到"提示词.word"文件，然后选择正向提示词"fight monsters, magic attacks monsters, 1boy, snow, black hair, hood down, tree, male focus"，如图12-28所示，按快捷键〈Ctrl+C〉进行复制，接着回到 Stable Diffusion 中，再在"文生图"的正向提示词文本框中选择除 Lora 外的提示词，按〈Delete〉键进行删除，最后按快捷键〈Ctrl+V〉粘贴刚才复制的提示词，如图12-29所示。

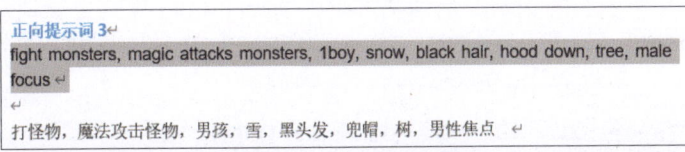

图 12-28　选择正向提示词

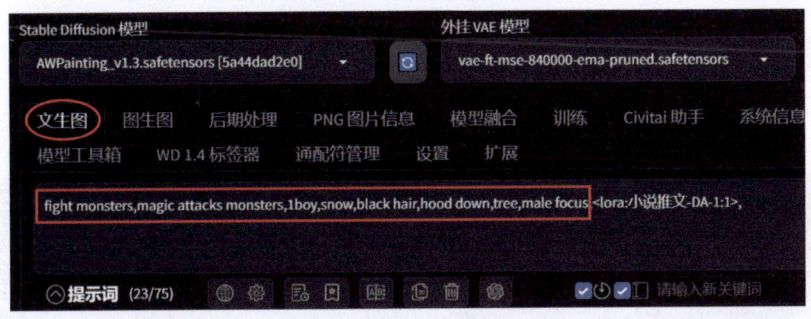

图 12-29　粘贴正向提示词

02 在"生成"选项卡中将"随机数种子"参数值更改为"2932906252"，如图12-30所示，然后保持其他参数不变，单击"生成"按钮，当软件计算完成后，就会根据设置好的参数生成第3种带有魔法特效的小说推文场景，如图12-31所示。如图12-32所示为设置不同随机数种子生成的效果。

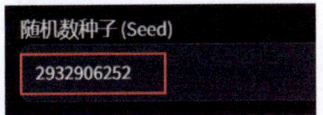

图 12-30　更改"随机数种子"参数值

图 12-31　生成第3种带有魔法特效的
　　　　　小说推文场景

随机数种子:2361602048　　　　随机数种子:2361602049

图 12-32　设置不同随机数种子生成的效果

- 243 -

4. 生成第4种带有魔法特效的小说推文场景

01 回到“提示词.word”文件，然后选择正向提示词“1boy,male focus,magical fire dragon, fire,the golden fire dragon ,black hair,holding,pants,shirt,looking at viewer,spiked hair,outdoors,nature,yellow eyes,short sleeves,forest,closed mouth,solo,tree,weapon,magic,standing,serious,yellow shirt”，如图 12-33 所示，按快捷键〈Ctrl+C〉进行复制，接着回到 Stable Diffusion，再在“文生图”的正向提示词文本框中选择除 Lora 外的提示词，按〈Delete〉键进行删除，最后按快捷键〈Ctrl+V〉粘贴刚才复制的提示词，如图 12-34 所示。

正向提示词 4

1boy,male focus,magical fire dragon,fire,the golden fire dragon ,black hair,holding,pants,shirt,looking at viewer,spiked hair,outdoors,nature,yellow eyes,short sleeves,forest,closed mouth,solo,tree,weapon,magic,standing,serious,yellow shirt

男孩，男焦点，魔法火龙，金色的火龙，火，男孩，黑发，抱着，裤子，衬衫，看着观众，尖刺的头发，户外，自然，黄眼睛，短袖，森林，闭着嘴，独舞，树，武器，魔法，站立，严肃，黄衬衫

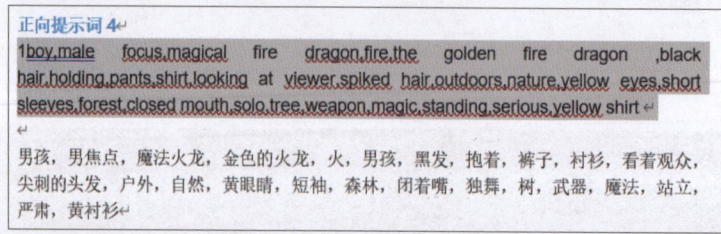

图 12-33　选择正向提示词

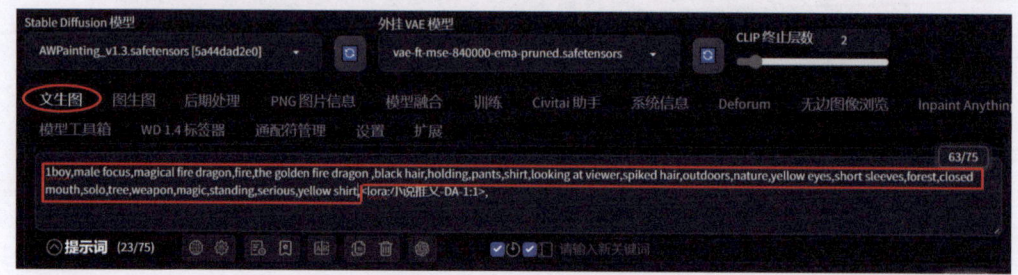

图 12-34　粘贴正向提示词

02 在“生成”选项卡中将“采样方法”更改为“DPM++ SDE”，将“随机数种子”参数值更改为“2858678174”，如图 12-35 所示，然后保持其他参数不变，单击“生成”按钮，当软件计算完成后，就会根据设置好的参数生成第 4 种带有魔法特效的小说推文场景，如图 12-36 所示。如图 12-37 所示为设置不同随机数种子生成的效果。

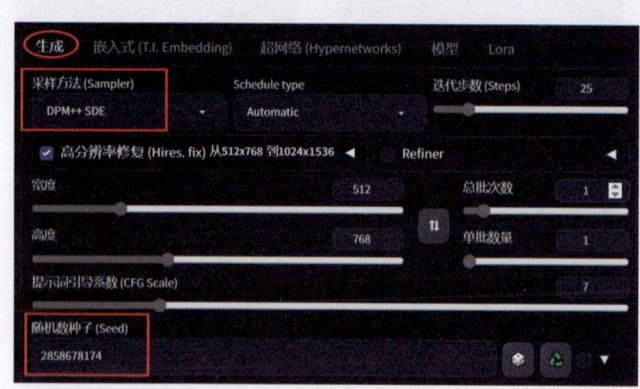

图 12-35　更改生成参数

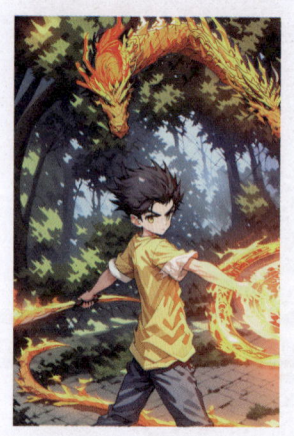

图 12-36　生成第 4 种带有魔法特效的小说推文场景

第 12 章 小说推文

随机数种子：2858678173　　　随机数种子：2858678175　　　随机数种子：2858678181

图 12-37　设置不同随机数种子生成的效果

03 至此，整个案例制作完毕。

12.3　小说推文——生成高清写实场景

 要点：
　　本节将生成两个高清写实的小说推文场景，如图 12-38 所示。通过本节的学习，读者应掌握设置大模型确定图像风格、设置"文生图"的提示词、在正向提示词中添加相关 Lora 模型和设置生成参数的方法。

扫码看视频

a)　　　　　　　　　　b)

图 12-38　两个高清写实的小说推文场景
a) 没有添加 Lora 模型　b) 添加 Lora 模型

 操作步骤：

1. 生成没有添加Lora模型的高清写实的小说推文场景

01 启动 Stable Diffusion，然后选择"推文大模型 V2.safetensors"大模型，接着将"外

- 245 -

挂 VAE 模型”设置为“vae-ft-mse-840000-ema-pruned.safetensors”，再进入“文生图”选项卡。

02 添加正向提示词。方法：打开本书配套网盘中的“源文件\12.3 小说推文——生成高清写实场景\提示词 .word”文件，然后选择正向提示词“masterpiece,sign, white flag with black fonts,yellow steam,glowing lamp,night,(grocery:1.25),potted,lantern,highres,absurdres”，如图 12-39 所示，按快捷键〈Ctrl+C〉进行复制，接着回到 Stable Diffusion 中，再在“文生图”的正向提示词文本框中按快捷键〈Ctrl+V〉粘贴，如图 12-40 所示。

正向提示词

masterpiece,sign, white flag with black fonts,yellow steam,glowing lamp,night,(grocery:1.25),potted,lantern,highres,absurdres

杰作，标志，带有黑色字体的白旗，黄色蒸汽，发光的灯，夜晚，（食品杂货：1.25），盆栽的，灯笼，超高分辨率

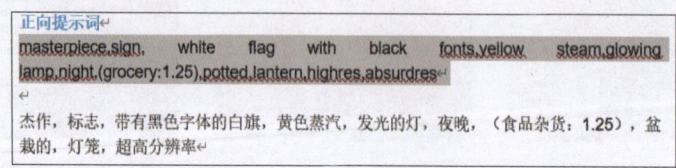

图 12-39　选择正向提示词

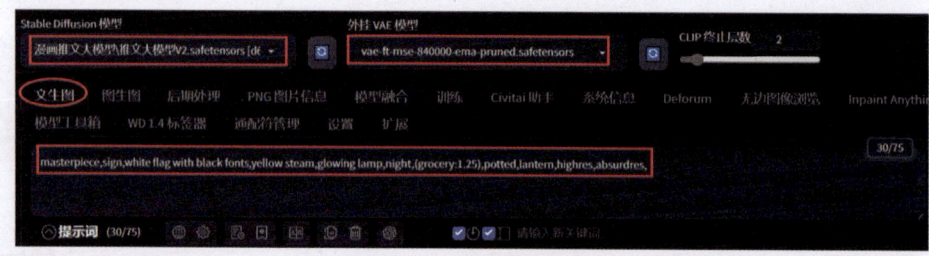

图 12-40　粘贴正向提示词

03 添加反向提示词。方法：回到“提示词 .word”文件，然后选择反向提示词“ng_deepnegative_v1_75t,(badhandv4:1.2),EasyNegative,(worst quality:2)”，如图 12-41 所示，按快捷键〈Ctrl+C〉进行复制，接着回到 Stable Diffusion 中，再在“文生图”的粘贴反向提示词文本框中按快捷键〈Ctrl+V〉粘贴，如图 12-42 所示。

反向提示词

ng_deepnegative_v1_75t,(badhandv4:1.2),EasyNegative,(worst quality:2),

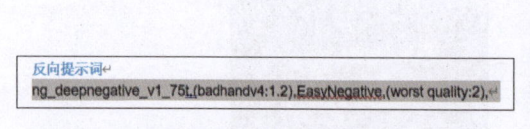

图 12-41　选择反向提示词

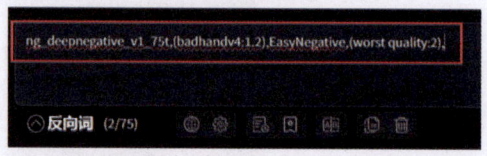

图 12-42　粘贴反向提示词

04 设置生成参数。方法：进入“生成”选项卡，将“采样方法”设置为“Euler a”，“迭代步数”设置为“25”，然后将“宽度”设置为“512”，“高度”设置为“768”，接着选中“高分辨率修复”复选框，此时要生成的图片尺寸就由原来的 512×768 像素放大了一倍，变为了 1024×1536 像素，再将“提示词引导系数”设置为“7”，“随机数种子”设置为“344306394”，最后将“总批次数”设置为“1”，如图 12-43 所示。

05 单击“生成”按钮，当软件计算完成后，就会根据设置好的参数生成一个高清写实的小说推文场景，如图 12-44 所示。如图 12-45 所示为设置不同随机数种子生成的效果。

第 12 章 小说推文

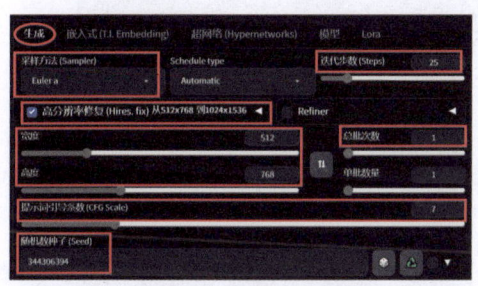

图 12-43　设置生成参数　　　　　　　　图 12-44　生成效果

随机数种子 :344306395　　随机数种子 :344306397　　随机数种子 :344306399　　随机数种子 :344306402

图 12-45　设置不同随机数种子生成的效果

2. 生成添加Lora模型的高清写实的小说推文场景

01 在正向提示词中添加相关 Lora 模型。方法：将鼠标定位在"文生图"的正向提示词文本框中，然后进入"Lora"选项卡，从中选择"小说推文场景 _V1"，如图 12-46 所示，此时选择的 Lora 模型就被添加到正向提示词文本框中了，如图 12-47 所示。

图 12-46　选择"小说推文场景 _V1"

AIGC 绘画创作——Midjourney 和 Stable Diffusion 生成创意图像

图 12-47　选择的 Lora 模型被添加到正向提示词文本框中

02 保持生成参数不变，单击"生成"按钮，当软件计算完成后，就会根据设置好的参数生成一个高清写实的小说推文场景，如图 12-48 所示。如图 12-49 所示为设置不同随机数种子生成的效果。

　　　　　　　　　　　　随机数种子：344306406　　　随机数种子：344306404　　　随机数种子：344306407

图 12-48　生成效果　　　　　　　　　图 12-49　设置不同随机数种子生成的效果

03 至此，整个案例制作完毕。

12.4　课后练习

生成一个高清写实的小说推文场景。

第13章 电商和广告设计

本章重点

Stable Diffusion 在电商和广告设计领域提供了强大的工具,能够帮助设计师和商家提高工作效率,降低成本,并创造更多创新的设计方案。通过本章的学习,读者应掌握利用 Stable Diffusion 生成电商和广告设计图像的方法。

13.1 生成香水瓶展示场景

扫码看视频

要点:

本节将生成一个香水瓶展示场景,如图13-1所示。通过本节的学习,读者应掌握设置大模型确定图像的风格、设置"文生图"的提示词、在正向提示词中添加相关Lora模型和设置生成参数的方法。

操作步骤:

01 启动 Stable Diffusion,然后选择写实类的"majicMIX realistic 麦橘写实 .safetensors"大模型,接着将"外挂 VAE 模型"设置为"vae-ft-mse-840000-ema-pruned.safetensors",再进入"文生图"选项卡。

02 添加正向提示词。方法:打开本书配套网盘中的"源文件\13.1 生成香水瓶展示场景\提示词 .word"文件,然后选择正向提示词"best quality,masterpiece,flower,water,cyan Perfumes bottle,still life,reflection,yellow flower,english text,depth of field,scenery,blurry background",如图 13-2 所示,按快捷键〈Ctrl+C〉

图 13-1 生成香水瓶展示场景

进行复制,接着回到 Stable Diffusion 中,再在"文生图"的正向提示词文本框中按快捷键〈Ctrl+V〉粘贴,如图 13-3 所示。

图 13-2 选择正向提示词

03 在正向提示词中添加 Lora 模型。方法:将鼠标放置到正向提示词文本框,然后进入"Lora"选项卡,从中选择"电商_ 光影与化妆品 _V1",如图 13-4 所示,此时选择的 Lora 模型就被添加到正向提示词文本框中了,如图 13-5 所示。

- 249 -

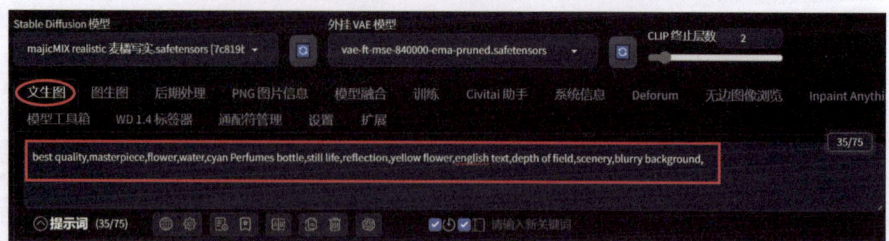

图 13-3　粘贴正向提示词

图 13-4　选择"电商_光影与化妆品_V1"

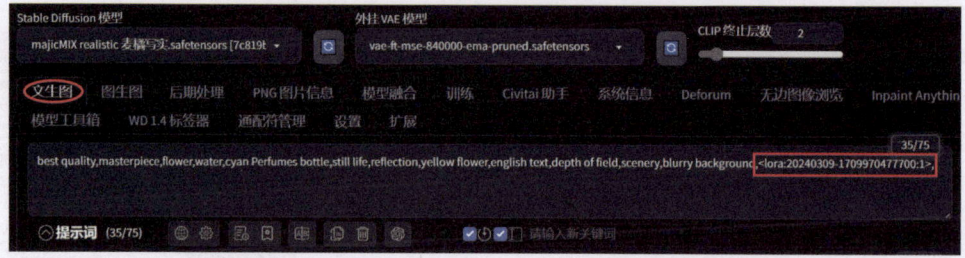

图 13-5　选择的 Lora 模型被添加到正向提示词文本框中

04 添加反向提示词。方法：将鼠标定位在反向提示词文本框中，然后进入"嵌入式"选项卡，从中选择"EasyNegative"，此时选择的嵌入式就被添加到反向提示词文本框中了，如图 13-6 所示。

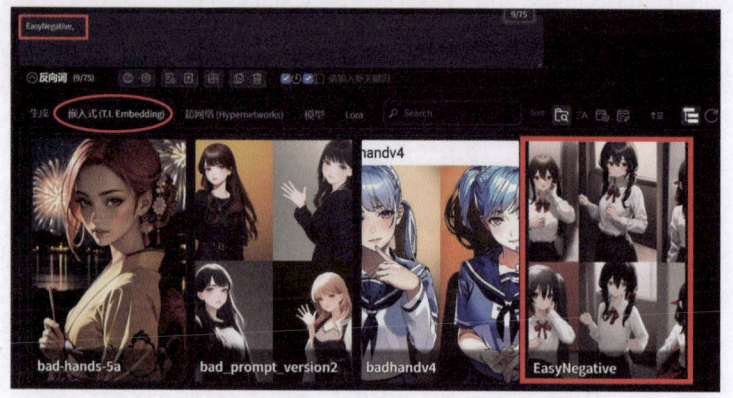

图 13-6　将选择的嵌入式添加到反向提示词文本框中

》》》 第13章 电商和广告设计

05 设置生成参数。方法：进入"生成"选项卡，将"采样方法"设置为"DPM++ 2M"，"迭代步数"设置为"25"，然后将"宽度"设置为"512"，"高度"设置为"512"，接着选中"高分辨率修复"复选框，此时要生成的图片尺寸就由原来的512×512像素放大了一倍，变为了1024×1024像素，再将"提示词引导系数"设置为"7"，"随机数种子"设置为"2572483163"，最后将"总批次数"设置为"1"，如图13-7所示。

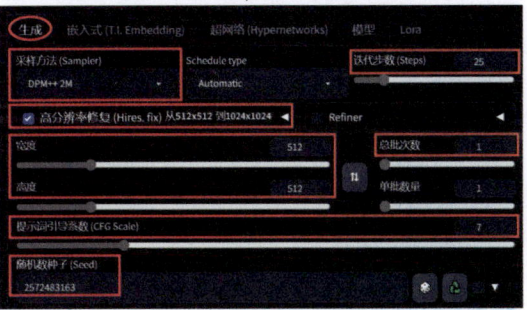

06 单击"生成"按钮，当软件计算完成后，就会根据设置好的参数生成一个香水瓶的展示场景，如图13-1所示。如图13-8所示为设置不同随机数种子生成的效果。

图13-7　设置生成参数

随机数种子：2572483166　　　　随机数种子：2572483171　　　　随机数种子：2572483177

图13-8　设置不同随机数种子生成的效果

07 至此，整个案例制作完毕。

13.2　生成以西式快餐为主题的展示场景

 要点：

本节将生成一个以西式快餐为主题的展示场景，如图13-9所示。通过本节的学习，读者应掌握设置大模型确定图像风格、设置"文生图"的提示词、在正向提示词中添加相关Lora模型并设置其权重和设置生成参数的方法。

扫码看视频

操作步骤：

01 启动Stable Diffusion，然后选择"电商场景MIX_V2.safetensors"大模型，接着将"外挂VAE模型"设置为"vae-ft-mse-840000-ema-pruned.safetensors"，再进入"文生图"选项卡。

图13-9　生成以西式快餐为主题的展示场景

- 251 -

02 添加正向提示词。方法：打开本书配套网盘中的“源文件 \13.2　生成以西式快餐为主题的展示场景 \ 提示词 .word”文件，然后选择正向提示词“masterpiece,best quality,3D rendering of a game scene with multiple buildings and houses made of fast food icons such as burgers, hot dogs, pizza slices, french fries, sushi rolls, ice cream cones, and ramen bowls, all combined to form the shape of a "C", in a vibrant cartoon style”，如图 13-10 所示，按快捷键〈Ctrl+C〉进行复制，接着回到 Stable Diffusion 中，再在“文生图”的正向提示词文本框中按快捷键〈Ctrl+V〉粘贴，如图 13-11 所示。

正向提示词

masterpiece,best quality,3D rendering of a game scene with multiple buildings and houses made of fast food icons such as burgers, hot dogs, pizza slices, french fries, sushi rolls, ice cream cones, and ramen bowls, all combined to form the shape of a "C", in a vibrant cartoon style.

杰作，最好的质量，3D 渲染的游戏场景与多个建筑和房屋的快餐图标，如汉堡，热狗，比萨片，炸薯条，寿司卷，冰淇淋甜筒，拉面碗，所有组合形成一个“C”的形状，在一个充满活力的卡通风格。

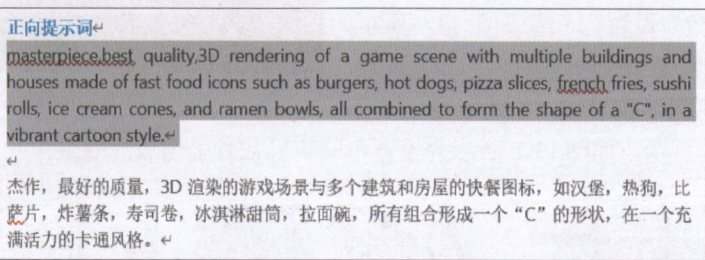

图 13-10　选择正向提示词

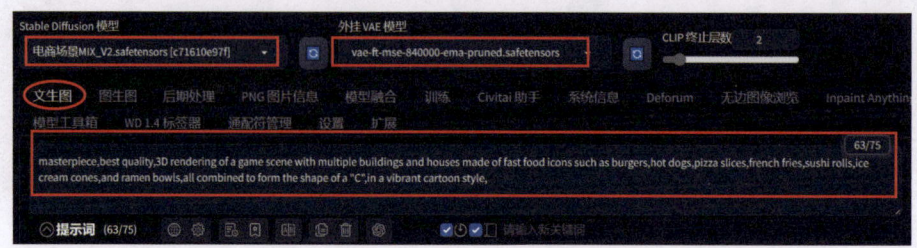

图 13-11　粘贴正向提示词

03 添加反向提示词。方法：回到“提示词 .word”文件，然后选择通用的反向提示词“lowres,bad anatomy,bad hands,text,error,missing fingers,extra digit,fewer digits,cropped,worst quality,low quality,normal quality,jpeg artifacts,signature,watermark,username,blurry”，如图 13-12 所示，按快捷键〈Ctrl+C〉进行复制，接着回到 Stable Diffusion 中，再在“文生图”的反向提示词文本框中按快捷键〈Ctrl+V〉粘贴，如图 13-13 所示。

反向提示词

lowres,bad anatomy,bad hands,text,error,missing fingers,extra digit,fewer digits,cropped,worst quality,low quality,normal quality,jpeg artifacts,signature,watermark,username,blurry,

低分辨率，糟糕的解剖结构，糟糕的手，文本，错误，缺失的手指，多余的数字，更少的数字，裁剪，最差的质量，低质量，正常质量，jpeg 伪影，签名，水印，用户名，模糊

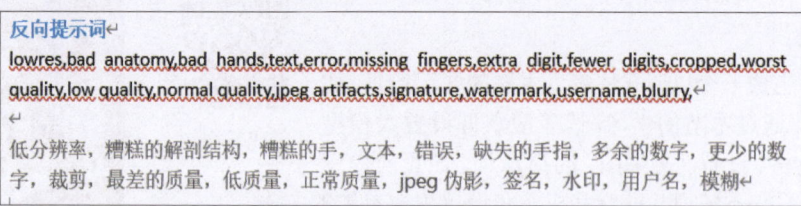

图 13-12　选择反向提示词

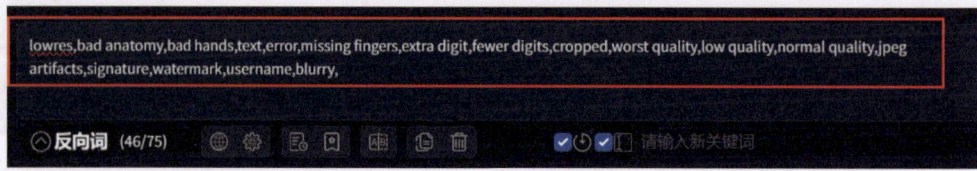

图 13-13　粘贴反向提示词

第 13 章 电商和广告设计

04 设置生成参数。方法：进入"生成"选项卡，将"采样方法"设置为"Euler a"，"迭代步数"设置为"30"，然后将"宽度"设置为"512"，"高度"设置为"768"，接着选中"高分辨率修复"复选框，再展开其参数，将放大算法设置为写实类的"R-ESRGAN 4x+"，"放大倍数"设置为"2"，此时要生成的图片尺寸就由原来的 512×768 像素放大了一倍，变为了 1024×1536 像素，再接着"重绘幅度"设置为"0.3"，从而使高分辨率修复后的图像更接近于原图，最后将"提示词引导系数"设置为"7"，"随机数种子"设置为"1788643673"，最后将"总批次数"设置为"1"，如图 13-14 所示。

05 单击"生成"按钮，当软件计算完成后，就会根据设置好的参数生成一个简单的以西式快餐为主题的场景，如图 13-15 所示。

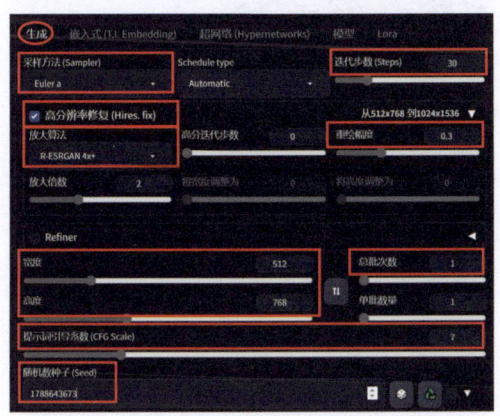

图 13-14　设置生成参数

图 13-15　生成效果

06 此时生成的效果过于简单，下面通过在正向提示词中添加相关 Lora 模型来解决这个问题。方法：进入"Lora"选项卡，然后从中选择"BB-创意 3D 电商 1.0"，如图 13-16 所示，此时选择的 Lora 模型就被添加到正向提示词文本框中了，接着将添加的 Lora 模型权重减小为 0.8，如图 13-17 所示。

07 单击"生成"按钮，当软件计算完成后，就会根据添加的 Lora 模型重新生成一个以西式快餐为主题的场景，如图 13-9 所示。如图 13-18 所示为设置不同随机数种子生成的效果。

图 13-16　选择"BB-创意 3D 电商 1.0"

- 253 -

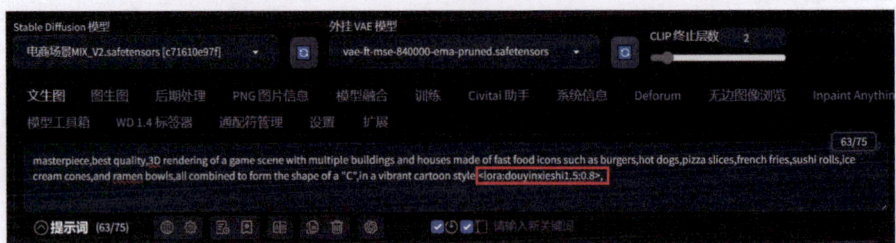

图 13-17　将添加的 Lora 模型权重减小为 0.8

随机数种子：1788643676　　　随机数种子：1788643682

图 13-18　设置不同随机数种子生成的效果

08 至此，整个案例制作完毕。

13.3　生成端午节创意小粽子

 要点：

本节将生成两种端午节创意小粽子，如图13-19所示。通过本节的学习，读者应掌握通过设置大模型确定图像的风格、设置"文生图"的提示词、在正向提示词中添加相关Lora模型和设置生成参数的方法。

扫码看视频

　　　　　　　　　　　　　a)　　　　　　　　b)

图 13-19　生成两种端午节创意小粽子
a）小猫粽子　b）小熊粽子

 操作步骤：

1. 生成端午节小猫创意小粽子

01 启动 Stable Diffusion，然后选择"Dream

Tech XL_筑梦工业 XL_v6.0 .safetensors"大模型，接着将"外挂 VAE 模型"设置为"Automatic"，再进入"文生图"选项卡。

02 添加正向提示词。方法：打开本书配套网盘中的"源文件\13.3 生成端午节创意小粽子\提示词.word"文件，然后选择正向提示词"highly detailed,ultra-high resolutions,32K UHD,best quality,masterpiece,the painting is a creative representation of a cat's face made out of rice. the artistic style is whimsical and playful,with a focus on details like the cat's eyes,nose,and whiskers. the theme revolves around nature and simplicity,as the rice is wrapped in a leaf,mimicking the way some animals,like cats,camouflage themselves in nature. the composition is balanced,with the cat's face being the central focus,surrounded by the leafy wrapping"，如图 13-20 所示，按快捷键〈Ctrl+C〉进行复制，接着回到 Stable Diffusion 中，再在"文生图"的正向提示词文本框中按快捷键〈Ctrl+V〉粘贴，如图 13-21 所示。

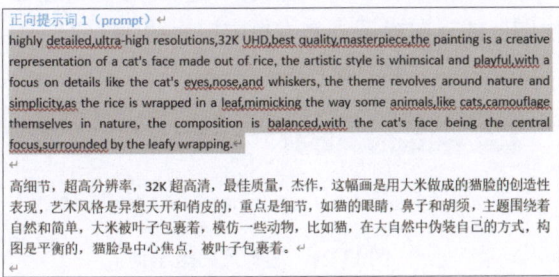

图 13-20　选择正向提示词

图 13-21　粘贴正向提示词

03 在正向提示词中添加相关 Lora 模型。方法：进入"Lora"选项卡，然后从中选择"端午节创意小粽子 XL_V1.0"，如图 13-22 所示，此时选择的 Lora 模型就被添加到正向提示词文本框中了，接着将添加的 Lora 模型权重减小为 0.6，如图 13-23 所示。

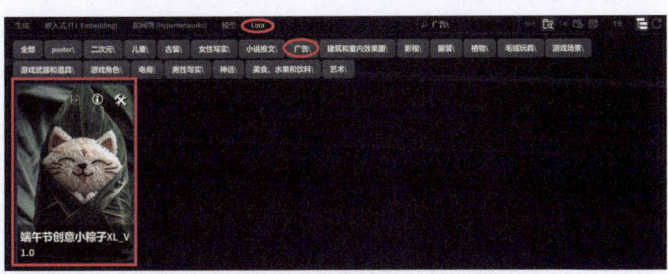

图 13-22　选择"端午节创意小粽子 XL_V1.0"

AIGC 绘画创作——Midjourney 和 Stable Diffusion 生成创意图像 》》》

图 13-23　将添加的 Lora 模型权重减小为 0.6

04 添加反向提示词。方法：回到"提示词.word"文件，然后选择反向提示词"Bad quality,low-res,sketch,poor design,deformed,disfigured,soft,bad composition,simple design,boring,watermark,text,error,cropped,blurry,(worst quality:2),(low quality:2),(normal quality:2),normal quality,((monochrome))"，如图 13-24 所示，按快捷键〈Ctrl+C〉进行复制，接着回到 Stable Diffusion 中，再在"文生图"的反向提示词文本框中按快捷键〈Ctrl+V〉粘贴，如图 13-25 所示。

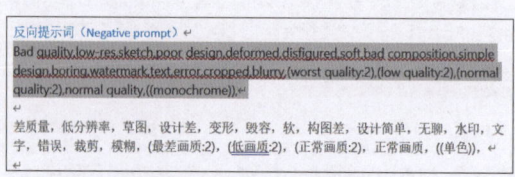

图 13-24　选择反向提示词

图 13-25　粘贴反向提示词

05 设置生成参数。方法：进入"生成"选项卡，将"采样方法"设置为"DPM++ 2M"，"迭代步数"设置为"25"，然后将"宽度"设置为"816"，"高度"设置为"1456"，再将"提示词引导系数"设置为"7"，"随机数种子"设置为"1017224831"，最后将"总批次数"和"单批数量"设置为"1"，如图 13-26 所示。

06 单击"生成"按钮，当软件计算完成后，就会根据设置好的参数生成一张端午节小猫粽子效果图，如图 13-27 所示。

如图 13-28 所示为设置不同随机数种子生成的效果。

2. 生成端午节小熊创意小粽子

01 更改正向提示词。方法：回到"提示词.word"文件，然后选择正向提示词"highly detailed,ultra-high resolutions,32K UHD,best quality,masterpiece, the painting showcases a whimsical representation of a rice ball, meticulously crafted to resemble a bear. the artistic style is playful and imaginative, with a focus on detail and texture. the theme revolves around nature, as the rice ball is nestled amidst green leaves, water droplets, and a blooming lotus flower. the composition is balanced, with the rice ball serving as the focal point, surrounded by the lush greenery, creating a harmonious and serene ambiance."，如图 13-29 所示，按快捷键〈Ctrl+C〉

》》》第 13 章　电商和广告设计

进行复制，接着回到 Stable Diffusion 中，再在"文生图"的正向提示词文本框删除除 Lora 模型外的正向提示词，接着按快捷键〈Ctrl+V〉粘贴刚才的正向提示词，最后将添加的 Lora 模型权重设置为 0.9，如图 13-30 所示。

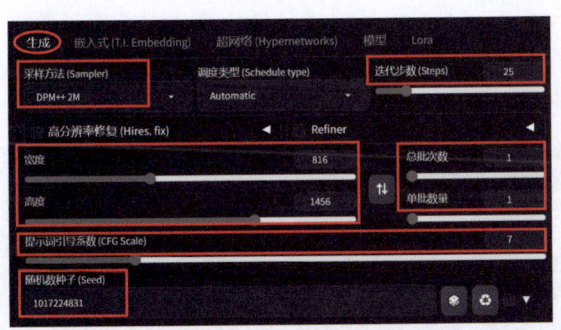

图 13-26　设置生成参数

图 13-27　生成效果

随机数种子：2008898343

随机数种子：1017224835

随机数种子：1017224838

图 13-28　设置不同随机数种子生成的效果

正向提示词 2（prompt）
highly detailed,ultra-high resolutions,32K UHD,best quality,masterpiece, the painting showcases a whimsical representation of a rice ball, meticulously crafted to resemble a bear. the artistic style is playful and imaginative, with a focus on detail and texture. the theme revolves around nature, as the rice ball is nestled amidst green leaves, water droplets, and a blooming lotus flower. the composition is balanced, with the rice ball serving as the focal point, surrounded by the lush greenery, creating a harmonious and serene ambiance.

高细节，超高分辨率，32K 超高清，最佳质量，杰作，这幅画展示了一个异样的饭团，精心制作成熊的样子。艺术风格是俏皮和富有想象力的，注重细节和纹理。主题围绕着自然，因为饭团依偎在绿叶、水滴和盛开的莲花之间。构图平衡，以饭团为焦点，周围环绕着郁郁葱葱的绿色植物，营造出和谐宁静的氛围。

图 13-29　选择正向提示词

- 257 -

图 13-30　修改正向提示词

02 将"随机数种子"更改为"1808145614",然后保持其他生成参数不变,单击"生成"按钮,当软件计算完成后,就会根据设置好的参数生成一个端午节小熊粽子效果图,如图 13-31 所示。图 13-32 为设置不同随机数种子生成的效果。

图 13-31　生成效果

随机数种子:1808145608　　随机数种子:1808145610

图 13-32　设置不同随机数种子生成的效果

03 至此,整个案例制作完毕。

13.4　课后练习

生成一个以西式快餐为主题的展示场景。

第14章 影片场景设计

本章重点

利用 Stable Diffusion 可以生成细节丰富、具有逼真的光影与材质表现的虚构影视场景，无论是宏大的科幻世界、细腻的历史复原，还是影视场景中的角色，它都能够根据提示词的要求自动生成，从而极大缩短了影片前期的制作周期。此外，作为影视领域革命性的 AI 创意工具，Stable Diffusion 可以助力导演和制片人轻松实现天马行空的想象。通过本章的学习，读者应掌握利用 Stable Diffusion 生成影片场景的方法。

14.1 生成中国古装影片场景

图 14-1 生成中国古装影片场景

要点：
本节将生成以穿着华丽汉服的贵妇人为主体的中国古装影片场景，如图 14-1 所示。通过本节的学习，读者应掌握通过设置大模型确定图像的风格、设置"文生图"的提示词和设置生成参数的方法。

扫码看视频

操作步骤：

01 启动 Stable Diffusion，然后选择"容华_国风 .safetensors"大模型，接着将"外挂 VAE 模型"设置为"Automatic"（自动），再进入"文生图"选项卡。

02 添加正向提示词。方法：打开本书配套网盘中的"源文件 \14.1　生成中国古装影片场景 \ 提示词 .word"文件，然后选择正向提示词"photograph luxurious court banquet attire a chinese woman in hanfu. imperial celebrations,elegant robes,and splendid accessories,50mm. cinematic 4K epic detailed photograph, shot on kodak detailed cinematic HBO dark moody,35mm photo,grainy,vignette,vintage,Kodachrome,Lomography,stained, highly detailed,found footage"，如图 14-2 所示，按快捷键〈Ctrl+C〉进行复制，接着回到 Stable Diffusion 中，再在"文生图"的正向提示词文本框中按快捷键〈Ctrl+V〉粘贴，如图 14-3 所示。

图 14-2 选择正向提示词

AIGC 绘画创作——Midjourney 和 Stable Diffusion 生成创意图像 》》》

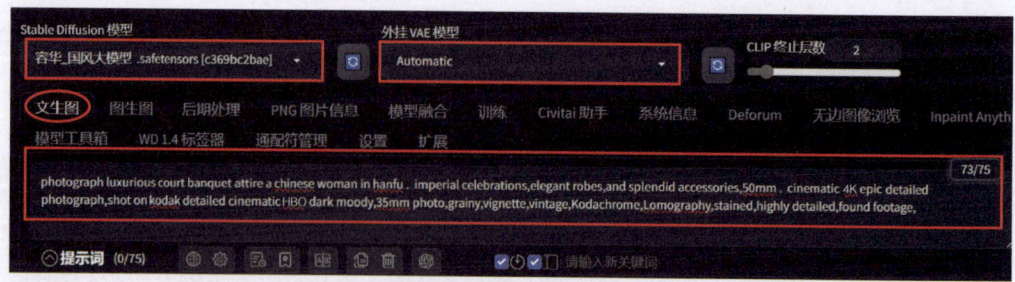

图 14-3　粘贴正向提示词

03 添加反向提示词。方法：回到"提示词.word"文件，然后选择通用的针对人物的反向提示词"(worst quality, low quality, normal quality, lowres, low details, oversaturated, undersaturated, overexposed, underexposed, grayscale, bad photo, bad photography, bad art:1.4),(blur, grainy), (bad hands, bad anatomy, bad body, bad face, bad teeth, bad arms, bad legs, deformities:1.3),ugly,duplicate,morbid,mutilated,extra fingers,mutated hands,poorly drawn hands,poorly drawn face,mutation,deformed,dehydrated,bad anatomy,bad proportions,extra limbs,cloned face,disfigured,gross proportions,malformed limbs,missing arms,missing legs,extra arms,extra legs,fused fingers,too many fingers,long neck"，如图 14-4 所示，按快捷键〈Ctrl+C〉进行复制，接着回到 Stable Diffusion 中，再在"文生图"的反向提示词文本框中按快捷键〈Ctrl+V〉粘贴，如图 14-5 所示。

图 14-4　选择反向提示词

第14章 影片场景设计

图14-5 粘贴反向提示词

04 设置生成参数。方法：进入"生成"选项卡，将"采样方法"设置为"DPM++ 2M SDE"，"迭代步数"设置为"30"，然后将"宽度"设置为"600"，"高度"设置为"768"，接着选中"高分辨率修复"复选框，再展开其参数，将"放大算法"设置为"4x-UltraSharp"，"放大倍数"设置为"2"，此时要生成的图片尺寸就由原来的600×768像素放大了一倍，变为了1200×1536像素，再将"高分迭代步数"设置为"15"，"重绘幅度"设置为"0.3"，从而使高分辨率修复后的图像更接近于原图，最后将"提示词引导系数"设置为"4"，"随机数种子"设置为"114182819"，将"总批次数"设置为"1"，如图14-6所示。

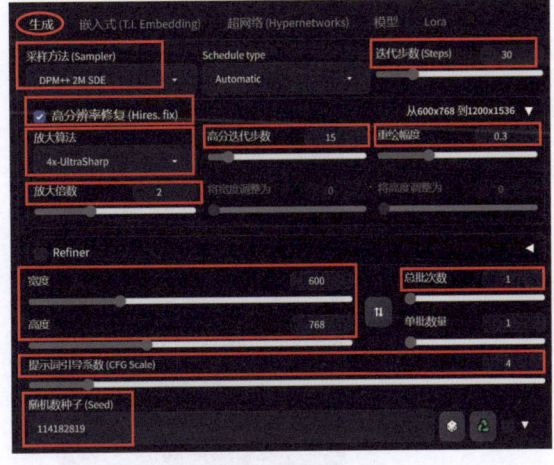

图14-6 设置生成参数

05 单击"生成"按钮，当软件计算完成后，就会根据设置好的参数生成一个以穿着华丽汉服的贵妇人为主体的中国古装影片场景，如图14-1所示。

如图14-7所示为设置不同随机数种子生成的效果。

随机数种子：114182820

随机数种子：114182822

随机数种子：374262306

图14-7 设置不同随机数种子生成的效果

AIGC 绘画创作——Midjourney 和 Stable Diffusion 生成创意图像

06 至此，整个案例制作完毕。

14.2 生成欧洲中世纪影片中的战士角色

要点：

扫码看视频

本节将分别生成一个欧洲中世纪影片中的男战士和女战士角色，如图 14-8 所示。通过本节的学习，读者应掌握设置大模型确定图像的风格、设置"文生图"的提示词和设置生成参数的方法。

a)   b)

图 14-8　生成欧洲中世纪影片中的战士角色
a）男战士角色　b）女战士角色

操作步骤：

1. 生成一个欧洲中世纪影片中的男战士角色

01 启动 Stable Diffusion，然后选择"真实感 epiCRealism.safetensors"大模型，接着将"外挂 VAE 模型"设置为"vae-ft-mse-840000-ema-pruned.safetensors"，再进入"文生图"选项卡。

02 添加正向提示词。方法：打开本书配套网盘中的"源文件\14.2　生成欧洲中世纪影片中的战士角色\提示词.word"文件，然后选择正向提示词"Highestquality,masterpiece,photorealistic,mediumshot,RAWphoto,of(aweary-lookingbutstillproudandfierce-lookingoldVikingwarrior, nowtheleaderofhisvillage,dressedinelaboratelydetailedchainmailandleatherarmour, givingthesceneadarkatmospherebutsculptingtheformsinsharpchiaroscuro),itisnighttime,(highlydetailedskin),skintexture,(det ailedface),detailedbackground,sharpfocus,darklighting,twilightlighting,volumetriclighting,highlydetailed,intricatedetails,8K, UHD,HDR"，如图 14-9 所示，按快捷键〈Ctrl+C〉进行复制，接着回到 Stable Diffusion 中，再在"文生图"的正向提示词文本框中按快捷键〈Ctrl+V〉粘贴，如图 14-10 所示。

第 14 章 影片场景设计

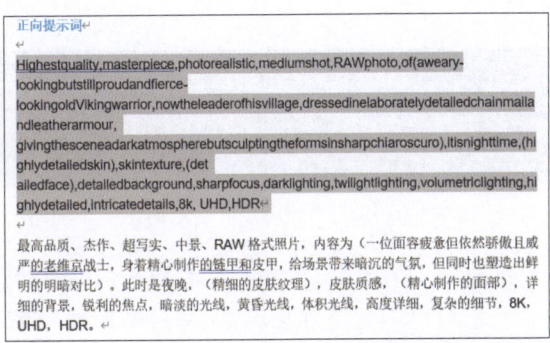

图 14-9 选择正向提示词

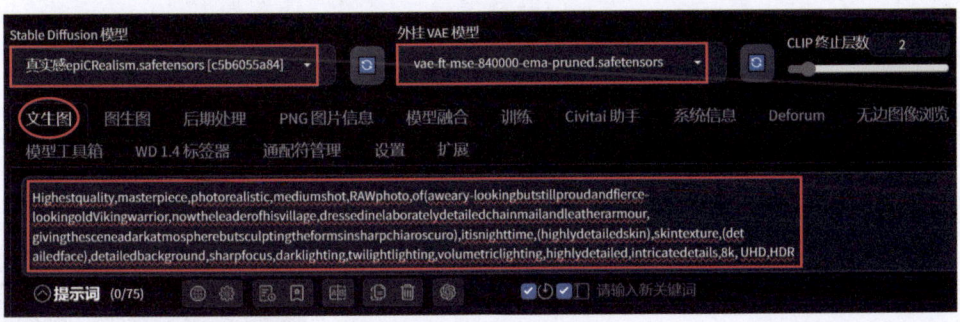

图 14-10 粘贴正向提示词

03 添加反向提示词。方法：回到"提示词 .word"文件，然后选择通用的针对人物的反向提示词"asian,chinese,lowres,text,error,cropped,worstquality,lowquality,jpegartifacts,duplicate,outofframe,extrafingers,mutatedhands,poorlydrawnhands,poorlydrawnface, mutation, blurry, dehydrated,badanatomy,badproportions,extralimbs,clonedface,disfigured,grossproportions, missingarms,missinglegs,extraarms,extralegs,fusedfingers, toomanyfingers,longneck,username,watermark,signature"，如图 14-11 所示，按快捷键〈Ctrl+C〉进行复制，接着回到 Stable Diffusion 中，再在"文生图"的反向提示词文本框中按快捷键〈Ctrl+V〉粘贴，如图 14-12 所示。

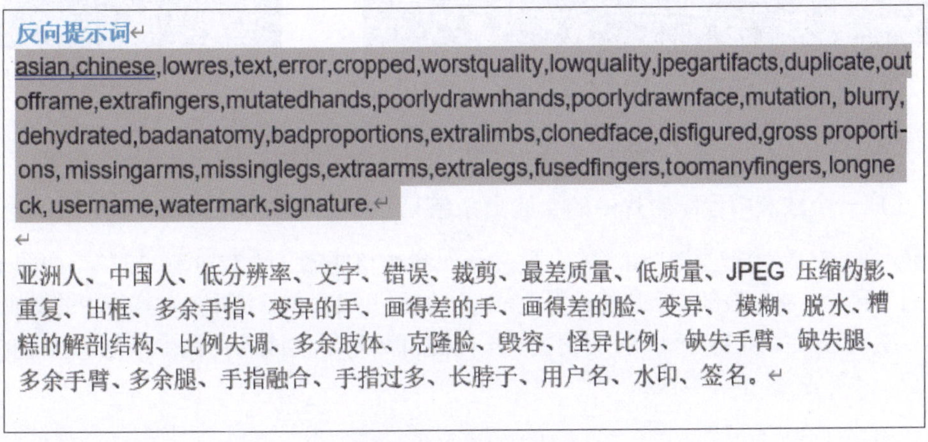

图 14-11 选择反向提示词

- 263 -

图 14-12　粘贴反向提示词

> **提　示：** 本节要生成的是欧洲人的形象，因此在反向提示词中添加了"asian"（亚洲人）和"chinese"（中国人）的关键词，从而避免在生成图片中出现亚洲人的形象。

04 设置生成参数。方法：进入"生成"选项卡，将"采样方法"设置为"DPM++ SDE"，"迭代步数"设置为"30"，然后将"宽度"设置为"512"，"高度"设置为"768"，接着将"提示词引导系数"设置为"6"，"随机数种子"设置为"2759787224"，将"总批次数"设置为"1"，如图 14-13 所示。

05 单击"生成"按钮，当软件计算完成后，就会根据设置好的参数生成一个欧洲中世纪影片中的男战士角色，如图 14-14 所示。

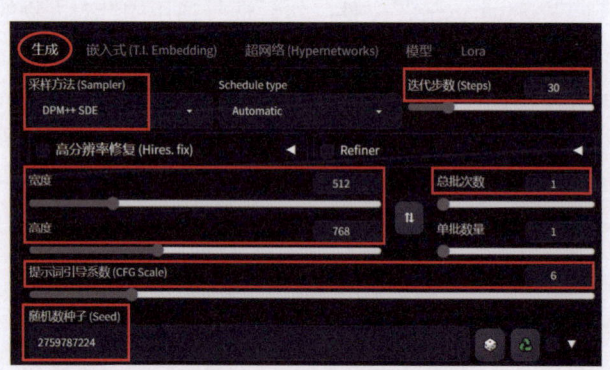

图 14-13　设置生成参数　　　　　图 14-14　生成的男战士角色

如图 14-15 所示为设置了不同随机数种子生成的欧洲中世纪影片中的男战士角色。

2. 生成一个欧洲中世纪影片中的女战士角色

01 在"生成"选项卡中将"随机数种子"参数值更改为"2759787223"，如图 14-16 所示，然后单击"生成"按钮，当软件计算完成后，就会生成一个欧洲中世纪影片中的女战士角色，如图 14-17 所示。如图 14-18 所示为设置了不同随机数种子生成的欧洲中世纪影片中的女战士角色。

第 14 章 影片场景设计

随机数种子:2521897920

随机数种子:2038268069

随机数种子:1432091048

图 14-15　设置不同随机数种子生成的效果

图 14-16　更改"随机数种子"参数值　　　　图 14-17　生成的女战士角色

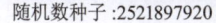
随机数种子:2759787236

随机数种子:2759787254

随机数种子:2759787227

图 14-18　设置不同随机数种子生成的效果

02 至此，整个案例制作完毕。

14.3 生成克苏鲁神话场景

要点：

本节将生成两个克苏鲁神话场景效果图，如图 14-19 所示。通过本节的学习，读者应掌握设置大模型确定图像的风格、设置"文生图"的提示词、在正向提示词中添加相关 Lora 模型和设置生成参数的方法。

扫码看视频

图 14-19　生成克苏鲁神话场景

操作步骤：

1. 生成第一个克苏鲁神话场景的效果图

01 启动 Stable Diffusion，然后选择写实类的"majicMIX realistic 麦橘写实 .safetensors"大模型，接着将"外挂 VAE 模型"设置为"vae-ft-mse-840000-ema-pruned.safetensors"，再进入"文生图"选项卡。

02 添加正向提示词。方法：打开本书配套网盘中的"源文件\14.3　生成克苏鲁神话场景效果图\提示词.word"文件，然后选择正向提示词"Tentacle,Rain,Monster,Cloudy Sky,Fire, Cloud,Outdoor,Sky,Opening,Witchcraft Abomination,Architecture,Glow"，如图 14-21 所示，按快捷键〈Ctrl+C〉进行复制，接着回到 Stable Diffusion 中，再在"文生图"的正向提示词文本框中按快捷键〈Ctrl+V〉粘贴，如图 14-22 所示。

03 在正向提示词中添加 Lora 模型。方法：将鼠标定位在正向提示词文本框中，然后进入"Lora"选项卡，从中选择"克苏鲁神话_S1.0"，如图 14-22 所示，此时选择的 Lora 模型就

第14章 影片场景设计

被添加到正向提示词文本框中了,如图14-23所示。

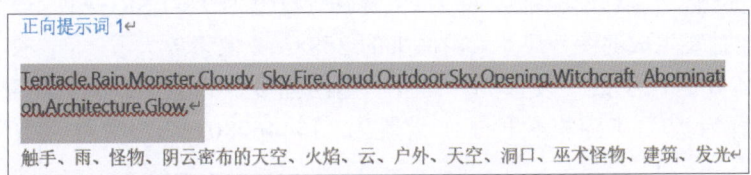

图14-20 选择正向提示词

图14-21 粘贴正向提示词

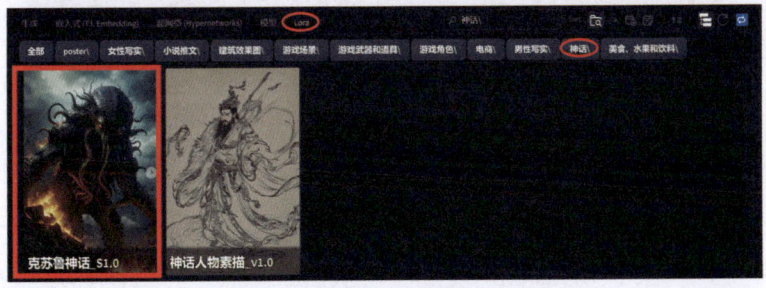

图14-22 选择"克苏鲁神话_S1.0"

图14-23 选择的Lora模型被添加到正向提示词文本框中

04 添加反向提示词。方法:将鼠标定位在反向提示词文本框中,然后进入"嵌入式"选项卡,从中选择"badhandv4""EasyNegative"和"ng_deepnegative_v1_75t",此时选择的嵌入式就被添加到反向提示词文本框中了。

05 设置生成参数。方法:进入"生成"选项卡,将"采样方法"设置为"DPM++ 2M",

- 267 -

"迭代步数"设置为"30",然后将"宽度"设置为"288","高度"设置为"512",接着选中"高分辨率修复"复选框,再展开其参数,将"放大算法"设置为"R-ESRGAN 4x+","放大倍数"设置为"2",此时要生成的图片尺寸就由原来的 288×512 像素放大了一倍,变为了 576×1024 像素,再将"高分迭代步数"设置为"15","重绘幅度"设置为"0.5",最后将"提示词引导系数"设置为"7","随机数种子"设置为"1544678023","总批次数"设置为"1",如图 14-24 所示。

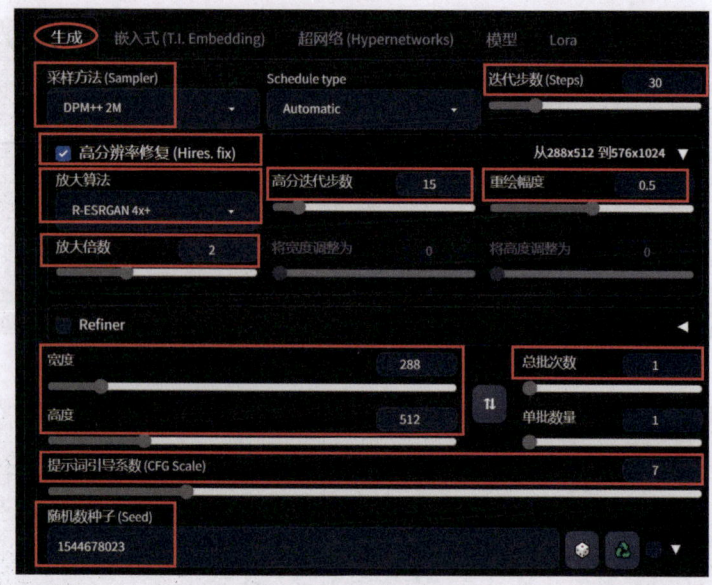

图 14-24　设置生成参数

06 选中"启用 Tiled Diffusion"复选框,从而将图像分割成若干块,分别进行计算,再重新组合。然后选中"启用 Tiled VAE"复选框,这样可以避免因为显存不足而无法生成图像的错误。

07 单击"生成"按钮,此时软件会根据设置的参数开始进行计算,当计算完成后,就会生成一个克苏鲁神话的场景效果图,如图 14-25 所示。如图 14-26 所示为设置了不同随机数种子生成的克苏鲁神话的场景效果图。

2. 生成第二个克苏鲁神话场景的效果图

01 回到"提示词.word"文件,然后选择正向提示词"the demon is looking at a huge oriental mythological figure,Fire,Cloud",如图 14-27 所示,按快捷键〈Ctrl+C〉进行复制,接着回到 Stable Diffusion 中,再在"文生图"的正向提示词文本框中选择除 Lora 外的提示词,按〈Delete〉键进行删除,最后按快捷键〈Ctrl+V〉粘贴刚才复制的提示词,如图 14-28 所示。

02 在"生成"选项卡中将"随机数种子"参数值更改为"1346471459",如图 14-29 所示,然后保持其他参数不变,单击"生成"按钮,当软件计算完成后,就会根据设置好的参数生成第二个克苏鲁神话的场景效果图,如图 14-30 所示。

第14章 影片场景设计

随机数种子:1544678024

随机数种子:4126496685

图14-25 生成效果　　　　　图14-26 设置不同随机数种子生成的效果

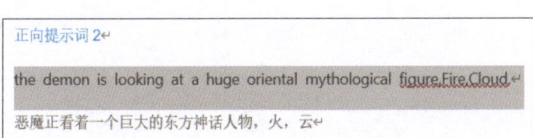

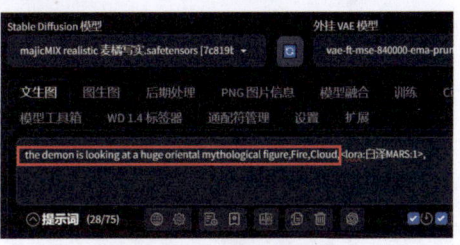

图14-27 选择正向提示词　　　　　图14-28 粘贴正向提示词

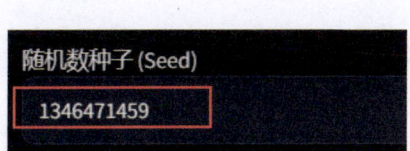

图14-29 更改"随机数种子"参数值　　图14-30 生成第二个克苏鲁神话场景

- 269 -

如图14-31所示为设置不同随机数种子生成的效果。

随机数种子:1544678023　　　随机数种子:1544678026　　　随机数种子:229006723

图14-31　设置不同随机数种子生成的效果

03 至此，整个案例制作完毕。

14.4　课后练习

生成一个欧洲中世纪影片中的男战士角色。

第15章 建筑和室内设计

本章重点

Stable Diffusion 为建筑设计和室内设计领域带来了革命性的变化,它不仅能够为设计师快速生成多样化的建筑设计方案和详细的室内布局,提供高效且富有创意的设计解决方案,还能够帮助设计师打破传统局限,实现前所未有的设计创新。通过本章的学习,读者应掌握利用 Stable Diffusion 进行建筑设计和室内设计的方法。

15.1 生成室外建筑效果图

扫码看视频

要点:

本节将生成两张室外建筑的效果图,如图15-1所示。通过本节的学习,读者应掌握通过设置大模型确定图像的风格、设置"文生图"的提示词和设置生成参数的方法。

a)   b)

图 15-1 生成室外建筑效果图
a) 第一张效果图 b) 第二张效果图

操作步骤:

1. 生成第一张室外建筑效果图

`01` 启动 Stable Diffusion,然后选择"元技能 - 建筑室外大模型 .safetensors"大模型,接着将"外挂 VAE 模型"设置为"Automatic"(自动),再进入"文生图"选项卡。

`02` 添加正向提示词。方法:打开本书配套网盘中的"源文件 \15.1　生成室外建筑效果

- 271 -

图\提示词 .word”文件，然后选择正向提示词“cinematic photo An exterior view of a cluster of houses with wooden facades and large windows, nestled in a lush green hillside. the house is surrounded by colorful flowers,The architecture is a mix of traditional and modern styles, with pitched roofs and wooden accents. The image has a serene and peaceful atmosphere, with soft light and a overcast sky. The buildings are surrounded by lush greenery, with trees and bushes in the foreground and mountains in the background. The overall style is rustic and organic, with a strong connection to nature, (masterpiece:1.3), (best quality:1.3), (high resolution:1.2), (high detail:1.2). 35mm photograph, film, bokeh, professional, 4k, highly detailed”，如图 15-2 所示，按快捷键〈Ctrl+C〉进行复制，接着回到 Stable Diffusion 中，再在“文生图”的正向提示词文本框中按快捷键〈Ctrl+V〉粘贴，如图 15-3 所示。

正向提示词 1

cinematic photo An exterior view of a cluster of houses with wooden facades and large windows, nestled in a lush green hillside. the house is surrounded by colorful flowers,The architecture is a mix of traditional and modern styles, with pitched roofs and wooden accents. The image has a serene and peaceful atmosphere, with soft light and a overcast sky. The buildings are surrounded by lush greenery, with trees and bushes in the foreground and mountains in the background. The overall style is rustic and organic, with a strong connection to nature, (masterpiece:1.3), (best quality:1.3), (high resolution:1.2), (high detail:1.2) . 35mm photograph, film, bokeh, professional, 4K, highly detailed

在郁郁葱葱的绿色山坡上，一群有着木制外墙和大窗户的房屋外部景观。房子周围环绕着五颜六色的花朵，建筑风格是传统与现代的结合，有斜屋顶。这幅画有一种宁静祥和的气氛，柔和的光线和阴天。建筑周围是郁郁葱葱的绿色植物，前景是树木和灌木丛，背景是山脉。整体风格是质朴天然的，与自然有着紧密的联系，(杰作:1.3)，(最佳质量:1.3)，(高分辨率:1.2)，(高细节:1.2)。35mm 胶片，散景，专业，4K，非常详细

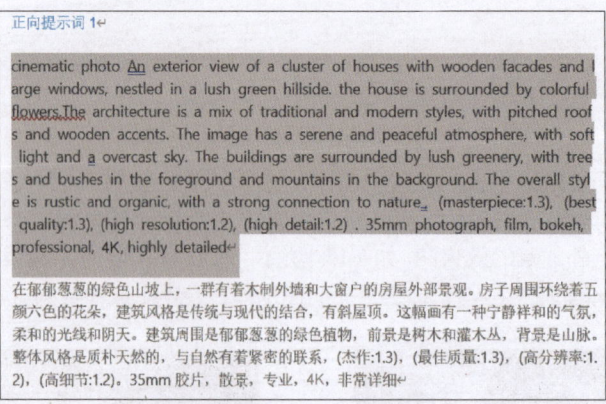

图 15-2　选择正向提示词

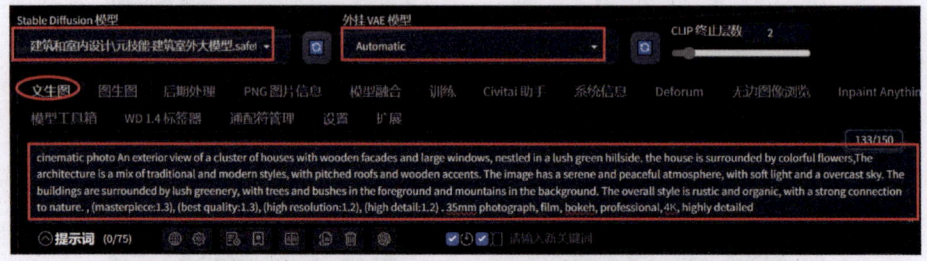

图 15-3　粘贴正向提示词

03 添加反向提示词。方法：回到“提示词 .word”文件，然后选择通用的针对室外建筑的反向提示词“drawing,painting,crayon,sketch,graphite,impressionist,noisy,blurry,soft,deformed, ugly,(blur:1.2),(blurry:1.2),drawing,painting,crayon,sketch,graphite,impressionist,noisy,soft, deformed,ugly,over sharpening,dirt,bad color matching,graying,wrong perspective,distorted person,Twisted Car,NSFW,(worst quality:2),(low quality:2),(normal quality:2),lowres,(monochrome),(grayscale), signature,drawing,sketch,text,word,logo,cropped,out of frame,(Distorted lines:2)”，如图 15-4 所示，按快捷键〈Ctrl+C〉进行复制，接着回到 Stable Diffusion 中，再在“文生图”的反向提示词文本框中按快捷键〈Ctrl+V〉粘贴，如图 15-5 所示。

第 15 章 建筑和室内设计

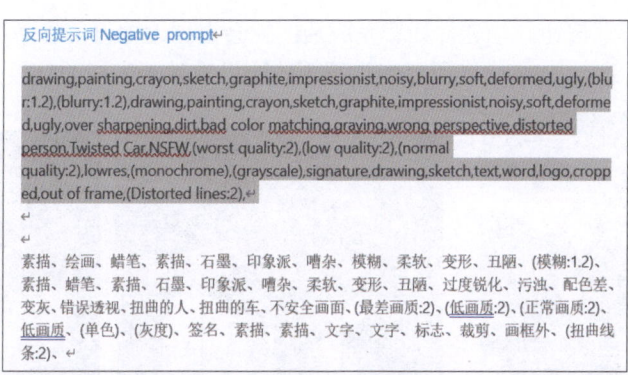

图 15-4 选择反向提示词

图 15-5 粘贴反向提示词

04 设置生成参数。方法：进入"生成"选项卡，将"采样方法"设置为"Euler a"，"迭代步数"设置为"30"，然后将"宽度"设置为"384"，"高度"设置为"512"，接着选中"高分辨率修复"复选框，再展开其参数，将"放大算法"设置为写实类的"4x-UltraSharp"，"放大倍数"设置为"2"，此时要生成的图片尺寸就由原来的 384×512 像素放大了一倍，变为了 768×1024 像素，再将"高分迭代步数"设置为"15"，"重绘幅度"设置为"0.5"，从而使高分辨率修复后的图像更接近于原图，最后将"提示词引导系数"设置为"7"，"随机数种子"设置为"2536129228"，将"总批次数"设置为"1"，如图 15-6 所示。

05 选中"Tiled Diffusion"复选框，从而将图像分割成若干块，分别进行计算，再重新组合。然后选中"Tiled VAE"复选框，如图 15-7 所示，这样可以避免因为显存不足而无法生成图像的错误。

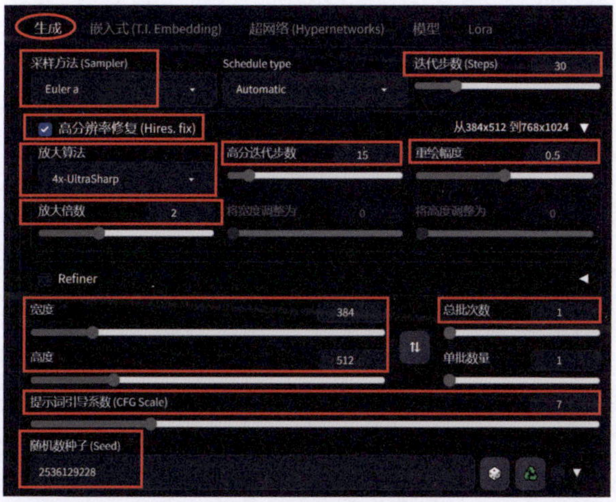

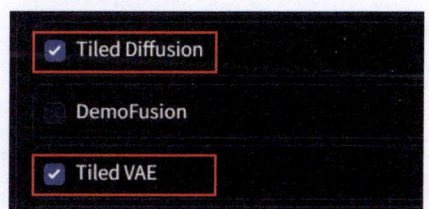

图 15-6 设置生成参数　　　　　　图 15-7 选中"Tiled Diffusion"和
　　　　　　　　　　　　　　　　　　　　　"Tiled VAE"两个复选框

- 273 -

AIGC 绘画创作——Midjourney 和 Stable Diffusion 生成创意图像 》》》

06 单击"生成"按钮，当软件计算完成后，就会根据设置好的参数生成第一张室外建筑效果图，如图 15-8 所示。如图 15-9 所示为设置不同随机数种子生成的效果。

　　　　　　　　　　　　　　　　　　随机数种子：2536129200　　　　　　随机数种子：3699961923

图 15-8　生成的第一张室外建筑效果图　　　图 15-9　设置不同随机数种子生成的效果

2. 生成第二张室外建筑效果图

01 回到"提示词.word"文件，然后选择正向提示词"cinematic photo Aerial view of a village located near a river, with traditional Chinese architectural style. The houses are white with grey roofs and are scattered along the river bank. The village is surrounded by lush greenery and a forest. The sky is blue with wispy clouds. The photo was taken at dusk, as evidenced by the warm glow of the lights illuminating the houses and the soft, warm hues of the sky. The overall scene is serene and picturesque, with a harmonious blend of traditional architecture, natural landscape, and modern life. , (masterpiece:1.3), (best quality:1.3), (high resolution:1.2), (high detail:1.2). 35mm photograph, film, bokeh, professional, 4K, highly detailed"，如图 15-10 所示，按快捷键〈Ctrl+C〉进行复制，接着回到 Stable Diffusion 中，再在"文生图"的正向提示词文本框中选择除 Lora 外的提示词，按〈Delete〉键进行删除，最后按快捷键〈Ctrl+V〉粘贴刚才复制的提示词，如图 15-11 所示。

图 15-10　选择正向提示词

第 15 章 建筑和室内设计

图 15-11 粘贴正向提示词

02 在"生成"选项卡中将"提示词引导系数"参数值更改为"2.5","随机数种子"参数值更改为"4245697219",如图 15-12 所示,然后保持其他参数不变,单击"生成"按钮,当软件计算完成后,就会根据设置好的参数生成第二张室外建筑效果图,如图 15-13 所示。

图 15-12 更改"随机数种子"参数值　　图 15-13 生成的第二张室外建筑效果图

如图 15-14 所示为设置不同随机数种子生成的效果。

随机数种子 :4245697213　　　　随机数种子 :4245697211　　　　随机数种子 :4245697215

图 15-14 设置不同随机数种子生成的效果

- 275 -

AIGC 绘画创作——Midjourney 和 Stable Diffusion 生成创意图像

03 至此，整个案例制作完毕。

15.2 生成现代城市建筑景观效果图

要点：

本节将生成两张现代城市建筑景观效果图，如图15-15所示。通过本节的学习，读者应掌握设置大模型确定图像的风格、设置"文生图"的提示词、在正向提示词中添加相关Lora模型和设置生成参数的方法。

扫码看视频

a)   b)

图 15-15　生成现代城市建筑景观效果图
a）无 Lora 模型生成的效果　b）添加 Lora 模型生成的效果

操作步骤：

1. 不添加Lora模型生成一张现代城市建筑景观效果图

01 启动 Stable Diffusion，然后选择"majicMIX realistic 麦橘写实 _v7.safetensors"大模型，接着将"外挂 VAE 模型"设置为"Automatic"（自动），再进入"文生图"选项卡。

02 添加正向提示词。方法：打开本书配套网盘中的"源文件\15.2　生成现代城市建筑景观鸟瞰图\提示词.word"文件，然后选择正向提示词"shanghai,cityscape,building,no_humans,gradient_sky,orange_sky,sunset,twilight,city,sky,scenery,mountain,cloud,cloudy_sky,evening,outdoors,tower"，如图 15-16 所示，按快捷键〈Ctrl+C〉进行复制，接着回到 Stable Diffusion 中，再在"文生图"的正向提示词文本框中按快捷键〈Ctrl+V〉进行粘贴，如图 15-17 所示。

图 15-16　选择正向提示词

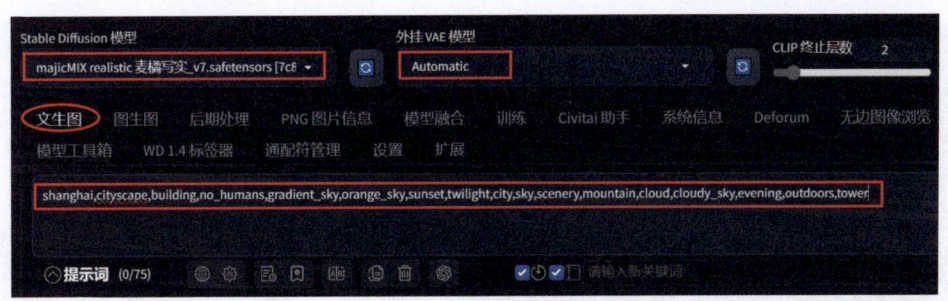

图 15-17　粘贴正向提示词

03 添加反向提示词。方法：打开本书配套网盘中的“源文件 \15.2　生成现代城市建筑景观鸟瞰图 \ 提示词 .word”文件，然后选择反向提示词“ng_deepnegative_v1_75t, badhandv4,(worst quality:2),(low quality:2),(normal quality:2),signature,watermark,username, blurry,lowres,bad anatomy,bad hands,normal quality,((monochrome)),((grayscale)),nsfw”，如图 15-18 所示，按快捷键〈Ctrl+C〉进行复制，接着回到 Stable Diffusion 中，再在“文生图”的反向提示词文本框中按快捷键〈Ctrl+V〉粘贴，如图 15-19 所示。

反向提示词 Negative prompt

ng_deepnegative_v1_75t,badhandv4,(worst quality:2),(low quality:2),(normal quality:2),signature,watermark,username,blurry,lowres,bad anatomy,bad hands,normal quality,((monochrome)),((grayscale)),nsfw,

ng_deepnegative_v1_75t,badhandv4，（最差质量：2），（低质量：2），（正常质量：2），签名，水印，用户名，模糊，低分辨率，解剖结构不佳，手部不佳，正常质量，（单色），（灰度），不适宜浏览（NSFW）、

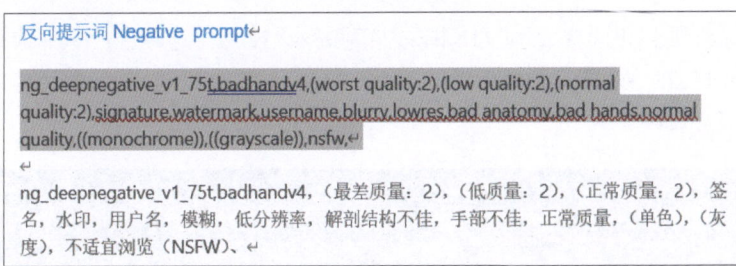

图 15-18　选择反向提示词

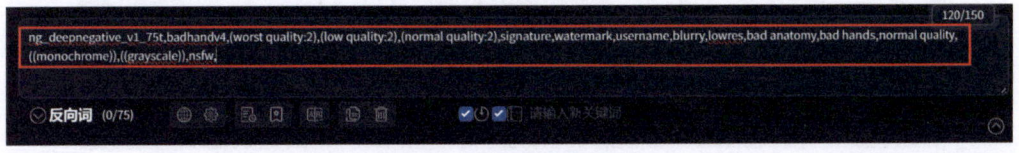

图 15-19　粘贴反向提示词

04 设置生成参数。方法：进入“生成”选项卡，将“采样方法”设置为“DPM++ 2M”，“迭代步数”加大为“50”，然后将“宽度”设置为“512”，“高度”设置为“768”，再选中“高分辨率修复”复选框，并将“放大算法”设置为写实类的“4x-UltraSharp”，接着将“放大倍数”设置为“2”，此时要生成的图片尺寸就由原来的 512×768 像素放大了一倍，变为了 1024×1536 像素，再将“高分迭代步数”设置为“15”，“重绘幅度”设置为“0.7”，最后将“提示词引导系数”设置为“7”，“随机数种子”设置为“3449961205”，“总批次数”设置为“1”，如图 15-20 所示。

05 单击“生成”按钮，此时软件会根据提供的提示词和生成参数开始进行计算，当计算完成后，就可以看到根据设置的参数生成的一张现代城市建筑景观效果图了，如图 15-21 所示。

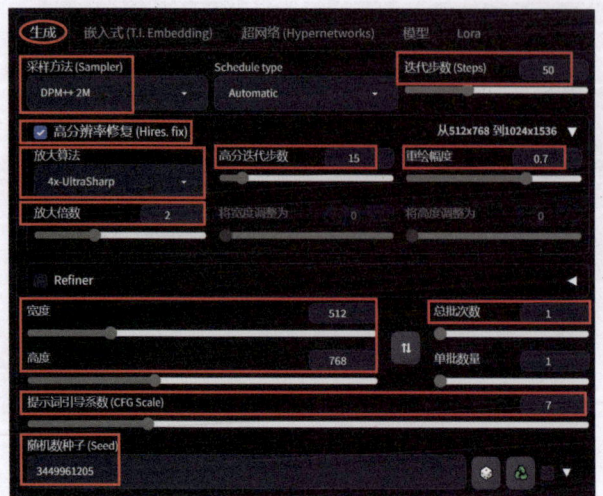

图 15-20 设置生成参数

图 15-21 生成效果

2. 添加Lora模型生成一张现代城市建筑景观鸟瞰图

01 将鼠标放置到正向提示词文本框，然后进入"Lora"选项卡，从中选择"城市建筑摄影_v1.0"，如图15-22所示，此时选择的Lora模型就被添加到正向提示词文本框中了，如图15-23所示。

图 15-22 选择"城市建筑摄影_v1.0"

图 15-23 选择的Lora模型被添加到正向提示词文本框中

02 单击"生成"按钮，此时软件会根据提供的提示词和生成参数开始进行计算，当计算完成后，就可以看到一张新生成的现代城市建筑景观效果图了，如图15-24所示。如图15-25所示为设置不同随机数种子生成的效果。

第 15 章 建筑和室内设计

随机数种子:1366334987

随机数种子:1366334994

图 15-24 新生成的室外建筑效果图　　图 15-25 设置不同随机数种子生成的效果

03 至此，整个案例制作完毕。

15.3 生成现代简约风格的客厅效果图

 要点：

本节将生成一张现代简约风格的客厅效果图，如图15-26所示。通过本节的学习，读者应掌握通过设置大模型确定图像的风格、设置"文生图"的提示词和设置生成参数的方法。

扫码看视频

 操作步骤：

01 启动 Stable Diffusion，然后选择"室内设计通用模型_V1.0.safetensors"大模型，接着将"外挂VAE模型"设置为"Automatic"，再进入"文生图"选项卡。

02 添加正向提示词。方法：打开本书配套网盘中的"源文件\15.3 生成现代简约风格的客厅效果图\提示词.word"文件，然后选择正向提示词"China,masterpiece,bestquality,ultra-detailed,sitting room,8k,extremely delicate and beautiful,highresolution,ray tracing,(realistic,photorealistic:1.37),professional lighting,photon mapping,radiosity,physically-based rendering"，如图 15-27 所示，按快捷键〈Ctrl+C〉进行复制，接着回到 Stable Diffusion 中，再在"文生图"的正向提示词文本框中按快捷键〈Ctrl+V〉粘贴，如图 15-28 所示。

图 15-26 生成现代简约风格的客厅效果图

- 279 -

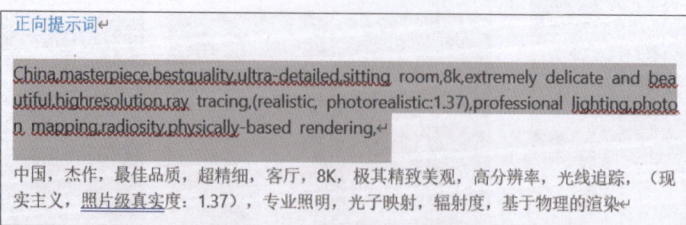

图15-27 选择正向提示词

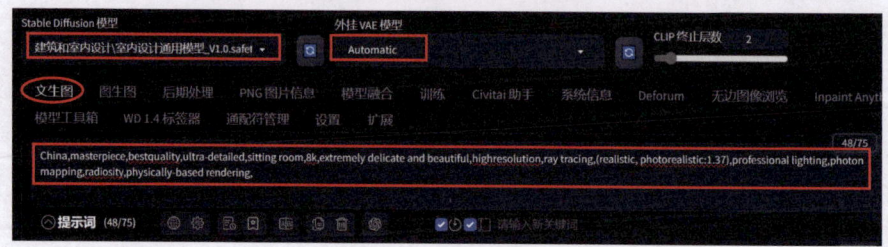

图15-28 粘贴正向提示词

03 添加反向提示词。方法：回到"提示词.word"文件，然后选择通用的针对室内效果图的反向提示词"extra digit,fewer digits,cropped,(worstquality:2),\(lowquality:2),\(normalquality:2), jpeg artifacts,signature,watermark,username,blurry"，如图15-29所示，按快捷键〈Ctrl+C〉进行复制，接着回到Stable Diffusion中，再在"文生图"的反向提示词文本框中按快捷键〈Ctrl+V〉粘贴，如图15-30所示。

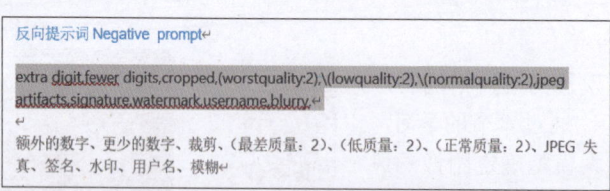

图15-29 选择反向提示词

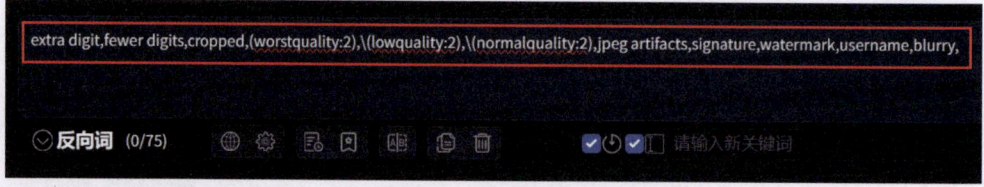

图15-30 粘贴反向提示词

04 设置生成参数。方法：进入"生成"选项卡，将"采样方法"设置为"Euler a"，"迭代步数"设置为"30"，然后将"宽度"和"高度"均设置为"512"，接着选中"高分辨率修复"复选框，再展开其参数，将"放大算法"设置为写实类的"4x-UltraSharp"，"放大倍数"设置为"2"，此时要生成的图片尺寸就由原来的512×512像素放大了一倍，变为了1024×1024像素，再将"高分迭代步数"设置为"15"，"重绘幅度"设置为"0.75"，最后将"提示词引导系数"设置为"7"，"随机数种子"设置为"696976580"，将"总批次数"设置为"1"，如图15-31所示。

05 选中"启用Tiled Diffusion"复选框，从而将图像分割成若干块，分别进行计算，再重新组合。然后选中"启用Tiled VAE"复选框，这样可以避免因为显存不足而无法生成图像的错误。

第 15 章 建筑和室内设计

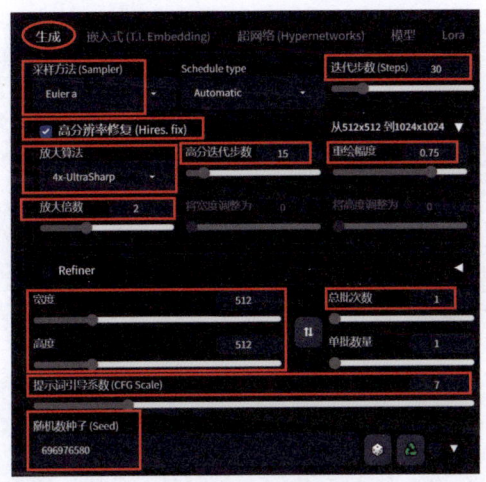

图 15-31 设置生成参数

06 单击"生成"按钮，当软件计算完成后，就会根据设置好的参数生成一张生成现代简约风格的客厅效果图，如图 15-26 所示。

如图 15-32 所示为设置不同随机数种子生成的效果。

随机数种子:2841146880

随机数种子:696976577

随机数种子:696976575

图 15-32 设置不同随机数种子生成的效果

07 至此，整个案例制作完毕。

15.4 生成现代简约风格和法式浪漫风格的卧室效果图

要点：

本节将生成三张现代简约风格的卧室效果图，然后将这三张效果图更改为法式浪漫风格的卧室效果图，如图15-33所示。通过本节的学习，读者应掌握设置大模型、设置"文生图"的提示词和设置生成参数来生成图像，然后通过"图生图"改变图像风格的方法。

扫码看视频

- 281 -

AIGC 绘画创作——Midjourney 和 Stable Diffusion 生成创意图像 》》》

图 15-33 生成现代简约风格和法式浪漫风格的卧室效果图
a）第一张现代简约风格的卧室效果图　b）第一张法式浪漫风格的卧室效果图　c）第二张现代简约风格的卧室效果图
d）第二张法式浪漫风格的卧室效果图　e）第三张现代简约风格的卧室效果图　f）第三张法式浪漫风格的卧室效果图

 操作步骤：

1. 生成第一张现代简约风格的卧室效果图

01 启动 Stable Diffusion，然后选择"室内设计通用模型 _V1.0.safetensors "大模型，接着将"外挂 VAE 模型"设置为"Automatic"（自动），再进入"文生图"选项卡。

02 添加正向提示词。方法：打开本书配套网盘中的"源文件\15.4　生成室外建筑效果图 \ 提示词 .word"文件，然后选择正向提示词"China,masterpiece,bestquality,ultra-detailed,bedroom,8k,extremely delicate and beautiful,highresolution,ray tracing,(realistic, photorealistic:1.37),professional lighting,photon mapping,radiosity,physically-based rendering,"，如图 15-34 所示，按快捷键〈Ctrl+C〉进行复制，接着回到 Stable Diffusion 中，再在"文生图"的正向提示词文本框中按快捷键〈Ctrl+V〉粘贴，如图 15-35 所示。

03 添加反向提示词。方法：回到"提示词 .word"文件，然后选择通用的针对室内效果图的反向提示词"extra digit,fewer digits,cropped,(worstquality:2),(lowquality:2),(normalquality:2), JPEG artifacts,signature,watermark,username,blurry"，如图 15-36 所示，按快捷键〈Ctrl+C〉进行复制，接着回到 Stable Diffusion 中，再在"文生图"的反向提示词文本框中按快捷键〈Ctrl+V〉粘贴，如图 15-37 所示。

第 15 章 建筑和室内设计

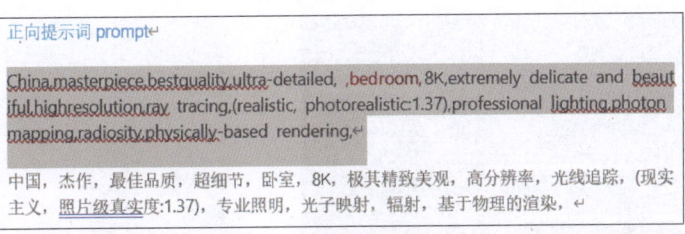

图 15-34 选择正向提示词

图 15-35 粘贴正向提示词

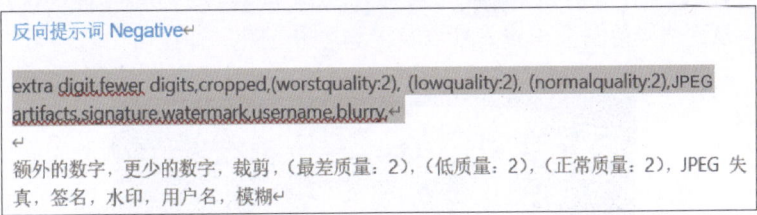

图 15-36 选择反向提示词

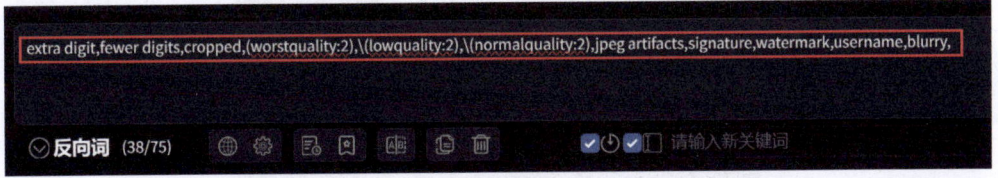

图 15-37 粘贴反向提示词

04 设置生成参数。方法：进入"生成"选项卡，将"采样方法"设置为"Euler a"，"迭代步数"设置为 30，然后将"宽度"和"高度"均设置为"512"，接着选中"高分辨率修复"复选框，再展开其参数，将"放大算法"设置为写实类的"4x-UltraSharp"，"放大倍数"设置为"2"，此时要生成的图片尺寸就由原来的 512×512 像素放大了一倍，变为了 1024×1024 像素，再将"高分迭代步数"设置为"30"，"重绘幅度"设置为"0.75"，最后将"提示词引导系数"设置为"7"，"随机数种子"设置为"696976613"，将"总批次数"设置为1，如图 15-38 所示。

05 勾选"启用 Tiled Diffusion"复选框，从而将图像分割成若干块，分别进行计算，再重新组合。然后选中"启用 Tiled VAE"复选框，这样可以避免因为显存不足而无法生成图像的错误。

06 单击"生成"按钮，当软件计算完成后，就会根据设置好的参数生成一张现代简约风格的卧室效果图，如图 15-39 所示。

- 283 -

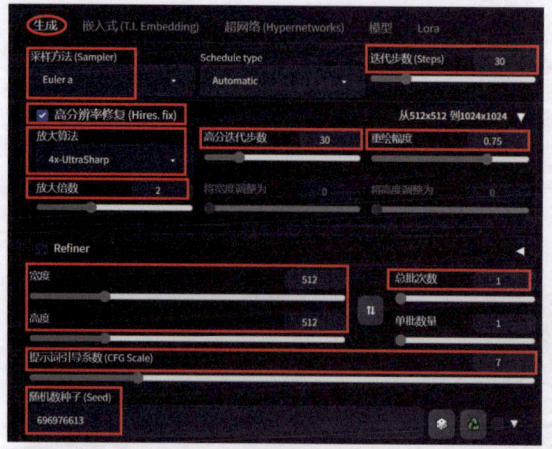

图 15-38　设置生成参数

图 15-39　生成的第一张现代简约
风格的卧室效果图

2. 将第一张现代简约风格的卧室效果图更改为欧式浪漫风格

01 在生成的效果图下方单击 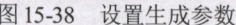（发送图像和生成参数到"图生图"选项卡）按钮，如图 15-40 所示，从而将当前图像和相关参数发送到"图生图"选项卡。

图 15-40　单击 ■（发送图像和生成参数到"图生图"选项卡）按钮

02 在"图生图"正向提示词文本框中添加 Lora 模型。方法：将鼠标定位在"图生图"正向提示词文本框，然后进入"Lora"选项卡，从中选择"Romantic French Style_浪漫法式风格_v1.0"，如图 15-41 所示，此时选择的 Lora 模型就被添加到正向提示词文本框中了，如图 15-42 所示。

03 设置生成参数。方法：进入"生成"选项卡，然后将"采样方法"设置为"Euler a"，"重绘幅度"设置为"0.7"，接着将"总批次数"和"单批数量"的数值均设置为 1，如图 15-43 所示。

04 单击"生成"按钮，当软件计算完成后，就会根据第一张现代简约风格的卧室效果图和设置好的参数生成一张欧式浪漫风格的卧室效果图，如图 15-44 所示。

第 15 章 建筑和室内设计

图 15-41 选择 Lora 模型

图 15-42 选择的 Lora 模型被添加到"图生图"正向提示词文本框中

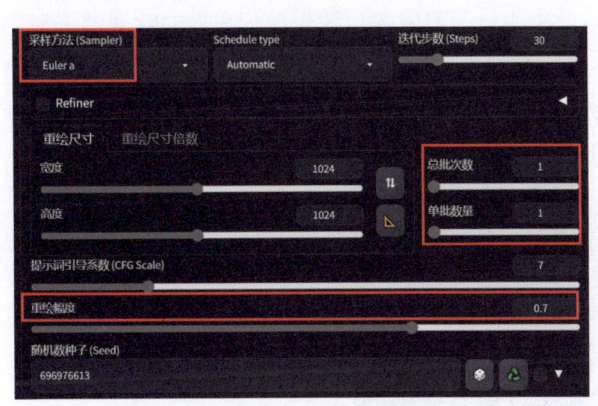

图 15-43 设置生成参数　　　　图 15-44 生成的第一张欧式浪漫风格的卧室效果图

3. 生成第二张现代简约风格的卧室效果图

01 更改随机数种子。方法：回到"文生图"选项卡，然后将"随机数种子"参数值更改为"696976626"，如图 15-45 所示。

02 保持其他参数不变，单击"生成"按钮，当软件计算完成后，就会根据设置好的参数生成一张新的现代简约风格的卧室效果图，如图 15-46 所示。

- 285 -

图15-45 更改"随机数种子"参数值　　图15-46 生成的第二张现代简约风格的卧室效果图

4. 将第二张现代简约风格的卧室效果图更改为欧式浪漫风格

`01` 在生成的效果图下方单击 （发送图像和生成参数到"图生图"选项卡）按钮，从而将当前图像和相关参数发送到"图生图"选项卡。然后在"图生图"正向提示词文本框中添加同样的"Romantic French Style _ 浪漫法式风格 _v1.0" Lora 模型。

`02` 进入"生成"选项卡，然后将"采样方法"设置为"Euler a"，"重绘幅度"设置为"0.7"，接着将"总批次数"和"单批数量"的数值均设置为"1"。最后单击"生成"按钮，当软件计算完成后，就会根据第二张现代简约风格的卧室效果图和设置好的参数生成一张新的欧式浪漫风格的卧室效果图，如图15-47所示。

图15-47 生成的第二张欧式浪漫风格的卧室效果图

5. 生成第三张现代简约风格的卧室效果图

`01` 更改随机数种子。方法：回到"文生图"选项卡，然后将"随机数种子"参数值更改为"696976628"，如图15-48所示。

`02` 保持其他参数不变，单击"生成"按钮，当软件计算完成后，就会根据设置好的参数生成一张新的现代简约风格的卧室效果图，如图15-49所示。

第 15 章 建筑和室内设计

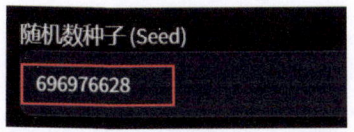

图 15-48 更改"随机数种子"参数值　　图 15-49 生成的第三张现代简约风格的卧室效果图

6. 将第三张现代简约风格的卧室效果图更改为欧式浪漫风格

01 在生成的效果图下方单击 ■（发送图像和生成参数到"图生图"选项卡）按钮，从而将当前图像和相关参数发送到"图生图"选项卡。然后在"图生图"正向提示词文本框中添加同样的"Romantic French Style_ 浪漫法式风格 _v1.0" Lora 模型。

02 进入"生成"选项卡，然后将"采样方法"设置为"Euler a"，"重绘幅度"设置为"0.7"，接着将"总批次数"和"单批数量"的数值均设置为"1"。最后单击"生成"按钮，当软件计算完成后，就会根据第三张现代简约风格的卧室效果图和设置好的参数生成一张新的欧式浪漫风格的卧室效果图，如图 15-50 所示。

图 15-50 生成的第三张欧式浪漫风格的卧室效果图

03 至此，整个案例制作完毕。

15.5　课后练习

1）生成一张现代城市建筑景观效果图。
2）生成一张现代简约风格的室内客厅效果图，然后将其更改为法式浪漫风格。